Maya 2020 基础教材

王琦 主编
周泽涛 编著

人民邮电出版社
北京

图书在版编目（CIP）数据

Maya 2020基础教材 / 王琦主编 ; 周泽涛编著. -- 北京 : 人民邮电出版社, 2021.10（2023.8重印）
ISBN 978-7-115-56404-7

Ⅰ. ①M… Ⅱ. ①王… ②周… Ⅲ. ①三维动画软件－教材 Ⅳ. ①TP391.414

中国版本图书馆CIP数据核字(2021)第073145号

◆ 主　　编　王　琦
编　　著　周泽涛
责任编辑　赵　轩
责任印制　陈　犇

◆ 人民邮电出版社出版发行　　北京市丰台区成寿寺路 11 号
邮编　100164　　电子邮件　315@ptpress.com.cn
网址　https://www.ptpress.com.cn
涿州市般润文化传播有限公司印刷

◆ 开本：787×1092　1/16
印张：12.5　　2021 年 10 月第 1 版
字数：316 千字　　2023 年 8 月河北第 11 次印刷

定价：79.90 元

读者服务热线：(010)81055410　印装质量热线：(010)81055316
反盗版热线：(010)81055315
广告经营许可证：京东市监广登字 20170147 号

编委会名单

主　编： 王　琦

编　著： 周泽涛

编委会：（按姓氏音序排列）

陈潇　四川华新现代职业学院

郝阔　河北旅游职业学院

贺纪云　广西职业技术学院

刘昆　广东白云学院

那松　河北对外经贸职业学院

农祖彬　广西职业技术学院

杨小实　首钢工学院

张建军　北京工业职业技术学院

张娇　河北外国语学院

周亮　上海师范大学天华学院

序

随着移动互联网技术的高速发展，数字艺术为电商、短视频、5G等新兴领域的飞速发展提供了前所未有的强大助力。以数字技术为载体的数字艺术行业，在全球范围内呈现高速发展的态势，为我国文化产业的再次振兴贡献了巨大力量。2019年8月发布的《中国数字文化产业发展趋势研究报告》显示，在经济全球化、新媒体融合、5G产业即将迎来大爆发的行业背景下，数字艺术行业还会迎来新一轮的飞速发展。

行业的高速发展，需要持续不断的“新鲜血液”注入其中。因此，我们要不断推进数字艺术相关行业职教体系的发展和进步，培养更多能够适应未来数字艺术产业的技术型人才。在这方面，火星时代（北京火星时代科技有限公司）积累了丰富的经验。作为我国较早进入数字艺术领域的教育机构，自1994年创立“火星人”品牌以来，机构一直秉承“分享”的理念，毫无保留地将最新的数字技术分享给更多的从业者和大学生，开启了我国数字艺术教育的新时代。27年来，火星时代一直专注于数字技能型人才的培养，“分享”也成为我们刻在骨子里的坚持。现在，我们每年都会为行业输送数以万计的优秀技能型人才，教学成果、图书教材和教学案例通过各种渠道辐射全国，很多艺术类院校和相关专业都在使用火星时代编著的图书教材或提供的教学案例。

火星时代创立初期以图书出版为主营业务，在教材的选题、编写和研发上自有一套成功的经验。从1994年出版第一本《三维动画速成》至今，火星时代已出版教材超100种，累计销量已过千万册。在纸质出版图书从式微到复兴的大潮中，火星时代的教学团队从未中断过在图书出版方面的探索和研究。

“教育”和“数字艺术”是火星时代常抓不懈的两大关键词。教育具有前瞻性和预见性，数字艺术又因与计算机技术的发展息息相关，一直都处在时代的最前沿。而在这样的环境中，“居安思危、不进则退”成为火星时代发展路上的座右铭。我们也从未停止过对行业的密切关注，尤其重视由技术革新带来的人才需求的新变化。2020年上半年，通过对上万家合作企业和几百所合作院校的最新需求调研，我们发现，对新版本软件的熟练使用，是联结人才供需双方诉求的最佳结合点。因此，我们选择了目前行业需求最急迫、使用最多、版本最新的几大软件，发动具备行业一线水准的火星时代精英讲师，精心编写出这套基于软件实用功能的系列图书。该系列图书内容全面，覆盖软件操作的核心知识点，还搭配了按照章节划分的教学视频、课件PPT、教学大纲、设计资源及课后练习题，非常适合零基础读者，同时还能够很好地满足各大高等专业院校、高职院校的视觉、设计、媒体、园艺、工程、美术、摄影、编导等相关专业的授课需求。

学生学习数字艺术的过程就是攀爬金字塔的过程，从基础理论、软件学习、商业项目实战、专业知识的横向扩展和融会贯通，一步步地进阶到金字塔尖。火星时代在艺术职业教育领域经过27年的发展，已经创造出一套完整的教学体系，帮助学生在成长的每个阶段完成挑战，顺利进入下一阶段。我们出版图书的目的也是如此。在这里也由衷感谢人民邮电出版社和Adobe中国授权培训中心的大力支持。

美国心理学家、教育家本杰明·布卢姆（Benjamin Bloom）曾说过："学习的最大动力，是对学习材料的兴趣。"希望这套浓缩了我们多年教育精华的图书，能给您带来极佳的学习体验！

王琦

火星时代教育创始人、校长

中国三维动画教育奠基人

前言

软件介绍

Maya是Autodesk公司推出的一款三维软件，被广泛应用于三维数字动画及视觉特效制作领域。Maya为数字艺术家们提供了一系列强大的视效工具，帮助他们完成从建模、动画、动力学到渲染的全部工作。Maya在电影、电视、游戏开发、可视化设计等领域始终保持着领先地位。

Maya提供的一系列工具可以帮助用户创建机械、生物等造型复杂的各类模型，能够模拟丰富且写实的材质效果和毛发、布料、烟火、洪水等特效，能够实现逼真的肌肉绑定，能够实现灵活的动画控制，是数字艺术家们制作三维动画的首选工具。

本书是基于Maya 2020编写的，建议读者使用该版本软件。

内容介绍

第1课“认识Maya”主要讲解Maya的应用领域，Maya模型、材质灯光、渲染等模块的特点，使读者对Maya有一个全面的认识。

第2课“软件界面和基础操作”主要讲解Maya各个界面的功能，视图控制技巧，编辑物体的方法与快捷键，图层的使用方法，时间线的功能与使用方法，文件管理的规范等知识。通过本课的学习，读者可以熟练掌握Maya的基础操作。

第3课“多边形建模”主要讲解多边形建模的基本原理，编辑体、面、边、点的相关命令，道具模型制作等知识。通过本课的学习，读者可以熟练掌握多边形建模的技巧。

第4课“曲线建模”主要讲解曲线建模的基本原理，曲线的编辑技巧，曲面成型的相关命令等知识。通过本课的学习，读者可以熟练掌握曲线建模的技巧。

第5课“雕刻”主要讲解雕刻建模的基本原理，模型的处理原则，雕刻工具的使用方法，混合变形工具组，生物模型的雕刻流程等知识。通过本课的学习，读者可以掌握雕刻工具的使用方法与生物模型的雕刻技巧。

第6课“UV系统”主要讲解UV工具包里各个工具的使用方法，模型UV处理的原则，道具UV制作的流程等知识。通过本课的学习，读者可以掌握UV的制作流程与规范。

第7课“灯光系统”主要讲解各种光源的照明特点与使用技巧，灯光的颜色、强度、阴影等属性，灯光链接技术，场景布光的制作流程等知识。通过本课的学习，读者可以掌握灯光的使用方法。

第8课“材质系统”主要讲解材质编辑器的使用方法，创建材质、编辑材质的技巧，各种常用材质的属性，金属、木头、玻璃、SSS材质的制作技巧。通过本课的学习，读者可以掌握写实材质的表现技法。

本书特色

本书全面讲解了Maya 2020模型与材质的基本功能和使用方法，在基础知识的讲解中插入应用实例，以帮助读者学习和巩固基础知识并提高实战技能。本书内容由浅入深、由简到繁，讲解方式新颖，注重激发读者的学习兴趣和培养读者的动手能力，非常符合读者学习新知识的思维习惯。

本书旨在使读者快速掌握Maya 2020模型材质从基础到高级的各项功能，并能快速地将它们应用于实际制作中。本书内容循序渐进，有大量的实操案例，能够帮助读者快速实现从基础入门到进阶提升。无论是初学者还是经验丰富的设计师，都可以通过学习本书中的内容而受益。

作者简介

王琦： 火星时代教育创始人、校长，中国三维动画教育奠基人，北京信息科技大学兼职教授、上海大学兼职教授，Adobe教育专家、Autodesk教育专家，出版“三维动画速成”“火星人”等系列图书和多媒体音像制品 50余部。

周泽涛： 火星时代影视后期系教学主任、影视特效讲师，具有10年项目经验和教学经验，曾参与《神探蒲松龄》《少年歌行》《幻城》，以及李宁星瞳系列广告、茅台酒业广告、创维电视广告等影视与广告项目特效制作。

读者收获

学习完本书后，读者可以熟练地操作Maya的模型、UV、灯光、材质、分层渲染，还可以对影视动画制作有更深入的理解。

本书在编写过程中难免存在错漏之处，希望广大读者批评指正。如果读者在阅读本书的过程中有任何建议，都可以发送电子邮件至zhangtianyi@ptpress.com.cn联系我们。

编者

2021年7月

本书导读

本书按课、节、知识点、综合案例和本课练习题对内容进行了划分。

课 每课将讲解具体的功能或项目。

节 将每课的内容划分为几个学习任务。

知识点 将每节的内容分为几个知识点进行讲解。

综合案例 围绕该课或该节知识点组织练习内容。

课

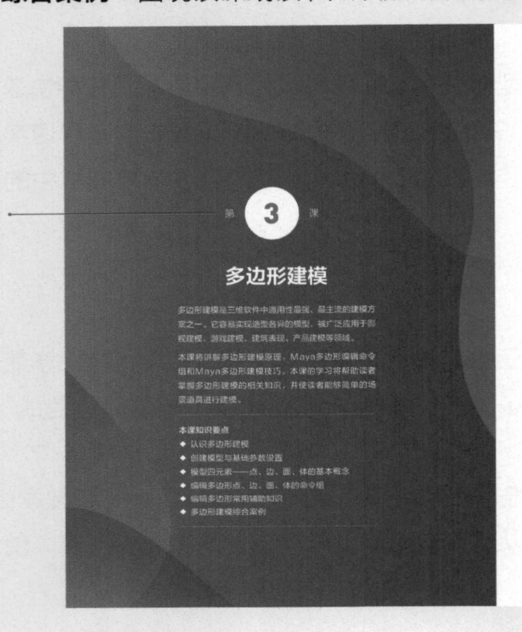
第 3 课

多边形建模

多边形建模是三维软件中通用性最强、最主流的建模方案之一。它容易实现造型各异的模型，被广泛应用于影视建模、游戏建模、建筑表现、产品建模等领域。

本课将讲解多边形建模原理，Maya多边形编辑命令组和Maya多边形建模技巧。本课的学习将帮助读者掌握多边形建模的相关知识，并使读者能够简单的场景道具进行建模。

本课知识要点

- 认识多边形建模
- 创建模型与基础参数设置
- 模型四元素——点、边、面、体的基本概念
- 编辑多边形点、边、面、体的命令组
- 编辑多边形常用辅助知识
- 多边形建模综合案例

第3课 多边形建模

第1节 认识多边形建模 —— 节

CG影视中栩栩如生的角色、精彩绝伦的动画、波澜壮阔的特效都离不开模型，模型是一切三维动画的基础。在三维软件中建立模型的技术有很多，比较常见的有曲线建模、雕刻建模、多边形建模等。

制作三维动画对模型的要求比较苛刻，要求造型准确，并且能够满足渲染、动画、特效等制作要求。综合各种需求来看，多边形建模是通用性最强、最主流的建模方案之一。多边形建模比较容易实现造型各异的形态，因此被广泛应用于影视建模、游戏建模、建筑表现、产品建模等领域。

知识点 1 多边形建模的基本原理

一个多边形模型包括点、边、面、体4个基本元素。两点构成一条边，3条或多条边构成一个面，多个面有序地组合在一起就构成了一个复杂的模型。多边形建模的过程，可以简单地理解为用一个个面去拼合模型的轮廓，调节点的位置就可以改变边的走向，边的变化又会影响面的形状。多边形建模就是通过调节点、边、面的位置来建模，不同的软件会有不同的编辑命令，但是本质上都是一样的。

知识点 2 Maya 2020 多边形建模的特点 —— 知识点

Maya 2020拥有丰富的网格编辑工具用于多边形建模，能够满足机械、生物等各类复杂建模的需求。Maya 2020还能够与ZBrush、Houdini、3ds Max、Cinema 4D等主流三维软件进行模型资源互导，同时支持材质渲染、动画、绑定、特效等各个环节的模型需求，能够完美地融合到影视生产中，是影视制作中必不可少的建模工具之一。

第2节 创建模型与基础参数设置

本节将讲解基础模型创建的方法、相关参数的设置等知识。

知识点 1 创建基础模型的方法

复杂的模型都是从基础模型编辑而来的。在多边形建模工具架中有球体、立方体等基础模型，单击相应按钮就可以创建出基础模型。如单击■按钮，视图中心就创建出一个球体模型，如图3-1所示。

除了通过工具架中的按钮快速创建基础模型外，还可以在菜单栏中执行“创建-多边形基

025

Maya 2020 基础教材

知识点 6 枢轴

枢轴指模型的坐标轴，默认情况下坐标轴在模型的中心，但有时候坐标轴会发生偏移。坐标轴偏移不便于编辑模型，此时需要修改坐标轴的位置。修改坐标轴位置的方法有两种：第一种，选择模型，选择移动工具并按D键，就可以移动坐标轴的位置；第二种，选择模型，在菜单栏中执行“修改-枢轴-居中枢轴”命令，或单击多边形建模工具架上的■按钮，就可以让坐标轴回到模型的中心，如图3-35所示。

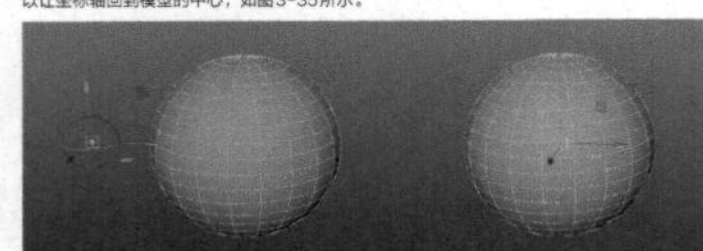
图3-35

知识点 7 删除历史

编辑多边形时每次执行的命令都会被保留在历史记录里，历史记录中的信息过多会影响场景的计算效率，并且有些历史记录信息会导致文件运行出错，所以在制作模型时需要经常清除历史记录信息。在菜单栏中执行“编辑-按类型删除-历史”命令，或单击多边形建模工具架上的■按钮，可以删除模型的历史记录信息。

知识点 8 快捷键

编辑多边形时使用快捷键可以大大提高制作效率，快捷键分为两类。

第一类是在工作区域按住Shift+鼠标右键可以调出常用的多边形编辑菜单，如在工作区域按住Shift+鼠标右键可以调出创建基本体的快捷菜单，如图3-36所示；选择模型，按住Shift+鼠标右键可以调出编辑多边形体的相关快捷菜单，如图3-37所示；选择边，按住Shift+鼠标右键可以调出编辑边的相关快捷菜单，如图3-38所示。

第二类是选择的快捷键，在模型的点、边、面、体模式下按

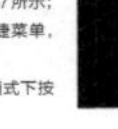
图3-36

040

第3课 多边形建模

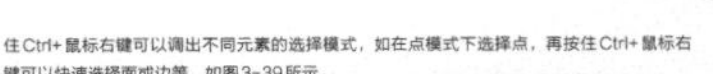

住Ctrl+鼠标右键可以调出不同元素的选择模式，如在点模式下选择点，再按住Ctrl+鼠标右键可以快速选择面或边等，如图3-39所示。

图3-37

图3-38

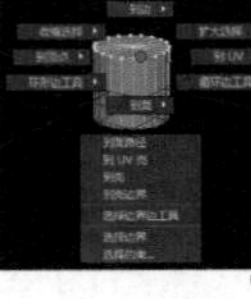

图3-39

第9节 综合案例——大炮 —— 综合案例

本节将讲解如何使用多边形建模相关知识完成道具大炮模型的制作。这个案例将帮助读者理解多边形建模的流程，掌握多边形建模的技巧。案例最终效果如图3-40所示。

图3-40

大炮模型由炮管、炮架、车轮、金属配件等4个部分构成，本案例将分4个知识点分别讲解这几部分模型的制作过程。

041

本课练习题　部分课程结尾配有本课练习题，并配有参考答案，帮助读者检验自己是否能够掌握并灵活运用所学知识。

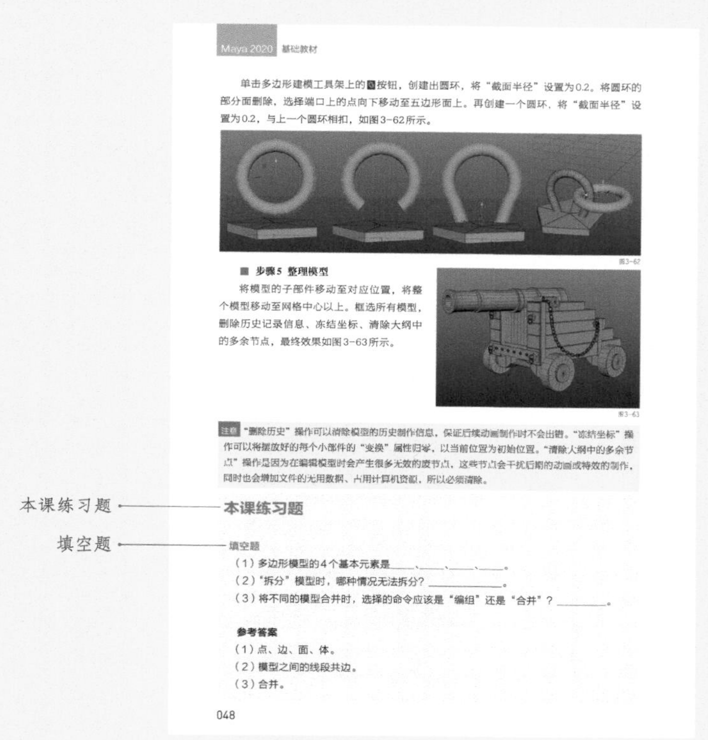

Maya 2020 基础教材

单击多边形建模工具架上的按钮，创建出圆环，将“截面半径”设置为0.2。将圆环的部分面删除，选择端口上的点向下移动至五边形面上。再创建一个圆环，将“截面半径”设置为0.2，与上一个圆环相扣，如图3-62所示。

图3-62

■ 步骤5 整理模型

将模型的子部件移动至对应位置，将整个模型移动至网格中心以上。框选所有模型，删除历史记录信息、冻结坐标、清除大纲中的多余节点，最终效果如图3-63所示。

图3-63

注意 “删除历史”操作可以消除模型的历史制作信息，保证后续动画制作时不会出错。“冻结坐标”操作可以将摆放好的每个小部件的“变换”属性归零，以当前位置为初始位置。“清除大纲中的多余节点”操作是因为在编辑模型时会产生很多无效的废节点，这些节点会干扰后期的动画或特效的制作，同时也会增加文件的无用数据、占用计算机资源，所以必须清除。

本课练习题

填空题

（1）多边形模型的4个基本元素是____、____、____、____。

（2）“拆分”模型时，哪种情况无法拆分？________。

（3）将不同的模型合并时，选择的命令应该是“编组”还是“合并”？________。

参考答案

（1）点、边、面、体。

（2）模型之间的线段共边。

（3）合并。

048

资源获取

本书附赠所有课程的讲义，案例的详细操作视频、素材文件、工程文档和结果文件。登录QQ，搜索群号“748463516”加入Maya图书服务群，或用微信扫描二维码关注微信公众号“人邮科普”，回复“56404”，即可获得本书所有资源的下载方式。

人邮科普

课时计划参考

<table>
<tr><td>课程名称</td><td colspan="4">Maya 2020基础</td></tr>
<tr><td>教学目标</td><td colspan="4">使学生掌握Maya 2020模型材质的使用技巧，并能使用软件创作出三维作品</td></tr>
<tr><td>总课时</td><td>30</td><td>总周数</td><td colspan="2">7</td></tr>
<tr><td colspan="5">课时安排</td></tr>
<tr><td>周次</td><td>建议课时</td><td>教学内容</td><td>单课总课时</td><td>作业</td></tr>
<tr><td rowspan="2">1</td><td rowspan="2">6</td><td>认识Maya</td><td>2</td><td>1</td></tr>
<tr><td>软件界面和基础操作</td><td>4</td><td>1</td></tr>
<tr><td>2</td><td>4</td><td>多边形建模</td><td>4</td><td>1</td></tr>
<tr><td>3</td><td>4</td><td>曲线建模</td><td>4</td><td>1</td></tr>
<tr><td>4</td><td>4</td><td>雕刻</td><td>4</td><td>1</td></tr>
<tr><td>5</td><td>4</td><td>UV系统</td><td>4</td><td>1</td></tr>
<tr><td>6</td><td>4</td><td>灯光系统</td><td>4</td><td>1</td></tr>
<tr><td>7</td><td>4</td><td>材质系统</td><td>4</td><td>1</td></tr>
</table>

目录

第1课 认识Maya

第2课 软件界面和基础操作

目录

第 3 课 多边形建模

第 4 课 曲线建模

第 5 课 雕刻

第 6 课 UV 系统

目录

第 1 课

认识Maya

Maya提供的一系列工具可以帮助用户创建机械、生物等造型复杂的各类模型，能够模拟丰富且写实的材质效果和毛发、布料、烟火、洪水等特效效果，能够实现逼真的肌肉绑定，能够实现灵活的动画控制，是数字艺术家们制作三维动画的首选工具。

本课知识要点

◆ Maya的广泛应用

◆ Maya的“十八般武艺”

第1节 Maya的广泛应用

使用Maya的三维造型、动画和渲染功能，可以制作出引人入胜的数字图像、逼真的动画和非凡的视觉特效。无论用户是影视制作人员、游戏开发人员、图像艺术家、可视化设计专业人员，还是三维爱好者，都能用Maya实现创意。本节将介绍Maya的应用领域。

知识点 1 电影

不论项目要求制作仅用于预览的三维动画，还是制作造型、动画和灯光控制十分逼真的计算机图形人物，Maya都是电影数字艺术家的首选工具。Maya经过实际制作的检验，很容易扩展，并且与其他工具包高度兼容，可以适应复杂的制作流程，因此成为深受技术总监、动画导演和首席技术官们欢迎的产品。

近几年，使用Maya制作的影视大片很多，如《白蛇：缘起》《哪吒之魔童降世》《流浪地球》和《疯狂动物城》等。

知识点 2 广播电视

从魅力十足、超凡脱俗的特效到与实拍镜头无缝融合的逼真动画元素，客户一般都会要求当今的制作团队能提供画面质量可与影片特效媲美的精彩镜头。幸运的是，Maya同样也能满足广告、广播、电视剧及音乐电视制作行业不断变化的客户需求。

知识点 3 游戏开发

越来越多的游戏开发公司在游戏制作流程中使用Maya。Maya的强大工具包能让游戏制作公司方便地制作层级物体、角色造型和纹理。无论是制作、管理数千个动画，组合大规模层级，还是应用灯光效果，Maya都可以轻松搞定。Maya也可以制作出绝佳的电影级特效，来作为游戏中的过场动画，以增强游戏的故事表现力。

知识点 4 可视化设计

作为一款制作三维特效、动画并提供高质量渲染效果的综合性软件，Maya能提供极富创造性的表达效果，产品设计师、图形艺术家、架构师、可视化设计专业人员和工程师都可以从中获益。他们可以把Maya与其他标准制作工具（如Photoshop、Illustrator和AutoCAD等）集成在一起，从而快速地把它融合到自己的可视化工作的制作流程中。

第2节 Maya的“十八般武艺”

Maya能够在众多三维软件中脱颖而出，得益于其强大的功能，主要表现在模型、渲染、动画、特效等方面。本节将介绍Maya主要模块的特点。

知识点 1 千姿百态的造型——模型

Maya拥有多边形建模、曲线建模、雕刻等丰富的建模工具组，能够轻松实现各类复杂的造型。同时Maya与其他建模软件有良好的兼容性，能够轻易地实现资源的互导，例如ZBrush、3dsMax等。Maya还能够满足场景类、机甲类、生物类等各类模型的制作要求，能够适应电影、广告、游戏、虚拟现实等各类制作流程。Maya强大的建模功能，使其成为数字艺术家塑造千姿百态的造型的不二神器，如图1-1所示。

图1-1

知识点 2 五彩缤纷的世界——渲染

目前，逼真的画面效果已成为电影、广告、游戏的制作标准。

使用Maya内置的电影级渲染器Arnold，能够轻松实现真实的光影与写实的材质效果，灵活的材质节点能够与其他软件材质兼容，例如Substance Painter、Mari等。

实时渲染功能可以即时反馈渲染效果，极大地方便艺术家预览；可以模拟写实的灯光雾效与大气效果，操作简单且效果逼真。Maya丰富且智能的UV编辑工具，让UV制作一键生成；多象限UV功能能够实现极细腻的纹理表现；多通道的渲染输出与灵活的分层技术，能够满足任何苛刻的后期需求。

Maya丰富且功能强大的UV、灯光、材质技术，可以让数字艺术家轻松创建出五彩缤纷的CG世界，如图1-2所示。

图1-2

知识点 3 精彩绝伦的表演——动画

Maya强大的动画功能使其成为业界制作三维动画的利器。Maya提供了丰富的绑定工具，能够满足各类角色的绑定需求。

Maya一键生成式的绑定流程，可以让艺术家快速制作出影视级别的绑定文件；强大的肌肉绑定系统，能够模拟仿真的生物肌肉效果，在银幕上创建了无数经典角色。

Maya的动画模块还能与其他三维软件实现动画数据共享。Maya在动作捕捉技术、虚拟现实技术方面都有精彩的表现。

动画艺术家利用Maya灵活的动画技术，可以让虚拟角色进行精彩绝伦的表演，如图1-3所示。

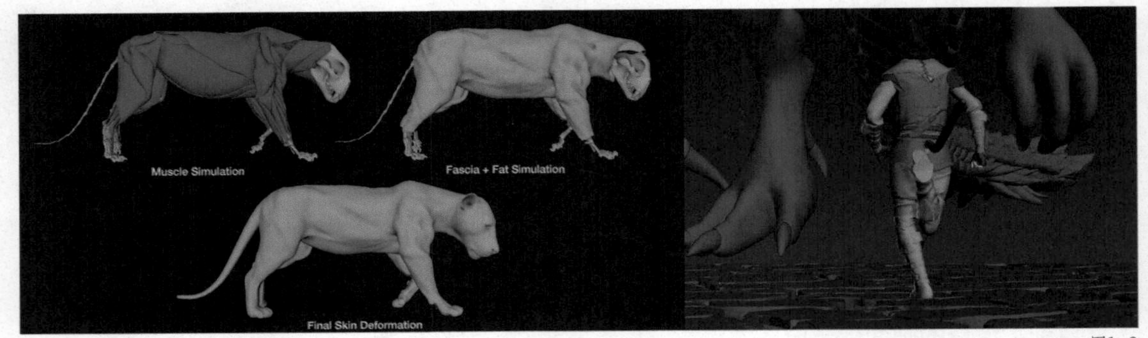

图1-3

知识点 4 呼风唤雨的利器——特效

Maya提供了功能丰富又强大的特效模块，利用nHair、XGen、Yeti等技术可以塑造各类形态逼真、动态写实的毛发效果。

nCloth、Qualoth等技术可以模拟真实的布料动态，是影视制作中角色特效的首要方案。粒子系统加上Maya内置语言（Maya Embedded Language，MEL）可以实现群集动画等魔幻效果。

强大的流体功能可以模拟爆炸、烟雾等视觉特效，利用Bifrost流体系统可以实现海洋、洪水等液态的特效。

图1-4

Maya的特效系统还能够与Houdini等特效软件实现资源互导，让特效制作更加灵活。Maya这些强大的特效功能，可以让特效艺术家在CG世界里呼风唤雨，如图1-4所示。

第 2 课

软件界面和基础操作

本课将讲解Maya 2020界面的功能、视图操作、图层管理、文件管理等相关知识，帮助读者掌握Maya软件的基础操作方法。

本课知识要点

- 界面介绍
- 视图控制
- 物体编辑工具
- 图层管理
- 时间线面板
- 文件管理
- 综合案例

第1节 界面介绍

本节将讲解Maya 2020界面中各个功能区域的功能、在界面中的分布与使用技巧。Maya的整体界面如图2-1所示。

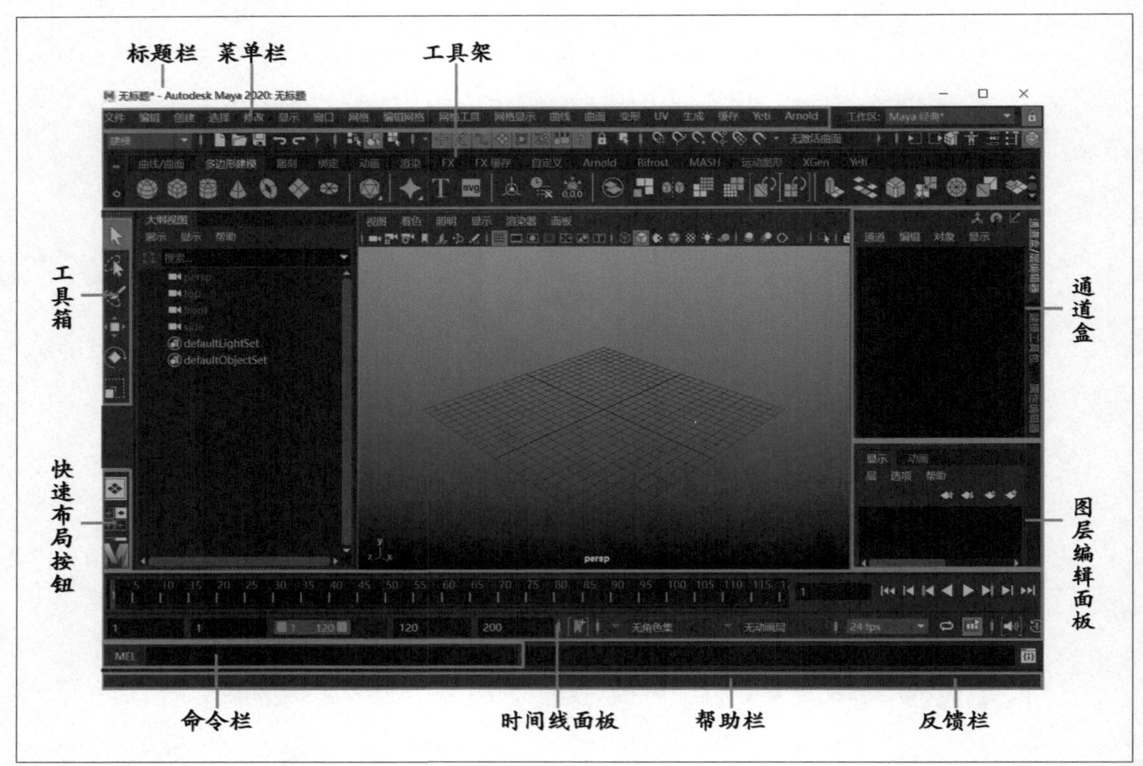

图2-1

知识点 1 标题栏

标题栏显示的是软件的版本号和当前工程的名字，通过这里可以知道当前场景的名称与存储路径，如图2-2所示。

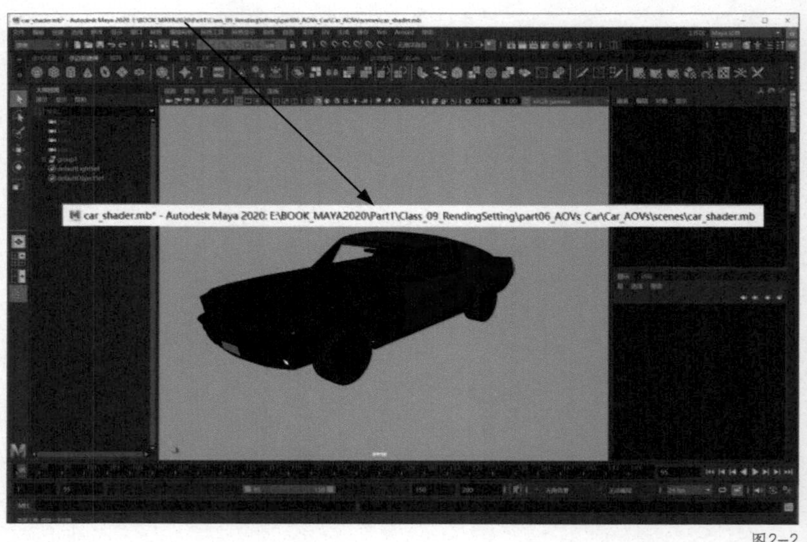

图2-2

知识点 2 菜单栏

菜单栏是软件所有命令的集合，主要分为两个部分：一部分为通用菜单栏，另一部分为模块菜单栏，如图2-3所示。

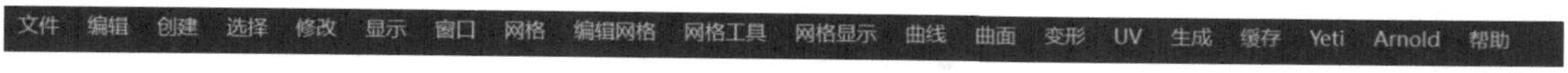

文件 编辑 创建 选择 修改 显示 窗口 网格 编辑网格 网格工具 网格显示 曲线 曲面 变形 UV 生成 缓存 Yeti Arnold 帮助

图2-3

通用菜单栏包括文件、编辑、创建、选择、修改、显示、窗口。

“文件”菜单里的命令主要用于对文件进行管理，包括新建场景、保存场景、导入导出等。

“编辑”菜单里的命令主要用于对文件进行撤销、剪切、复制等操作。

“创建”菜单里的命令主要用于创建一些基本元素，例如多边形、曲面模型、灯光、摄影机等。

“选择”菜单里的命令主要用于帮助用户更快捷地选择场景中的元素，例如反选、选择CV点等。

“修改”菜单里包括对变换属性的修改、捕捉对齐、转化等命令。

“显示”菜单里的命令起到辅助显示的功能。在制作动画时场景中的元素非常丰富，有模型、灯光、骨骼、粒子、流体等，在这个菜单中可以隐藏或独立显示某一种元素，或者查询模型上的法线、切线等信息。

“窗口”菜单里包含各个模块最重要的属性面板，可以对全局进行设置，是平时操作中最常用的菜单。

知识点 3 工具架

为了使用方便，Maya 2020将常用的命令放置在工具架内，如保存场景、打开场景、新建场景、吸附工具、渲染工具等，如图2-4所示。

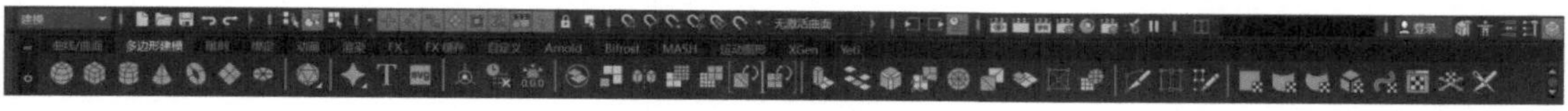

图2-4

工具架分为两部分。第一部分是常用的全局命令，依次是模块切换栏、文件管理、选择过滤、吸附功能、对称模式、节点切换、常用渲染工具和面板管理工具等，如图2-5所示。

文件管理
吸附功能
节点切换
常用渲染工具
模块切换栏
选择过滤
对称模式
面板管理工具

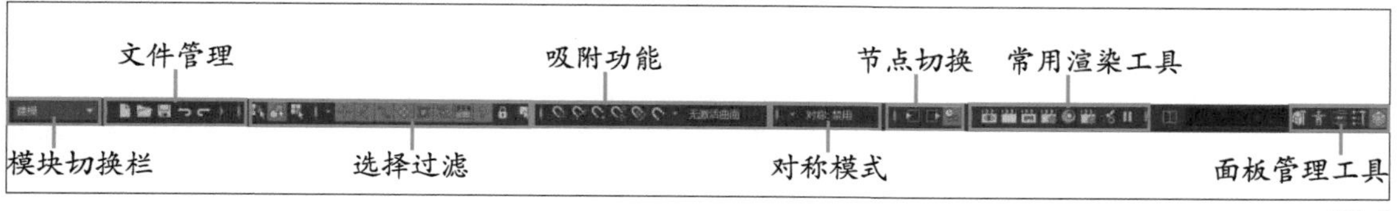

图2-5

第二部分则是模块的常用命令，选择不同的模块，对应工具架的图标也会进行相应的切换，如图2-6所示。这些工具是将菜单栏里的命令以图标的形式呈现，制作时便于快速调用。

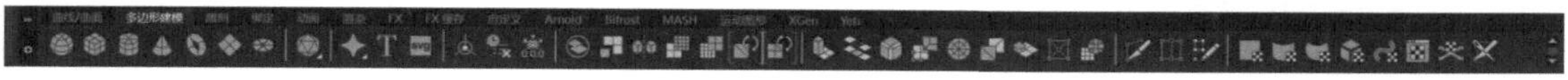

图2-6

知识点 4 模块切换与工具架编辑

Maya 2020是一款功能丰富的软件，包括模型、绑定、动画、特效、渲染等功能，涉及相当多的命令。为了便于分类和辨别这些繁杂的命令，Maya 2020按照模块将这些命令归类。当切换到模型模块时，菜单栏里就会显示有关模型的命令，切换到动画模块的时候就会显示与动画相关的命令，以此类推。切换模块只需要单击模块切换的命令即可，相关命令的快捷键如图2-7所示。

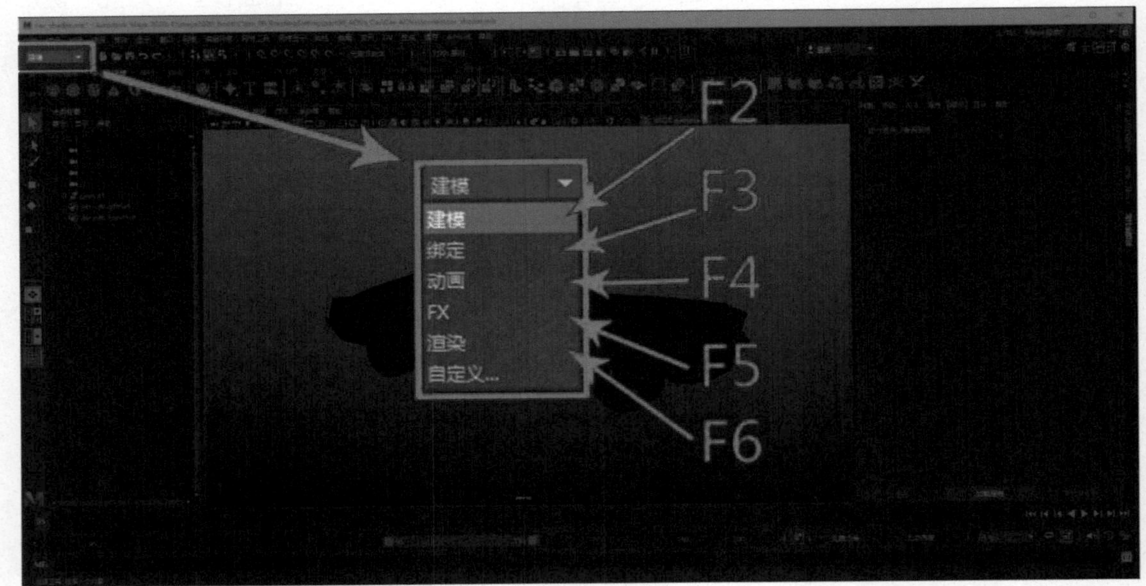

图2-7

注意 模块的切换并不能改变工具架的命令，工具架的命令需要手动单击切换。

单击工具架中的按钮可以选择不同模块的工具组，如图2-8所示。单击工具架选项卡还可以对工具架进行添加或移除操作，如图2-9所示。

图2-8

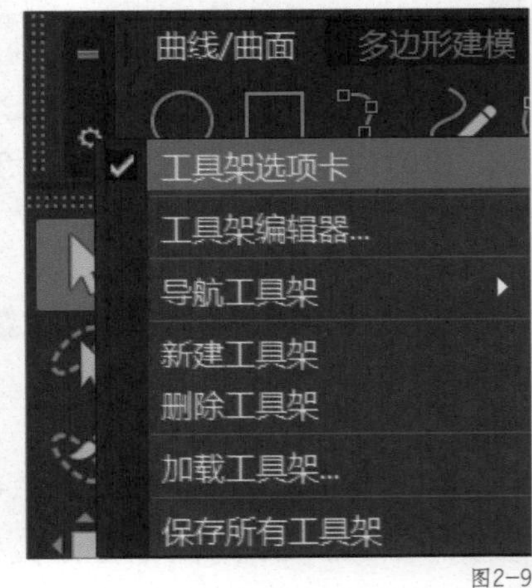

图2-9

知识点 5 视图面板

界面中心区域就是视图面板，也叫工作区域，是显示和编辑三维模型的地方，如图2-10所示。

图2-10

知识点 6 属性面板

视图面板的右边是通道盒和图层编辑栏，这里包括所有调节属性与图层的面板，单击标签栏可以切换不同的属性面板，如图2-11所示。

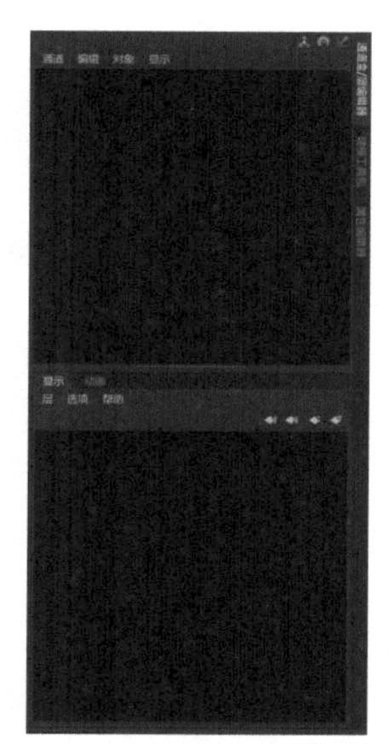

图2-11

知识点 7 时间线面板

视图面板下面是时间线面板，时间线面板可以设置当前场景的动画时长，右侧按钮可以控制当前场景动画的播放，如图2-12所示。

知识点 8 命令栏 / 反馈栏 / 帮助栏

时间线面板下面左上是命令栏，右上为反馈栏，最下为帮助栏。命令栏可以进行Maya内置语言的编辑，反馈栏能对当前的操作进行反馈、错误提示等，帮助栏可以对当前操作进行帮助说明，如图2-13所示。

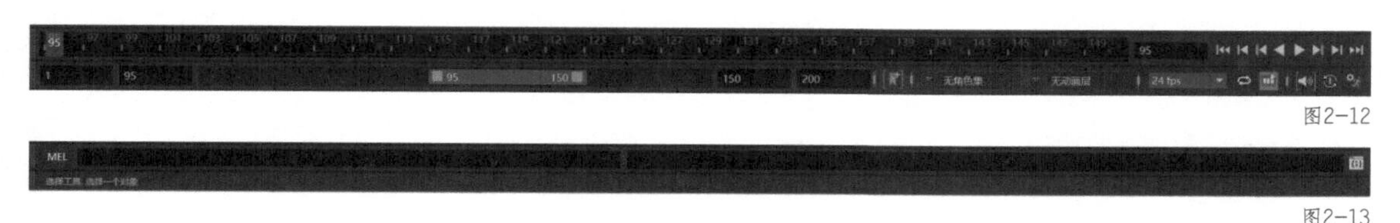

图2-12

图2-13

第2节 视图控制

本节将讲解视图显示、视图切换、视图面板排布等知识。

知识点 1 模型显示模式

打开本小节的场景文件“ship.mb”，在工作区域可以看到一个舰船的模型。单击视图，分别按4、5、6、7键，可以切换到线框、实体、纹理、灯光模式，如图2-14所示。

场景的背景颜色可以切换，按快捷键Alt+B即可切换不同的背景颜色，如图2-15所示。

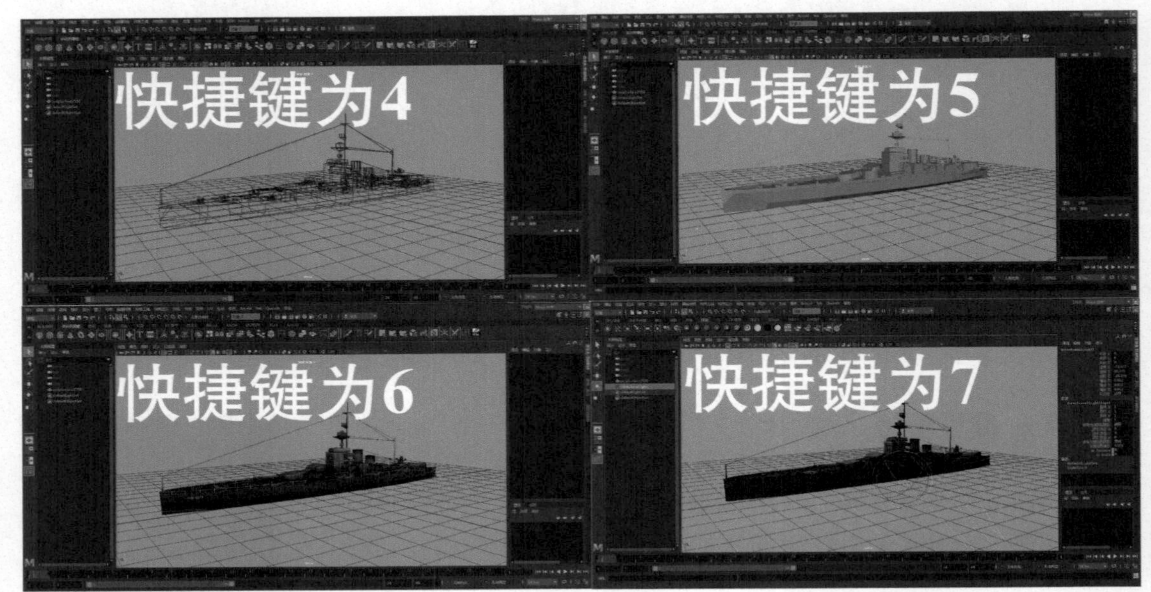

图2-14

图2-15

场景默认有一个透视图摄影机，通过透视图摄影机可以观察当前场景模型，按住Alt+鼠标左键并拖曳鼠标可以旋转视角，按住Alt+鼠标右键并拖曳鼠标可以推拉视角（滚动鼠标中键也可以推拉视角），按住Alt+鼠标中键并拖曳鼠标可以平移视角。

知识点 2 视图切换

按空格键可以进行视图切换，例如按空格键可以由透视图切换到三视图，任意选择一个视图再按空格键，可以单独显示该视图，如图2-16所示。

图2-16

单击左边的视图工具，或者按住空格键，在浮动菜单里单击不同的按钮，可以切换到不同视图，如图2-17所示。

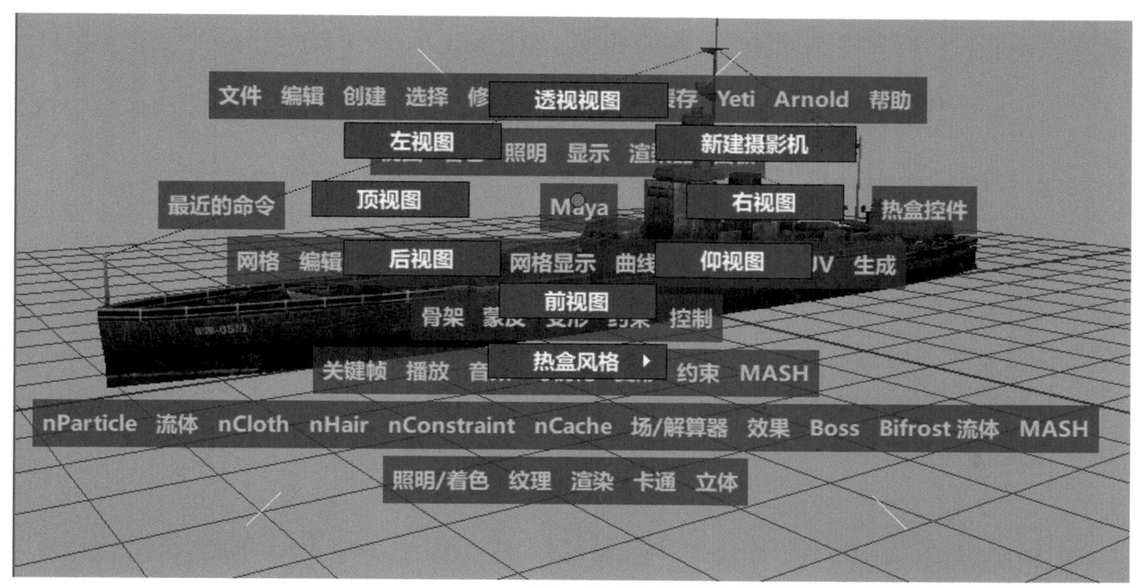

图2-17

知识点 3 4 个视图之间的区别

切换到三视图后，画面实际上有4个不同的视图，分别是顶视图、透视图、前视图、侧视图，如图2-18所示。

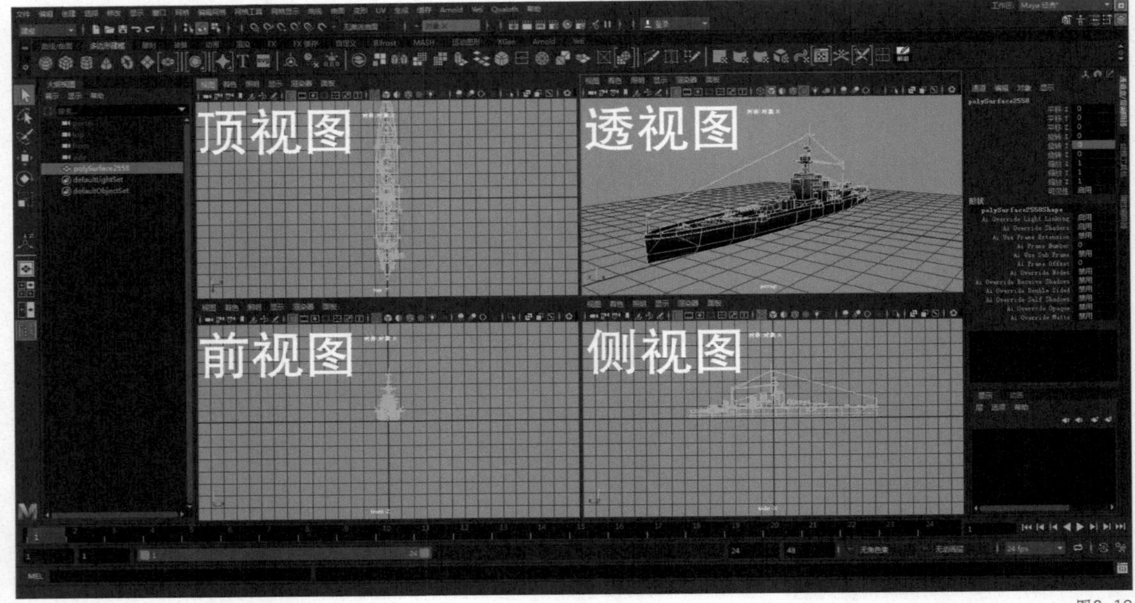

图2-18

注意 透视图有透视关系，并且可以自由旋转摄影机调整视角。其他视图没有透视关系，并且不可旋转视角。

知识点 4 工作界面切换

Maya的界面并不是一成不变的，可以使用快捷工具切换不同的工作界面。在界面右上角的“工作区”里有丰富的预设选项，这些预设选项可以供用户在进行不同流程时使用，如图2-19所示。

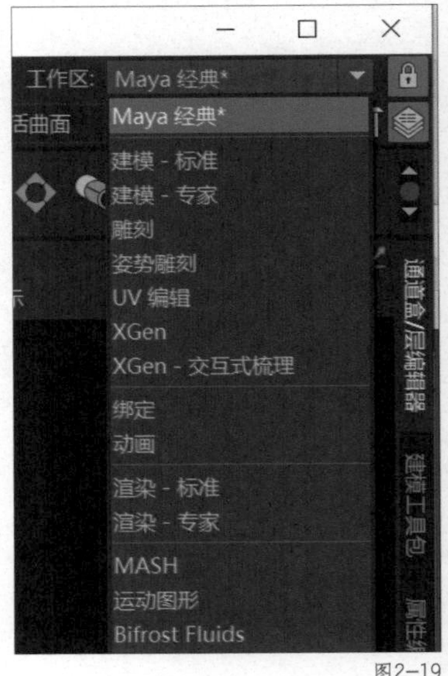

图2-19

第3节 物体编辑工具

本节将讲解如何对场景中的模型进行选择、移动、旋转、缩放等操作。

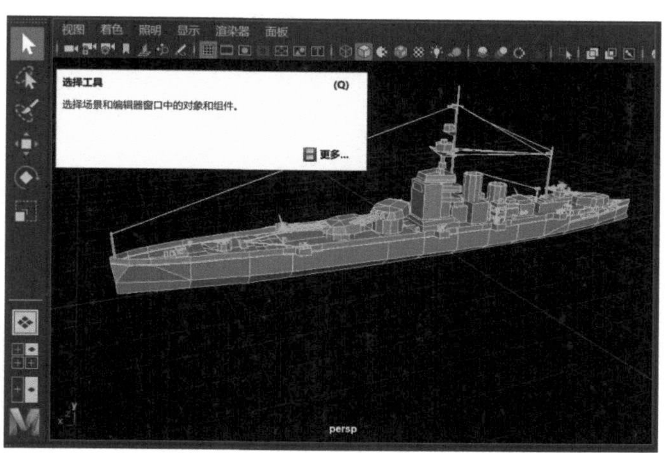

图2-20

知识点 1 选择工具

单击工具箱中的按钮，或按Q键，启用选择工具。此时单击模型，模型会被选中，在视图中高亮显示，如图2-20所示。

图2-21

知识点 2 移动工具

单击工具箱中的按钮，或按W键，切换到移动工具。模型上会显示移动工具的图标，“红”“绿”“蓝”箭头分别代表“*x*”“*y*”“*z*”轴方向，单击图标上的箭头并拖曳鼠标就可以移动模型，如图2-21所示。

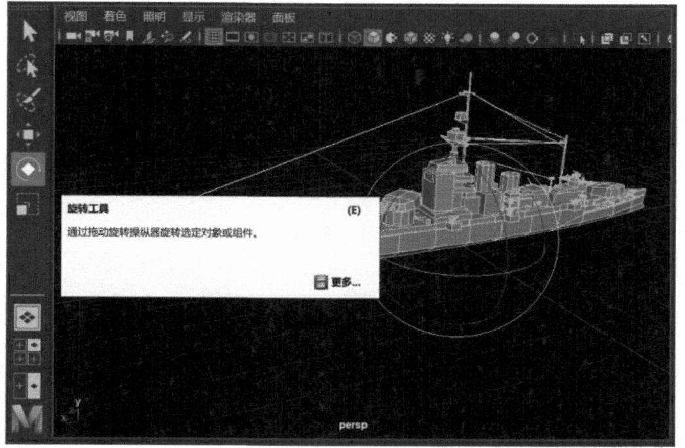

图2-22

知识点 3 旋转工具

单击工具箱中的按钮，或按E键，切换到旋转工具。模型上会显示旋转工具的图标，“红”“绿”“蓝”线圈分别代表“*x*”“*y*”“*z*”轴方向，“黄”线圈代表任意旋转角度，单击图标上的线圈并拖曳鼠标，就可以旋转模型，如图2-22所示。

知识点 4 缩放工具

单击工具箱中的按钮，或按R键，切换到缩放工具。模型上会显示缩放工具的图标，“红”“绿”“蓝”方块分别代表“*x*”“*y*”“*z*”轴方向，中间的“黄”方块代表整体缩放，单击图标上的方块并拖曳鼠标，就可以缩放模型，如图2-23所示。

知识点 5 通道盒

在右边通道盒里可以设置移动、旋转、缩放工具的参数，如图2-24所示。将“可见性”设置为“禁用”（或0）时，模型会隐藏不可见；将“可见性”设置为“启用”（或1）时，模型会显示可见。

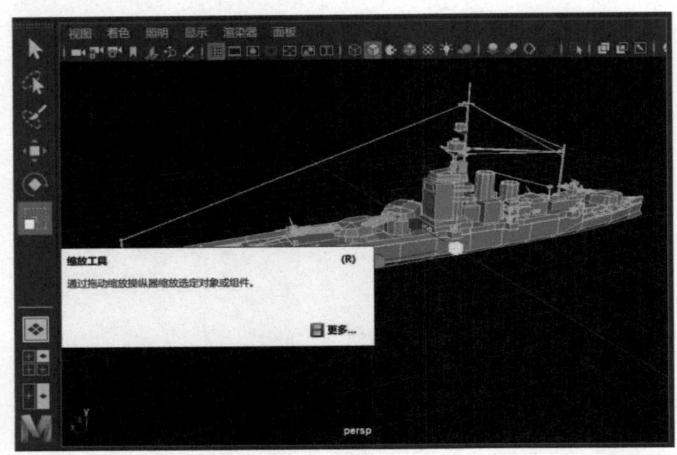

图2-23

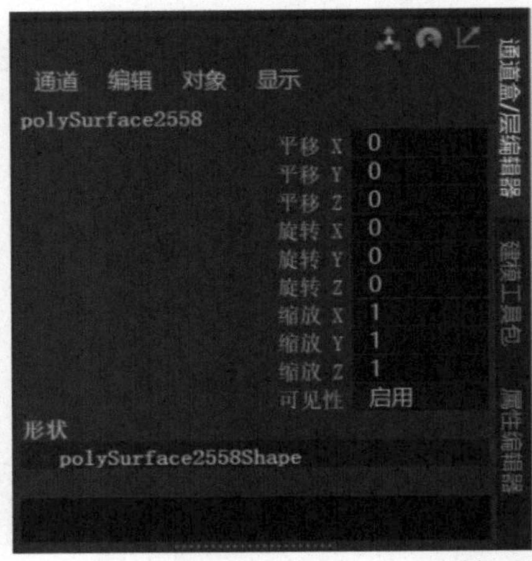

图2-24

第4节 图层管理

图层可用于分类管理场景中的复杂元素，将这些元素分类显示、隐藏、锁定等。本节将讲解图层的创建、命名，添加与移除模型等知识。

知识点 1 创建图层

创建图层有以下两种方法。

第一种，单击图层编辑面板的第3个按钮，就可以创建一个新的图层。双击图层，可以对当前图层进行命名、修改显示类型、定义颜色等操作，如图2-25所示。

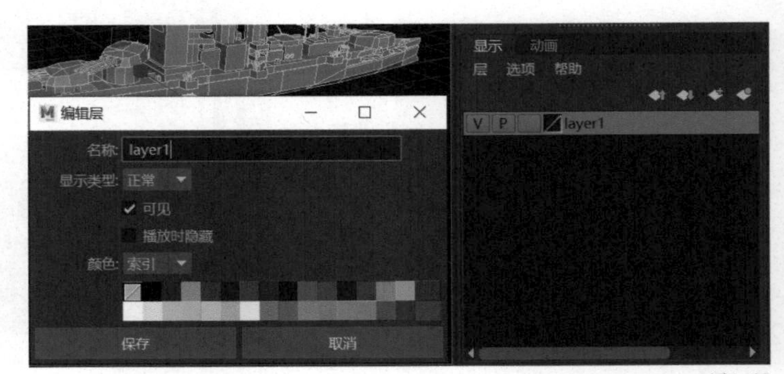

图2-25

注意 当前图层为空图层，并没有关联模型。如果需要关联模型，则需要选择模型，右击添加到当前图层。

第二种，选择模型，单击图层编辑面板的第4个按钮，就可以创建新的图层，并且模型已经被添加到当前图层内，如图2-26所示。

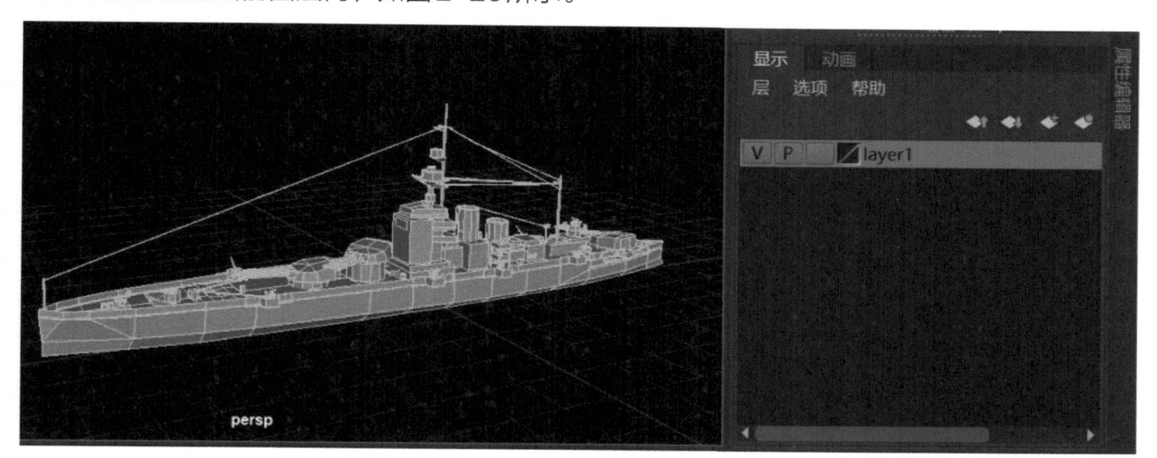

图2-26

知识点 2 删除图层

选择当前图层，右击打开快捷菜单，在菜单里执行“删除层”命令即可，如图2-27所示。

图2-27

注意 删除图层时并不会删除当前图层内的模型。

知识点 3 图层的显示与锁定

图层创建完毕后，单击图层上的V按钮可以显示或隐藏当前图层的内容；单击R按钮锁定图层并且模型以实体显示；单击T按钮锁定图层并且模型以线框显示，空白代表解锁图层。具体内容如图2-28所示。

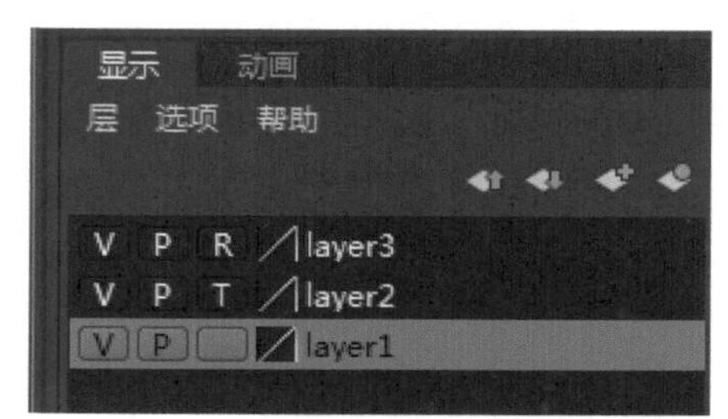

图2-28

知识点 4 添加与移除模型

要在图层中添加模型，先选择模型，在当前图层上右击，然后在出现的浮动菜单里执行“添加选定对象”命令即可，如图2-29所示。

要在图层中移除，先选择模型，在当前图层上右击，然后在出现的浮动菜单里执行“移除选定对象”命令即可，如图2-30所示。

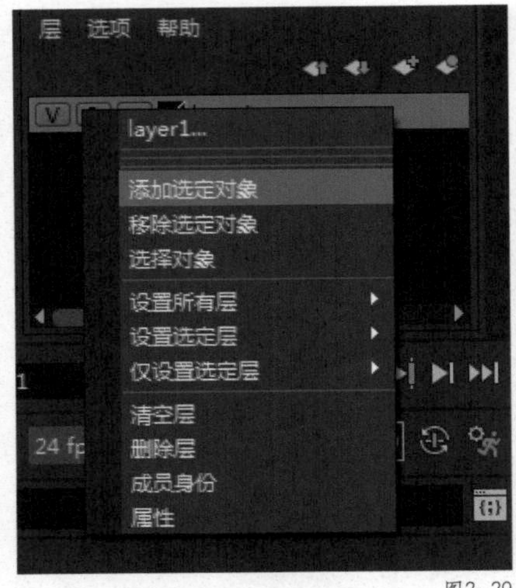

图2-29

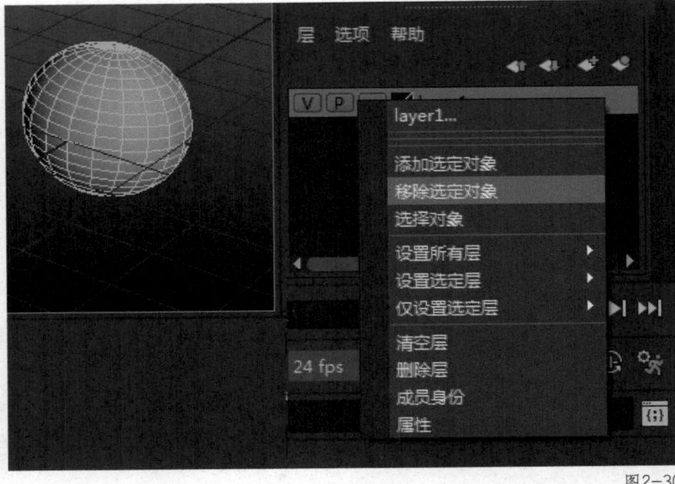

图2-30

第5节 时间线面板

本节将讲解时间线面板的各个功能，帮助读者掌握时间线面板的使用方法。

知识点 1 起始时间设置

时间线面板的时间长度分为总长度与显示长度两个部分，在时间线面板的下方左右两端可以设置总时长，左边为起点，右边为终点,如图2-31所示。

图2-31

在时间线面板中间可以设置当前时间显示时长，左边为起点，右边为终点，如图2-32所示。

图2-32

知识点 2 播放控制

时间线面板右边为播放控制按钮，从左往右的按钮功能依次是回到播放范围开头、倒退一帧、倒退至上一关键帧、倒退播放、前进播放、前进至下一关键帧、前进一帧、回到播放范围结尾，如图2-33所示。

图2-33

知识点 3 帧速率的设置

帧速率是指每秒播放动画的帧数，是动画制作过程中非常重要的属性，不同的项目对帧速率的要求各不相同。在时间线面板右下角单击帧速率预设按钮，可以选择不同的帧速率，如图2-34所示。

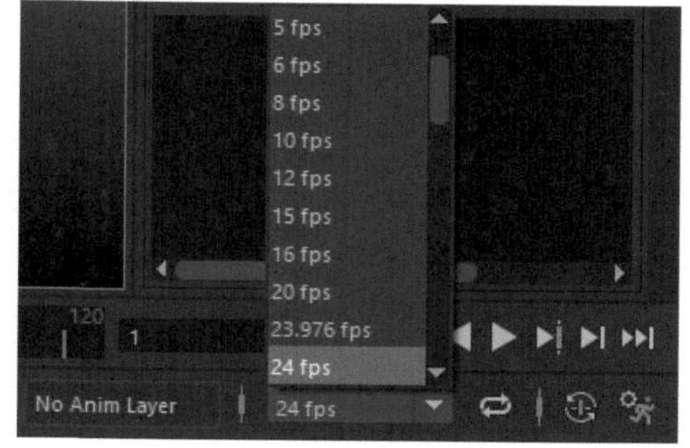

图2-34

第6节 文件管理

本节将讲解工程的创建与指定、文件的导入与导出、创建引用文件等知识。

知识点 1 创建工程

在动画制作过程中会产生大量的文件，如场景文件、贴图、缓存数据等。为了方便管理这些文件，就需要创建工程，将不同的文件存放到指定文件夹中。

在菜单栏中执行"文件-项目窗口"命令，打开项目窗口面板，如图2-35所示。

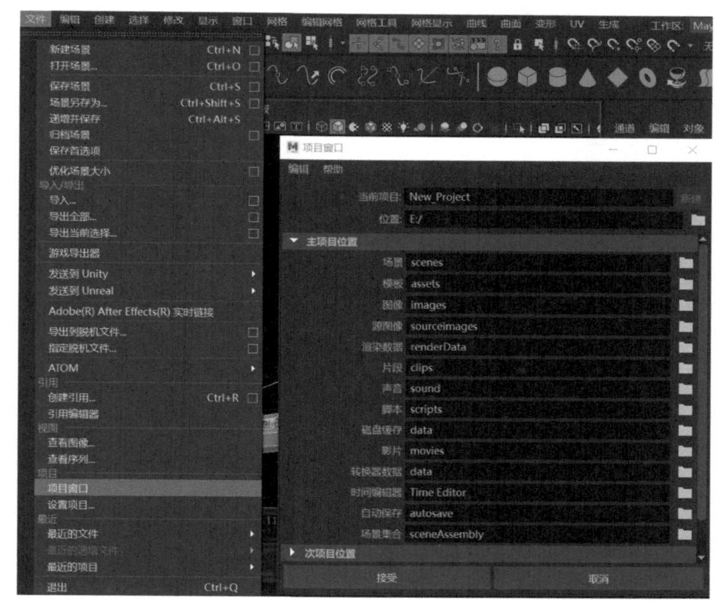

图2-35

在项目窗口面板中单击"新建"按钮，激活面板，第一栏可设置工程名字，第二栏可设置工程路径。"主项目位置"为Maya 2020默认的工程文件夹，每个文件夹负责存储特定的文件，一般保持默认即可。单击"接受"按钮，工程创建完毕。

注意 工程的命名与路径要避免有中文或是纯数字，纯数字或有中文的路径会导致文件读取错误。

知识点 2 指定工程

如果已经有一个创建完毕的工程，为了保证Maya能够到当前工程内读取或存储数据，就需要指定工程，这一步非常重要。指定工程后，场景文件就能够自动到当前工程的文件夹里读取或存储数据，否则有些数据会在其他文件夹内读取或存储，导致文件损坏无法渲染或无法制作动画。

在菜单栏中执行“文件-设置项目”命令，即可选择指定的工程，如图2-36所示。

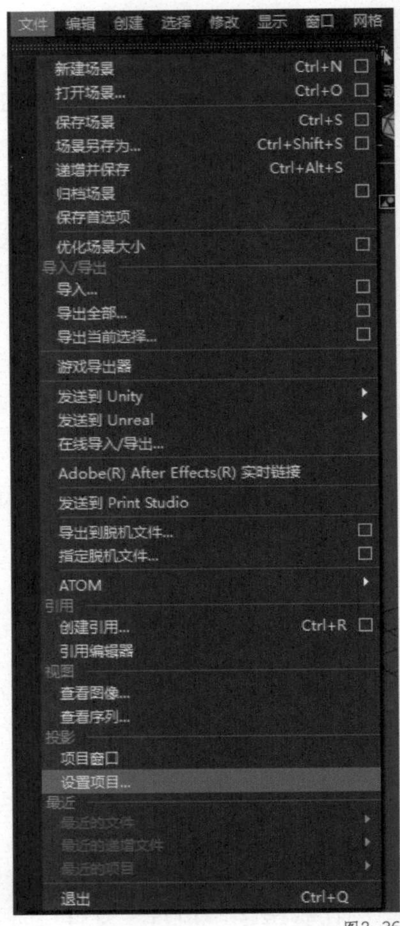

图2-36

知识点 3 打开与保存文件

在菜单栏中执行“文件-新建场景”命令，即可创建新的场景，快捷键为Ctrl+N；执行“文件-打开场景”命令，即可读取场景文件，快捷键为Ctrl+O；执行“文件-保存场景”命令，即可保存场景文件，快捷键为Ctrl+S。单击工具架中对应的快捷按钮也可实现这些功能，如图2-37所示。

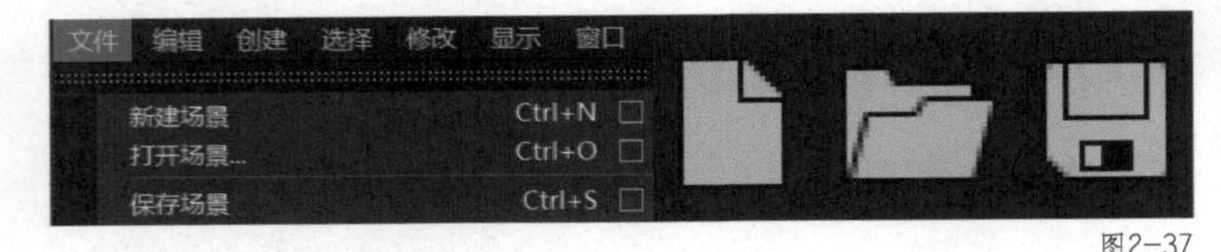

图2-37

注意 不能直接将文件拖曳到视窗内来打开文件，拖曳到视窗代表“导入文件”，并非正确的打开文件的方式。导入操作会导致文件信息更改，在制作特效的时候文件信息更改会导致错误。

知识点 4 导入与导出文件

如果需要从外部导入文件到当前场景，在菜单栏中执行“文件-导入/导出-导入”命令即可。

如果需要将当前场景的全部或部分素材导出，在菜单栏中执行“文件-导入/导出”下的“导出全部”或“导出当前选择”命令即可，如图2-38所示。

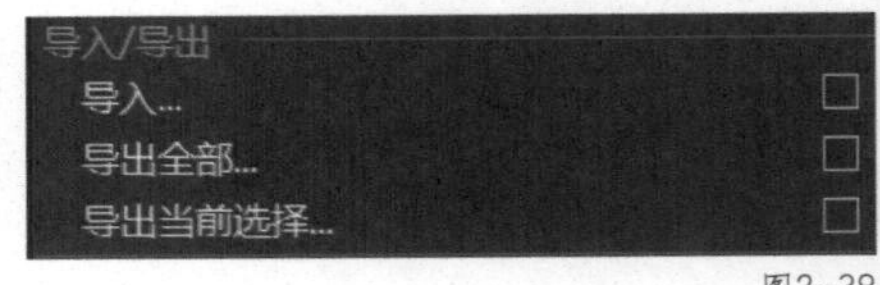

图2-38

知识点 5 创建引用文件

引用文件是非常常用的文件管理方式，用户在制作动画时可以同时编辑多个素材文件，如果需要查询其他文件的制作进度，则可以以引用文件的方式去读取文件。在引用文件编辑器里可以随时读取更新的文件，如图2-39所示。

图2-39

第7节 综合案例——舰船破碎

本节将制作一个有趣的动画案例，帮助读者巩固视图操作、模型编辑、模块切换等知识，从而熟练掌握Maya的基础操作。

知识点 1 创建工程

在开始制作动画之前，需要创建一个工程文件，以便存储场景中的各种素材。在菜单栏中执行“文件-项目窗口”命令，在弹出的项目窗口面板中单击“新建”按钮，将工程命名为“Ship”并指定路径，单击“接受”按钮，工程创建完毕，如图2-40所示。

工程创建完毕后，将案例需要使用的素材复制到对应文件夹中，“scenes”文件夹放置场景文件，“sourceimages”文件夹放置贴图文件，如图2-41所示。

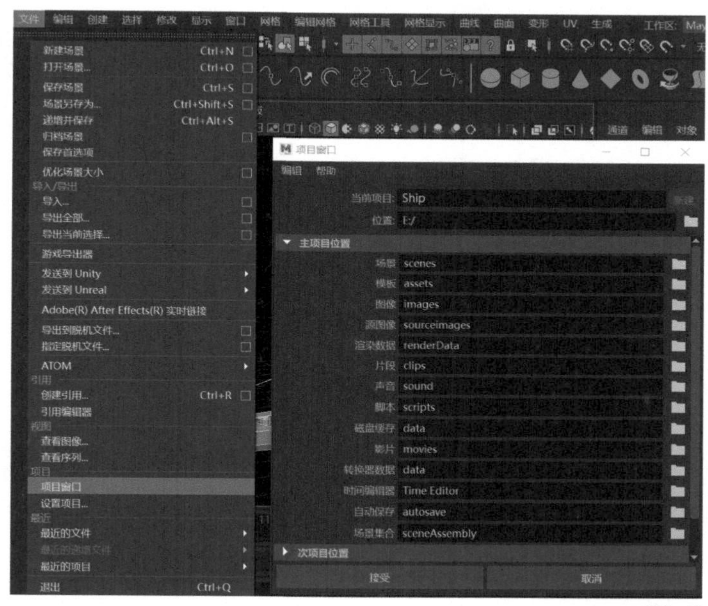

图2-40

TT1024X1024

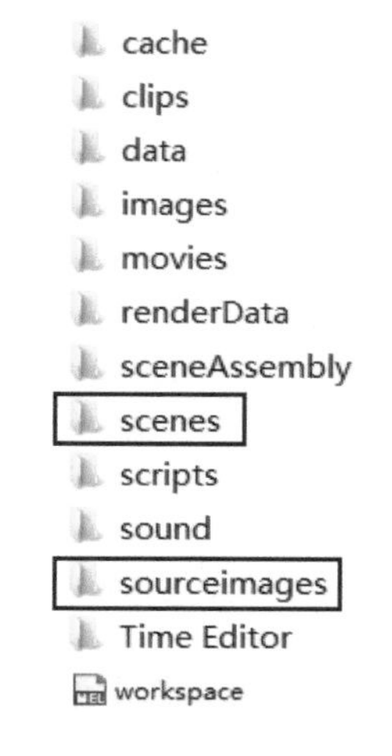

图2-41

知识点 2 导入文件

在工具架中单击打开场景按钮，或按快捷键Ctrl+O打开场景文件，如图2-42所示。

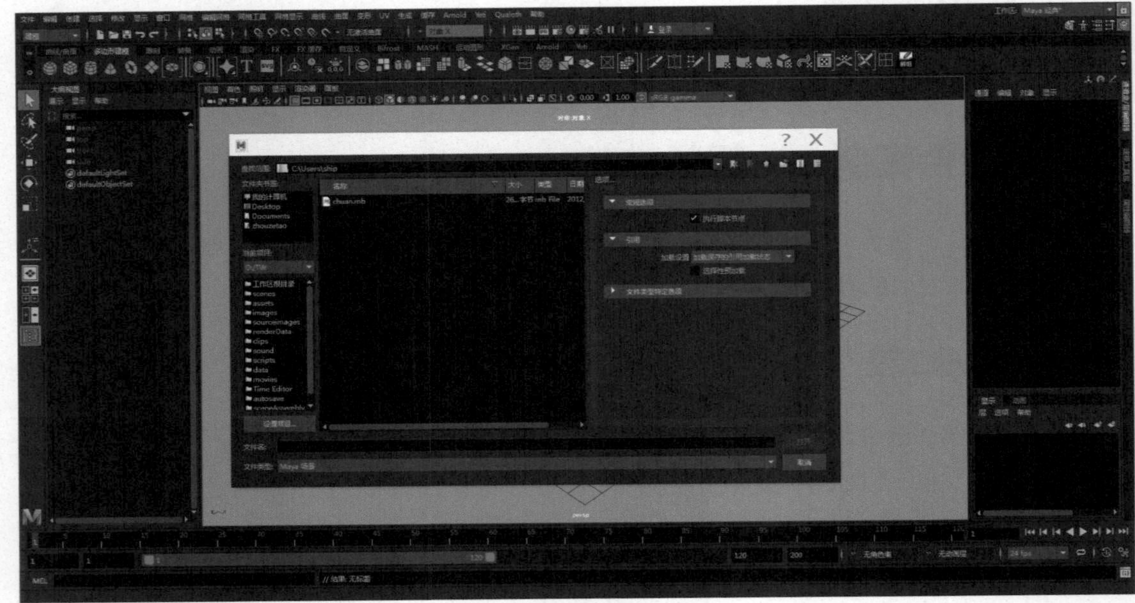

图2-42

知识点 3 编辑模型位置

打开文件后，分别使用选择工具、移动工具和旋转工具将“Ship”模型移动到合适的位置，如图2-43所示。

图2-43

知识点 4 设置模型特效属性

按Q键选择模型，将模型切换到“FX”特效模块，在菜单栏中执行“nCloth-创建nCloth”命令，将当前的模型文件转化为特效元素（布料元素），如图2-44所示。

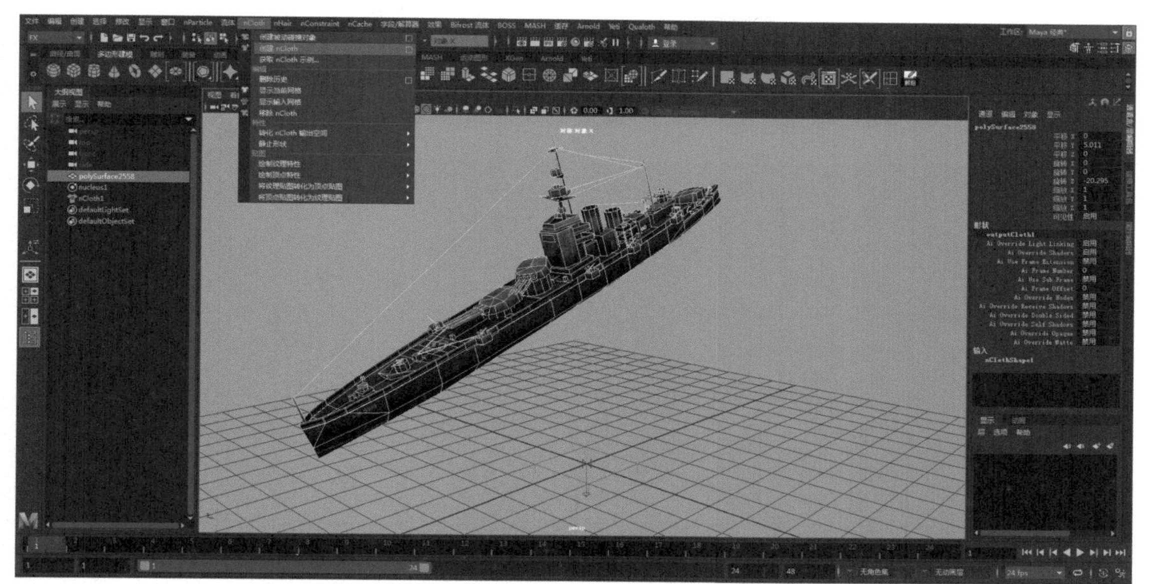

图2-44

知识点 5 编辑特效属性

在左侧的工具箱里单击大纲视图按钮，在大纲视图内选择“nucleus1”（解算器）节点，在右边属性编辑器中勾选“使用平面”，如图2-45所示。

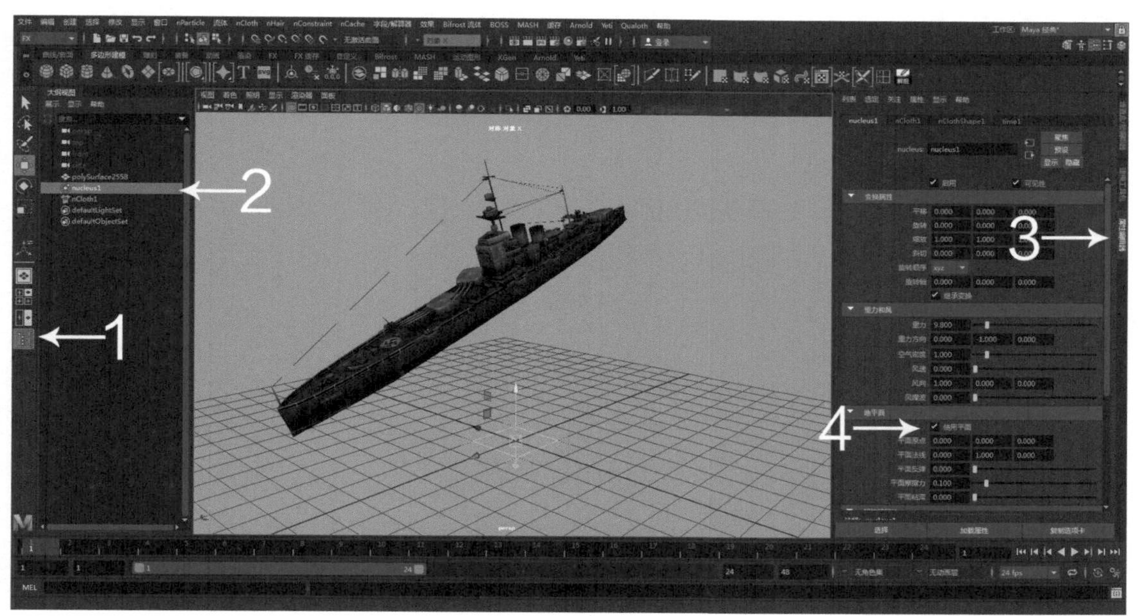

图2-45

知识点 6 设置时间线

以上的操作是设置场景中的属性关系，接下来就可以模拟动画了。默认动画时间线是0~24帧，这里需要将动画时间线的范围扩大到0~120帧，单击界面右下角的■按钮打开首选项面板，将动画的“最大播放速率”设置为“24fps x 1”，如图2-46所示。

图2-46

知识点 7 输出动画

设置好场景关系后，单击播放按钮▶就可以观察到模型破碎的动画了，如图2-47所示。

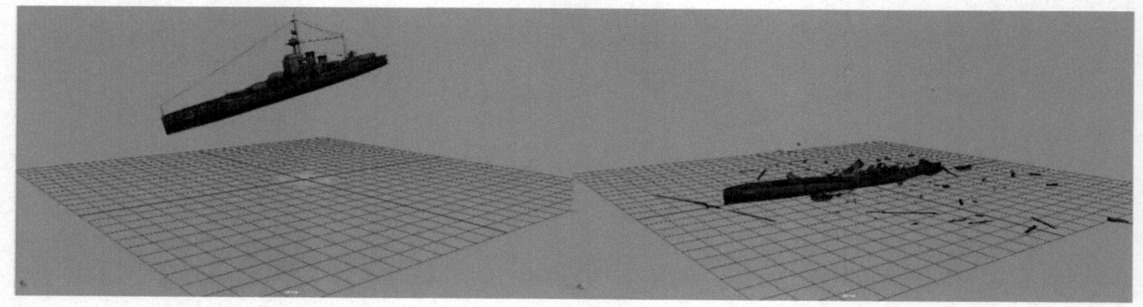

图2-47

如果需要观看带有动画效果的视频，则可以在时间线上右击，在弹出的快捷菜单中执行“播放预览”命令，打开播放预览选项面板，将视频“格式”设置为“qt”，将“编码”设置为H.264，将“质量”设置为100，将“显示大小”设置为“自定义”的1280像素×720像素，将“缩放”设置为1，勾选“保存到文件”，单击“播放预览”按钮，如图2-48所示。

单击“播放预览”按钮后，场景中的动画会自动播放一遍，这样就得到了一段舰船破碎的动画视频，视频文件被存在工程文件的“movies”文件夹里。

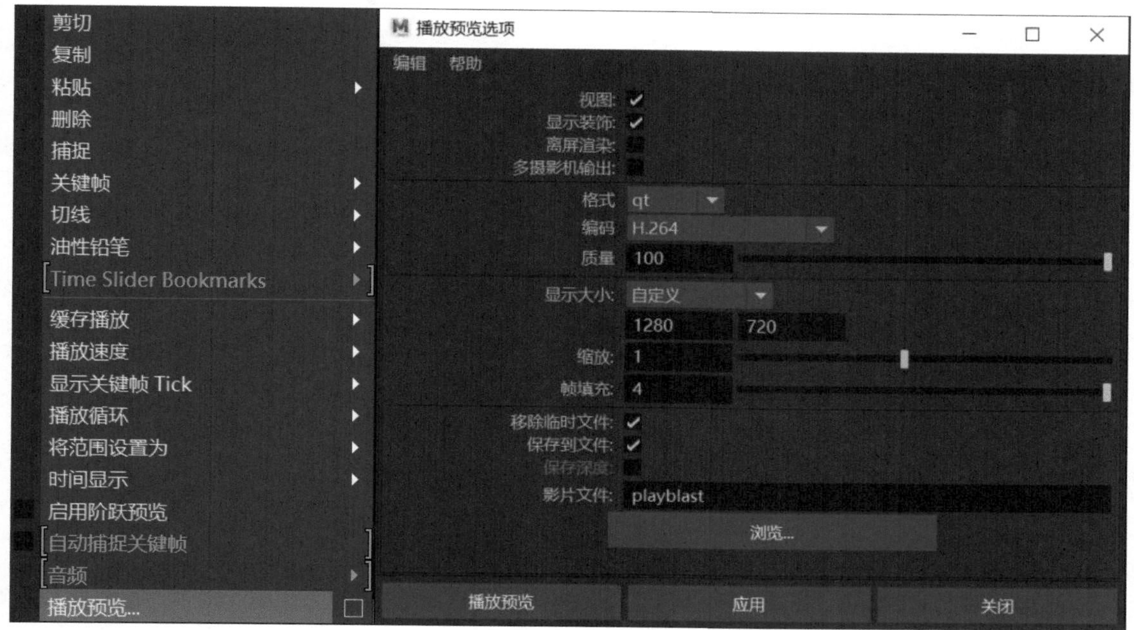

图2-48

这个综合案例的制作，可以训练读者对Maya文件的读取、视图的控制，以及文件的编辑等操作，帮助读者理解各个属性面板的功能与使用方法。

本课练习题

填空题

（1）Maya线框显示、实体显示、纹理显示、灯光显示的快捷键分别是________、________、________、________。

（2）移动、旋转、缩放、选择的快捷键分别是________、________、________、________。

（3）透视图与三视图的区别是________________________。

（4）制作动画时为了便于管理素材，需要 ________________________ 。

（5）打开文件、新建文件、保存文件的快捷键分别是________、________、________。

（6）删除图层是否会删除模型：________________________。

参考答案

（1）4、5、6、7。

（2）W、E、R、Q。

（3）透视图有透视关系，并且可以自由旋转相机调整视角。

（4）创建工程目录。

（5）Ctrl+O、Ctrl+N、Ctrl+S。

（6）不会。

第 3 课

多边形建模

多边形建模是三维软件中通用性最强、最主流的建模方案之一。它容易实现造型各异的模型，被广泛应用于影视建模、游戏建模、建筑表现、产品建模等领域。

本课将讲解多边形建模原理，Maya多边形编辑命令组和Maya多边形建模技巧。本课的学习将帮助读者掌握多边形建模的相关知识，并使读者能够简单的场景道具进行建模。

本课知识要点

- 认识多边形建模
- 创建模型与基础参数设置
- 模型四元素——点、边、面、体的基本概念
- 编辑多边形点、边、面、体的命令组
- 编辑多边形常用辅助知识
- 多边形建模综合案例

第1节 认识多边形建模

CG影视中栩栩如生的角色、精彩绝伦的动画、波澜壮阔的特效都离不开模型，模型是一切三维动画的基础。在三维软件中建立模型的技术有很多，比较常见的有曲线建模、雕刻建模、多边形建模等。

制作三维动画对模型的要求比较苛刻，要求造型准确，并且能够满足渲染、动画、特效等制作要求。综合各种需求来看，多边形建模是通用性最强、最主流的建模方案之一。多边形建模比较容易实现造型各异的形态，因此被广泛应用于影视建模、游戏建模、建筑表现、产品建模等领域。

知识点 1 多边形建模的基本原理

一个多边形模型包括点、边、面、体4个基本元素。两点构成一条边，3条或多条边构成一个面，多个面有序地组合在一起就构成了一个复杂的模型。多边形建模的过程，可以简单地理解为用一个个面去拼合模型的轮廓，调节点的位置就可以改变边的走向，边的变化又会影响面的形状。多边形建模就是通过调节点、边、面的位置来建模，不同的软件会有不同的编辑命令，但是本质上都是一样的。

知识点 2 Maya 2020 多边形建模的特点

Maya 2020拥有丰富的网格编辑工具用于多边形建模，能够满足机械、生物等各类复杂建模的需求。Maya 2020还能够与ZBrush、Houdini、3ds Max、Cinema 4D等主流三维软件进行模型资源互导，同时支持材质渲染、动画、绑定、特效等各个环节的模型需求，能够完美地融合到影视生产中，是影视制作中必不可少的建模工具之一。

第2节 创建模型与基础参数设置

本节将讲解基础模型创建的方法、相关参数的设置等知识。

知识点 1 创建基础模型的方法

复杂的模型都是从基础模型编辑而来的。在多边形建模工具架中有球体、立方体等基础模型，单击相应按钮就可以创建出基础模型。如单击■按钮，视图中心就创建出一个球体模型，如图3-1所示。

除了通过工具架中的按钮快速创建基础模型外，还可以在菜单栏中执行“创建-多边形基本体”命令下的子命令，创建需要的基础模型，如图3-2所示。

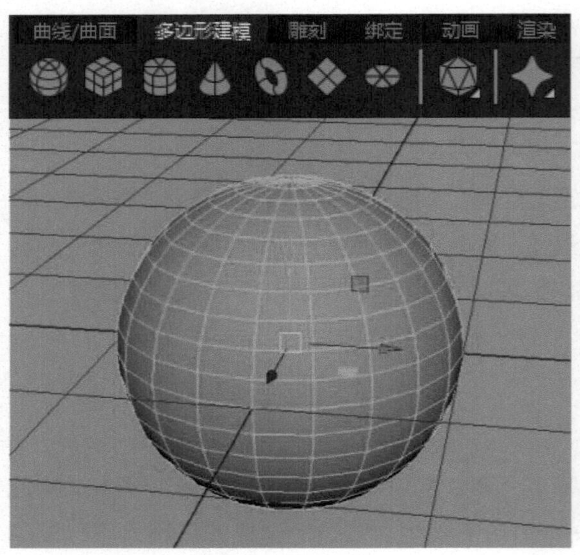

图3-1

图3-2

知识点 2 修改默认模型的参数

在右边的通道盒中可以修改基础模型的默认参数。如选择一个创建好的基础球体模型，打开其通道盒，在这里可以修改模型的默认参数，“半径”代表球体模型的半径大小（默认为1），“轴向细分数”和“高度细分数”代表模型上的段数（默认为20），将“轴向细分数”和“高度细分数”设置为7，效果如图3-3所示。其他模型默认参数的修改方式相似。

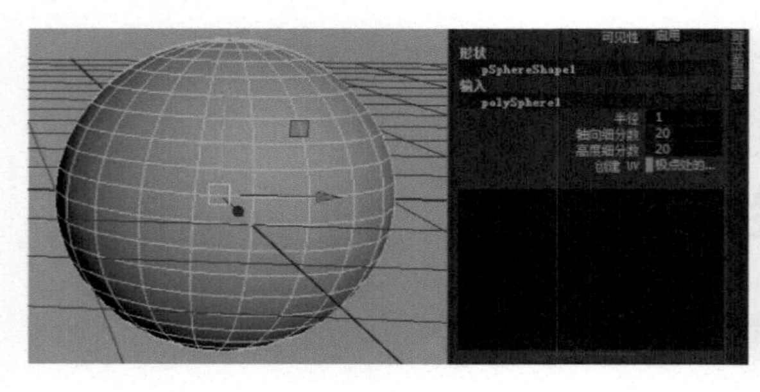

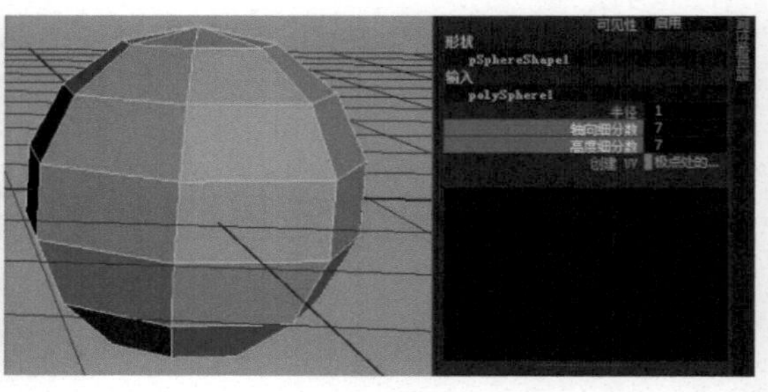

图3-3

注意 以下3种情况无法修改基础参数：模型是通过复制得到的，模型被删除了历史信息，模型执行了相关的网格编辑命令。只有默认创建并且没有进行其他编辑的模型才能修改其基础参数。

第3节 模型四元素——点、边、面、体

点、边、面、体是构成多边形模型的4个基本元素，本节将讲解该四元素的知识。

知识点 1 四元素的切换

点、边、面、体是构成多边形模型的基础，在多边形模型上按住鼠标右键不松开，将弹出快捷菜单，如图3-4所示。

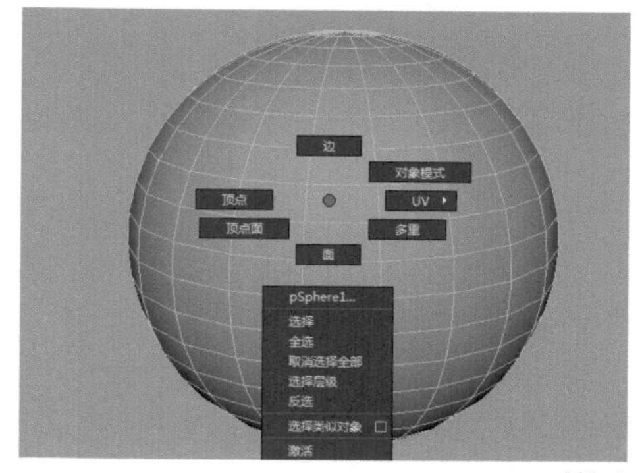

图3-4

选择“边”，模型就切换到边模式，这时模型会单独显示边，这些边可以被选择、移动、缩放、旋转，如图3-5所示。

选择“顶点”，模型就切换到点模式，这时模型会单独显示点，这些点可以被选择、移动、缩放、旋转，如图3-6所示。

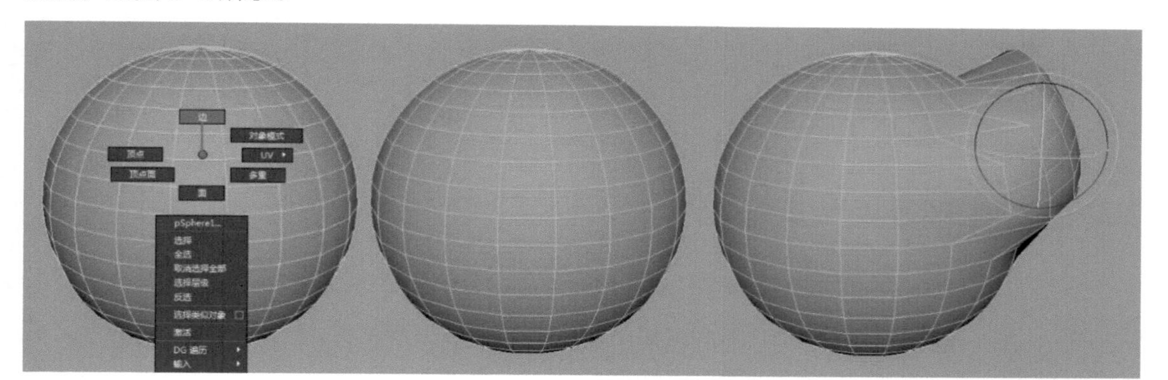

图3-5

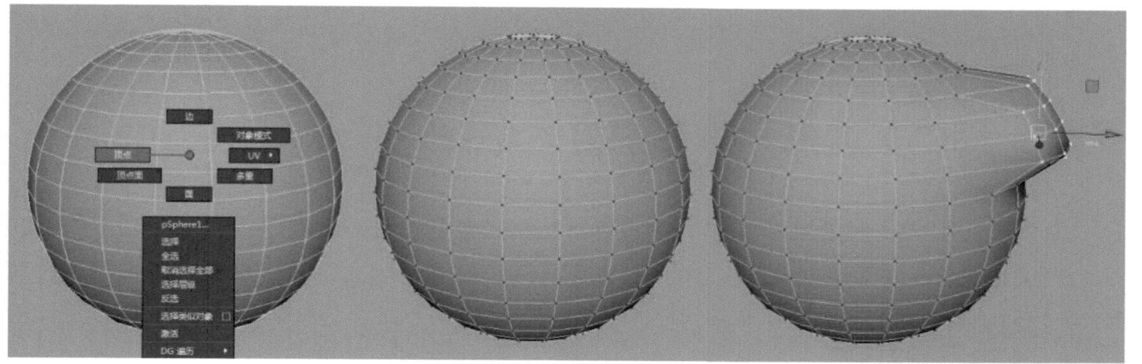

图3-6

选择“面”，模型就切换到面模式，这时模型会单独显示面，这些面可以被选择、移动、缩放、旋转，如图3-7所示。

选择“对象模式”，模型就切换到体模式，这时可以选择整个模型进行移动、缩放、旋转等操作，如图3-8所示。

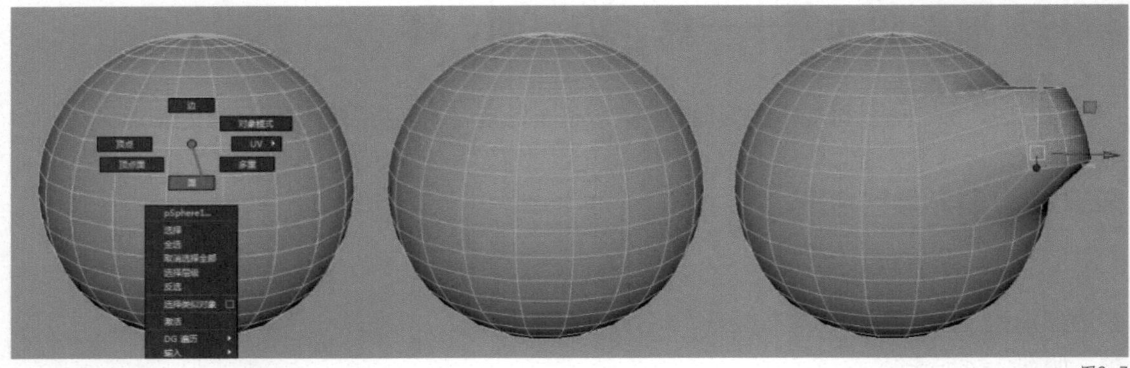

图3-7

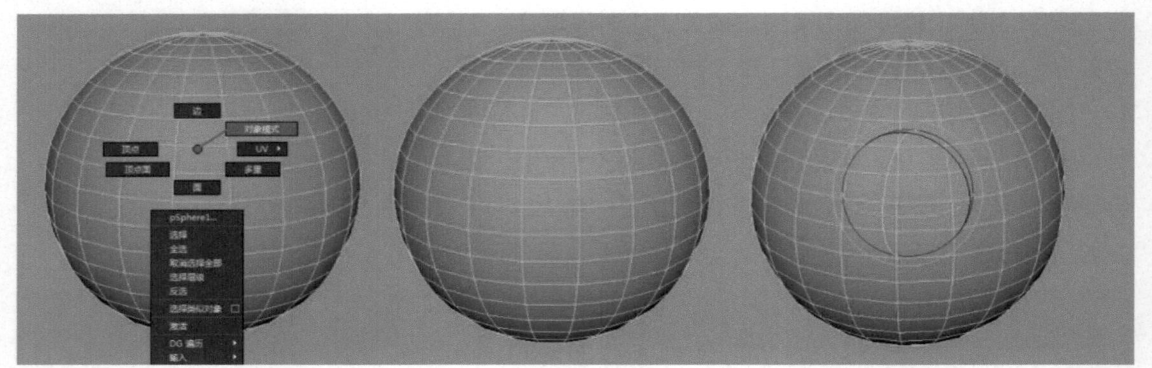

图3-8

知识点 2 四元素的编辑原则

多边形建模的核心就是通过编辑模型上的点、边、面、体来表现复杂的造型。编辑点、边、面、体时需要遵循一定的原则：编辑模型细节时，根据需求要进入点、边、面、体对应的模式进行编辑，如调节一个平面使其局部凸起，需要进入模型的点模式进行编辑；编辑整个模型时，需要进入“对象模式”；移动或复制模型，只能在“对象模式”下操作。

第4节 编辑多边形“体”的相关命令

为便于理解和掌握繁杂的建模命令，本节将多边形建模命令归纳为4类：编辑“体”的命令，编辑“面”的命令，编辑“边”的命令，编辑“点”的命令。本节将讲解编辑多边形“体”的相关命令。

知识点 1 复制

多边形建模时，经常需要复制模型，复制模型的方法是使模型进入“对象模式”，选择模型，在菜单栏中执行“编辑－复制”命令或按快捷键Ctrl+D。

若复制的模型需要与原模型关联，可以选择模型，在菜单栏中执行“编辑－特殊复制”命令，并在弹出的特殊复制对话框中将“几何体类型”调整为“实例”，这时编辑原模型时复制的模型也会同步变化，如图3-9所示。

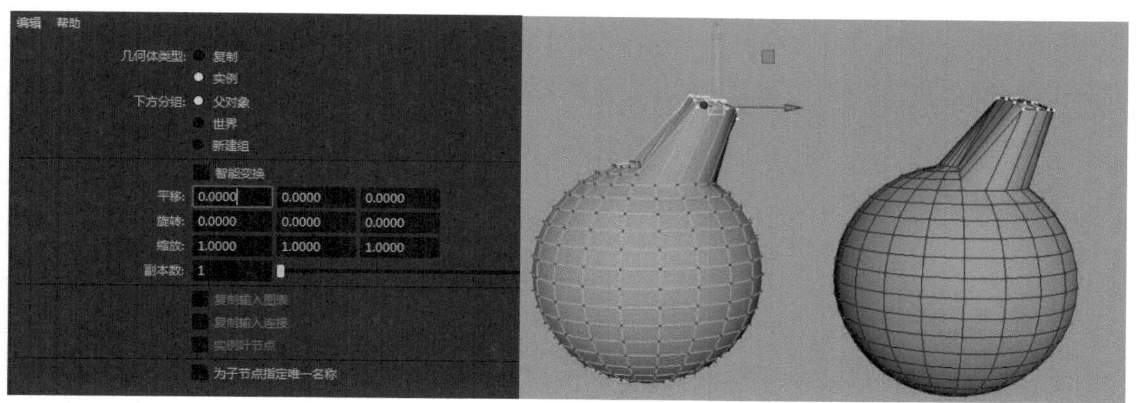

图3-9

知识点 2 结合 / 分离

需要将两个或多个独立的模型合并成一个整体时，选择这两个或多个模型，在菜单栏中执行“网格－结合”命令，或单击多边形工具架上的按钮即可，如图3-10所示。需要将一个整体模型拆分成两个或多个模型时，选择模型，在菜单栏中执行“网格－分离”命令即可。

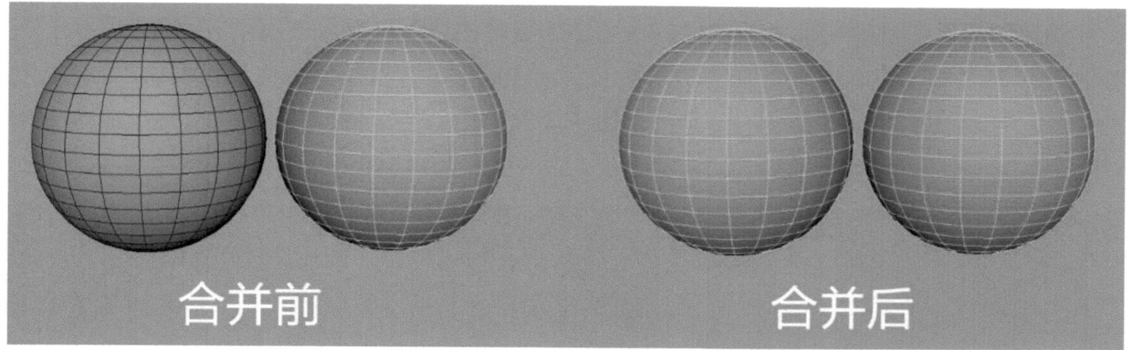

图3-10

注意 被分离的模型之间的线段必须是完全断开的，如果还有共用边，则无法分离模型，如图3-11所示。

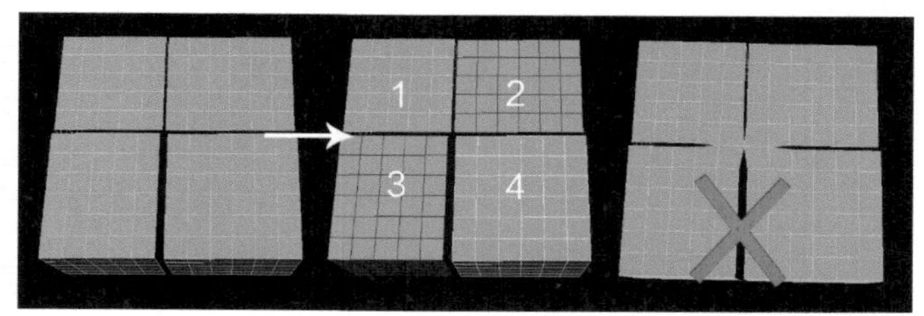

图3-11

知识点3 镜像

很多模型的结构都是左右对称或上下对称的，这时只需创建模型的一半，另一半则可以使用“镜像”命令制作出来。选择模型，在菜单栏中执行“网格-镜像”命令，或单击多边形工具架上的按钮，在弹出的面板里选择镜像的“轴”和“轴位置”，如图3-12所示。

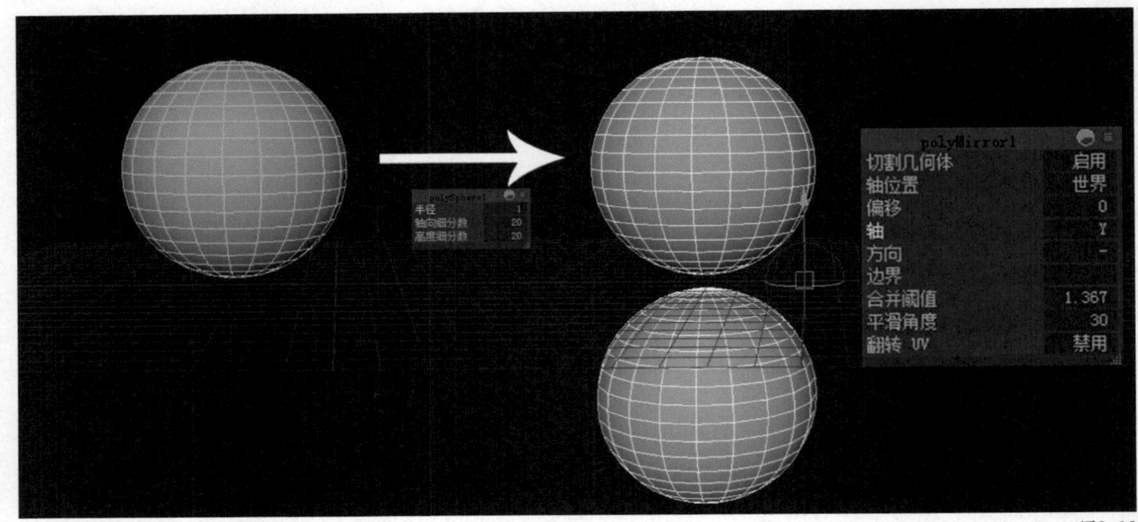

图3-12

知识点4 平滑

使用“平滑”命令可以为多边形的表面增加更多的线段，并且使模型表面更加平滑，它是增加模型细节、提高模型精度的常用命令。选择模型，在菜单栏中执行“网格-平滑”命令，或单击多边形工具架上的按钮，在弹出的面板里设置“细分”的级别，级别越高细分的线段数越多，如图3-13所示。

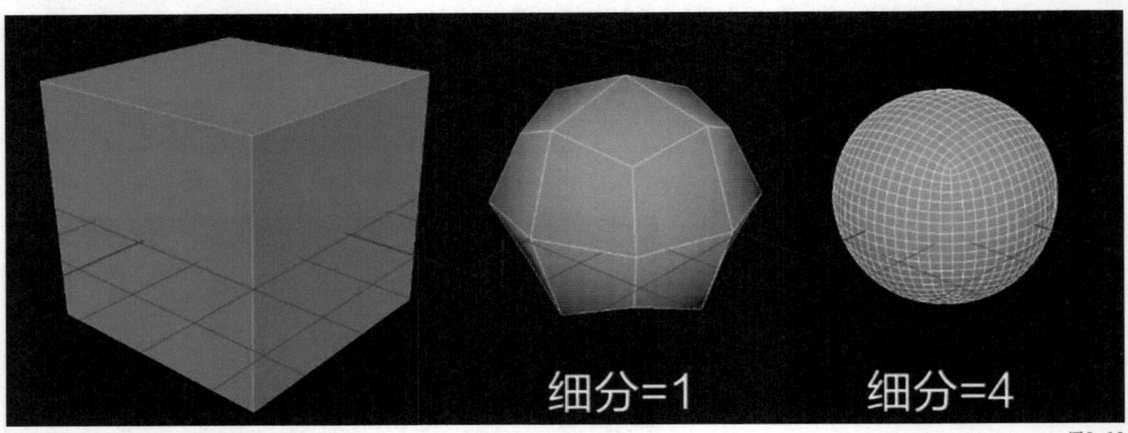

图3-13

知识点 5 布尔

使用“布尔”命令可以对两个模型进行相加、相减、相交等运算，从而得到新的模型。选择两个模型，在菜单栏中执行“网格-布尔”命令下的“并集”“差集”或“交集”等子命令，得到新的模型，如图3-14所示。

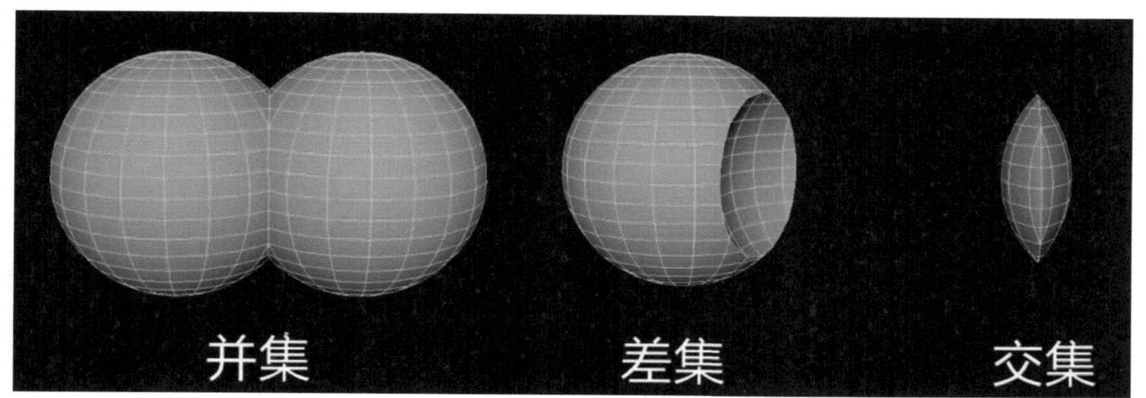

图3-14

注意 “布尔”命令是基于模型的形体进行的计算，所得到的模型布线并不连贯，甚至会保留了多边面。模型过于复杂时，布尔运算并不稳定，可能无法执行成功。

第5节 编辑多边形“面”的相关命令

本节将讲解编辑多边形“面”的相关命令。在执行以下命令时，模型需要在面模式下进行操作。

知识点 1 挤出

“挤出”命令是多边形建模非常常用的命令。执行该命令时，首先将模型切换到面模式，再选择需要编辑的面，在菜单栏中执行“编辑网格-挤出”命令，或单击多边形工具架上的按钮，模型上将出现“挤出”命令的操作杆，并弹出面板，如图3-15所示。

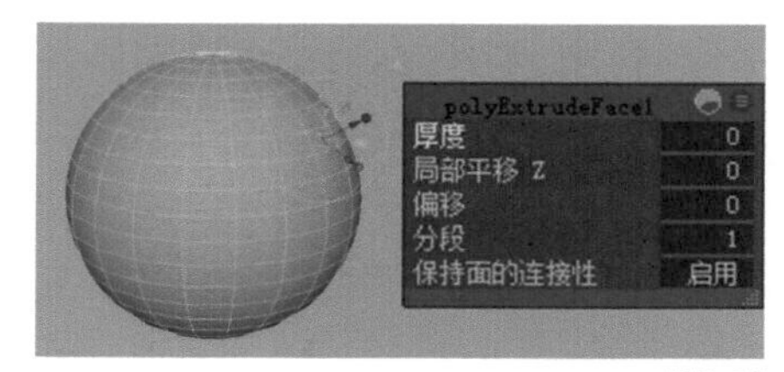

图3-15

在弹出的面板中有5个属性：“厚度”代表挤出的厚度，“局部平移Z”代表面沿着z轴或法线方向挤出，“偏移”代表面挤出时的缩放程度，“分段”代表挤出面的分段数，“保持面的连接性”代表挤出的面是保持连在一起还是分开的、独立的面。这5个属性可实现的效果如图3-16所示。

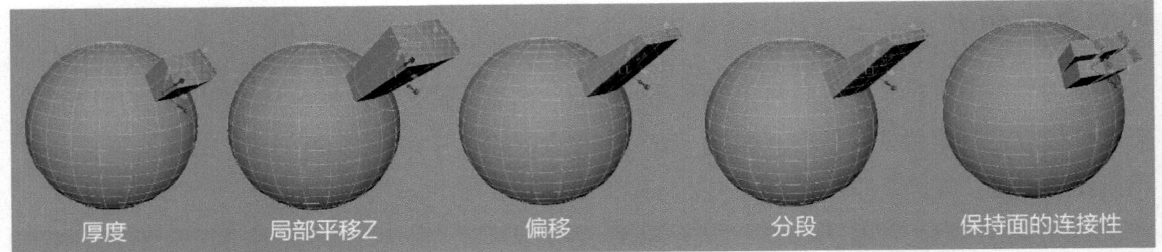

图3-16

知识点 2 分离

使用“分离”命令可以将一个模型上的面拆分出来。将模型切换到面模式，选择需要拆分的面，在菜单栏中执行“编辑网格-分离”命令，再移动选择的面即可，如图3-17所示。

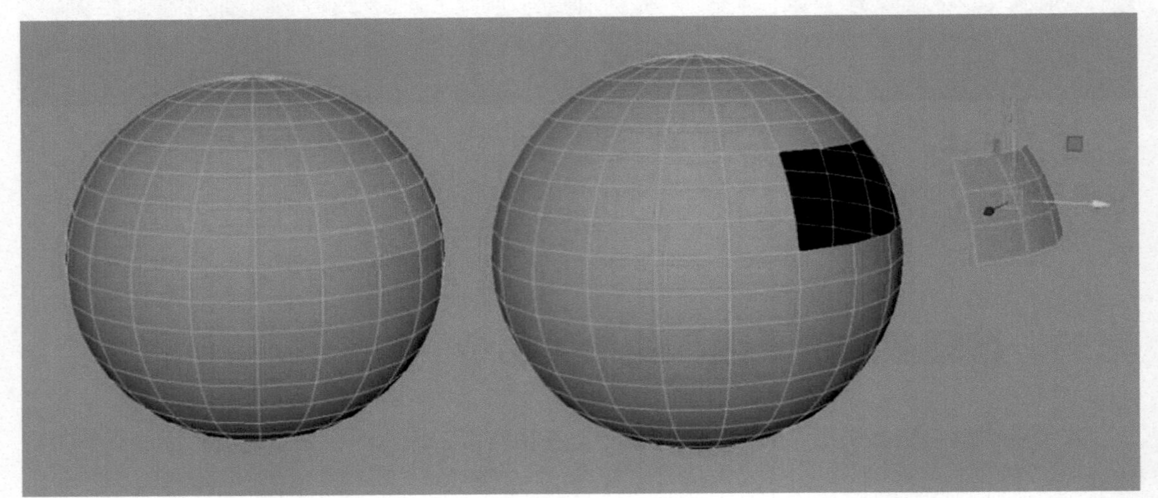
图3-17

知识点 3 提取 / 复制

使用“分离”命令可以把面分离，但是分离出来的面还是从属于原模型。如果需要将面完全独立出来，可以使用“提取”命令或“复制”命令。

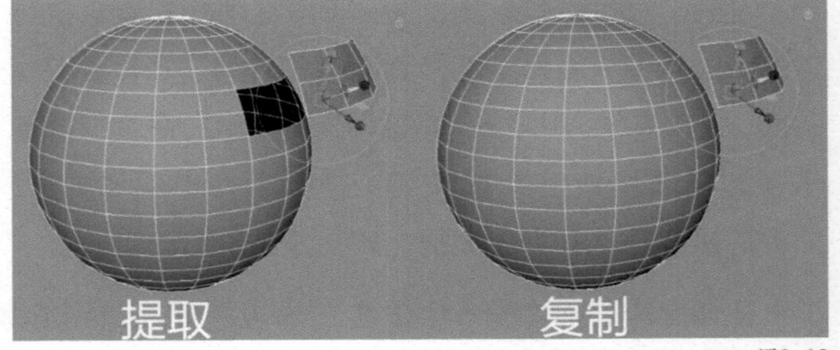

图3-18

将模型切换到面模式，选择需要分离的面，在菜单栏中执行“编辑网格-提取”或“编辑网格-复制”命令，如图3-18所示。

通过效果图可以看出：使用“提取”命令，原模型将失去提取出来的面；使用“复制”命令，原模型依然保留选择的面。

知识点 4 创建多边形

使用“创建多边形”命令可以随意创建出不规则的面。在菜单栏中执行“网格工具－创建多边形”命令，在视图中随意单击创建几个点（注意不得少于3个点），再按Enter键，步骤如图3-19所示，就创建出一个多边形面模型。

图3-19

知识点 5 合并

使用“合并”命令可以将面上的点合并为一个点。将模型切换到面模式，选择需要合并的面，在菜单栏中执行“编辑网格－合并”命令，在弹出的面板中设置参考距离，效果如图3-20所示。

图3-20

注意 距离阈值就是点合并的参考距离，当点之间的距离小于参考距离时就合并，大于参考距离时不会被合并。

知识点 6 合并到中心

使用“合并到中心”命令可以将多个面迅速合并为一个点，且不用考虑点之间的距离。将模型切换到面模式，选择需要合并的面，在菜单栏中执行“编辑网格－合并到中心”命令，效果如图3-21所示。

注意 选择面或选择顶点都可以实现合并的效果。

图3-21

知识点 7 附加到多边形

使用“附加到多边形”命令可以为多边形补洞或连接边。选择模型，在菜单栏中执行“网格工具-附加到多边形”命令，单击需要连接的边再按Enter键确定，效果如图3-22所示。

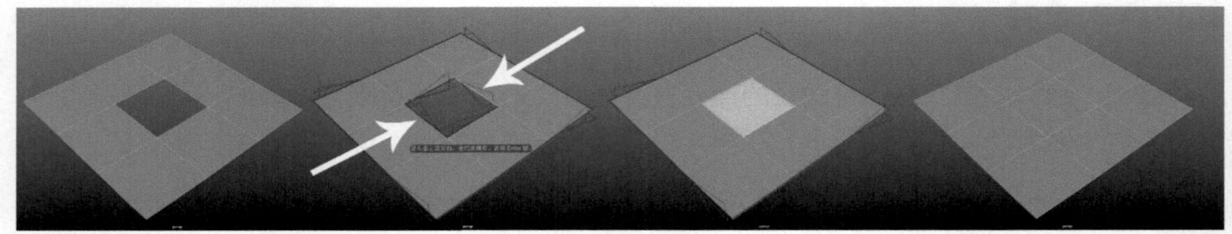

图3-22

第6节 编辑多边形“边”的相关命令

边是构成面的基础，3条或3条以上的边可以组成一个面。掌握更多编辑“边”的命令可以丰富面，进而丰富模型的形体。本节将讲解编辑多边形“边”的相关命令。

知识点 1 插入循环边

选择模型，在菜单栏中执行“网格工具-插入循环边”命令，鼠标指针会变成▶状，在模型的边上单击，循环边就添加成功了。如果需要同时添加多条边，可以打开插入循环边工具设置面板，选择“多个循环边”，设置“循环边数”为5，再在边上单击就可以同时添加多个循环边，如图3-23所示。

注意 模型的面必须都是四边形才能插入循环边，如果有三角形面或多边面就无法执行“插入循环边”命令。

图3-23

知识点 2 偏移循环边

“偏移循环边”与“插入循环边”命令的功能类似，都可以为当前模型添加循环边。“插入循环边”是按照垂直的模式添加的，“偏移循环边”则是按照平行的模式添加循环边，如图3-24所示。选择模型，在菜单栏中执行“网格工具-偏移循环边”命令，然后在中心线的位置单击，这时可以看到中心线的两边同时出现一条边，且与中心线的边平行。

图3-24

知识点 3 多切割

使用“多切割”命令可以在模型表面添加不规则线段。选择模型，在菜单栏中执行“网格工具－多切割”命令，然后在模型表面绘制路径即可，如图3-25所示。

图3-25

注意 在使用“多切割”命令时，起点与终点必须在多边形的边上创建。

知识点 4 删除边 / 顶点

选择模型上的边，按Delete键删除模型上的边时，边被删除，但点会被保留，保留的点会将模型上的面拆分为多边面，不利于后续模型的编辑。删除模型边的正确方法是选择模型上的边，在菜单栏中执行“编辑网格－删除边/顶点”命令，如图3-26所示。

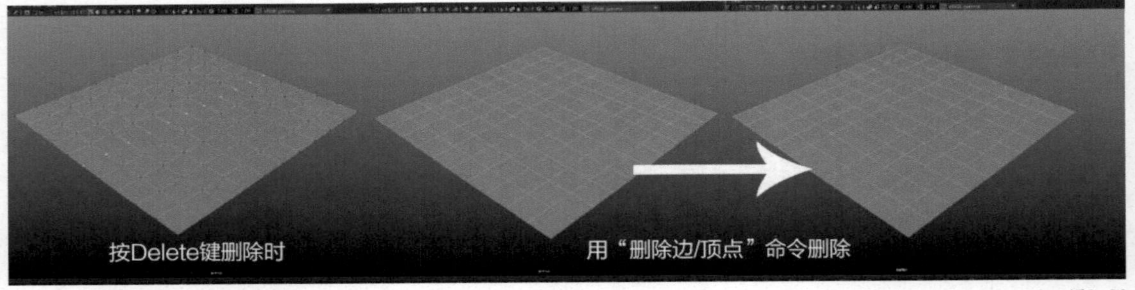

图3-26

知识点 5 倒角

使用“倒角”命令可以让垂直的面变成圆滑的弧面。将模型切换到边模式，在菜单栏中执行“编辑网格－倒角”命令，直角面就被转化为弧面了，如图3-27所示。

“分数”可以控制倒角区域的大小，“分段”可以控制弧面细分的段数，“深度”可以控制曲面向外凸还是向内凹。

图3-27

第7节 编辑多边形“点”的相关命令

两点构成一条边，点是构成多边形的基础元素。本节将讲解编辑多边形“点”的相关命令。

知识点 1 平均化顶点

模型上的顶点分布不均匀时，可以使用“平均化顶点”命令将这些点均匀分布。将模型切换到顶点模式，选择需要均匀分布的点，在菜单栏中执行“编辑网格－平均化顶点”命令，如图3-28所示。

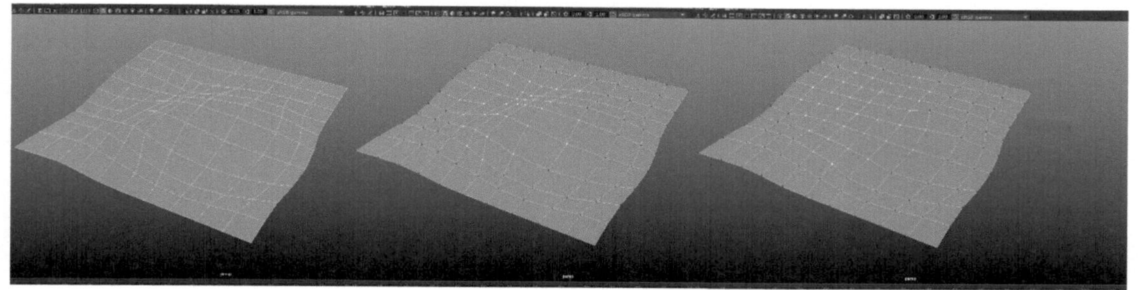

图3-28

知识点 2 切角顶点

使用“切角顶点”命令可以将一个顶点拆分为多个点。将模型切换到点模式，选择需要拆分的点，在菜单栏中执行“编辑网格－切角顶点”命令，如图3-29所示。

图3-29

第8节 编辑多边形常用辅助知识

在编辑多边形时，除了需要掌握点、边、面、体的相关命令以外，还需掌握一些有关法线、平滑显示、分组、枢轴、快捷键等的知识，这些知识可以辅助我们更高效地制作模型。本节将讲解编辑多边形常用辅助知识。

知识点 1 法线的概念

法线是与面垂直的一个向量，可用于帮助操作者调整模型的显示方向，是描述三维模型正反面的一个重要属性。在Maya 2020的多边形建模中，有法线的面表示“正面”。选择模型或模型上的面，在菜单栏中执行“显示-多边形-面法线”命令，如图3-30所示，面中间与面垂直的绿色线就是法线，绿色线延伸方向为当前面的正面。

图3-30

知识点 2 法线显示

与法线方向相反的面会显示为黑色。勾选属性面板中的“照明”菜单下的“双面照明”，可以开启反面照明，这时反面也可以正常显示灯光纹理等效果了，如图3-31所示。

图3-31

知识点 3 法线反向

多边形建模时，为了保证模型表面光滑，面的法线方向必须统一。要得到法线相反的面，可以在菜单栏中执行“网格显示-反向”命令修改法线的朝向，如图3-32所示。

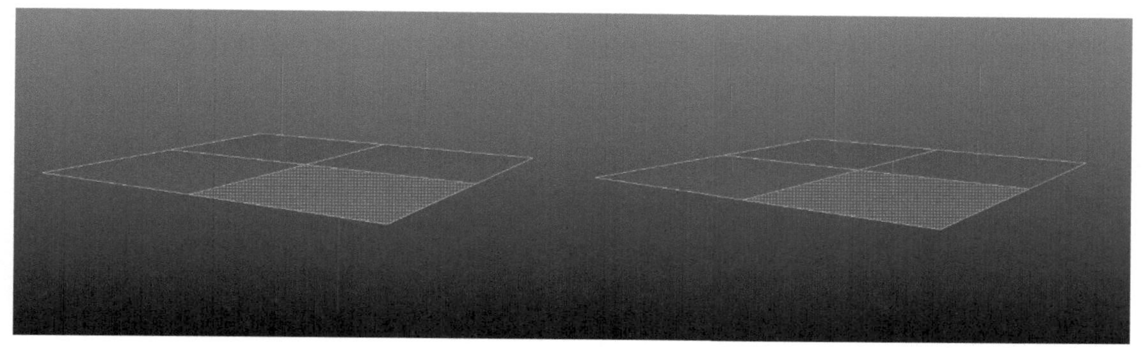

图3-32

知识点 4 平滑显示功能

开启平滑显示功能可以检查多边形的布线是否正确，最终表面是否光滑。选择模型，按3键，表面有折痕的面就变光滑了，如图3-33所示。

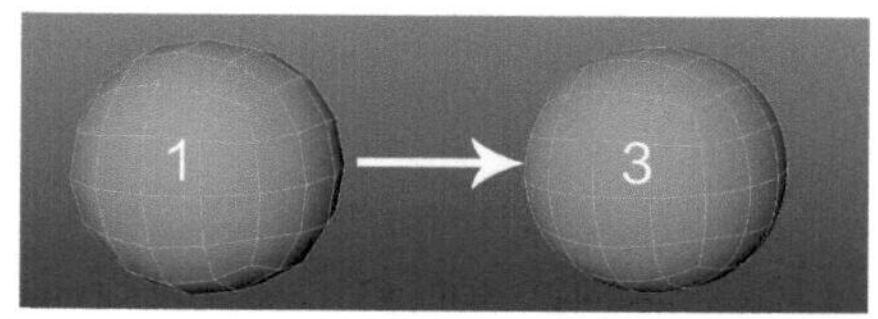

图3-33

注意 按3键并不是真正细分模型的面，只是辅助平滑显示而已，并未增加模型的线段与面数；按1键可还原模型默认显示。

知识点 5 分组与解组

在编辑多个模型时，可以将多个模型编入一个组统一管理。选择多个模型，在菜单栏中执行“编辑-分组”命令，或按快捷键Ctrl+G，这时大纲视图中会出现一个“group1”节点，选择“group1”节点就可以同时选择所有的模型，如图3-34所示。

注意 模型分组并不代表模型被合并，分组只是将多个模型编入一个组内，但模型之间还是相互独立的。使用“合并”命令才可以将多个模型变为一个模型。

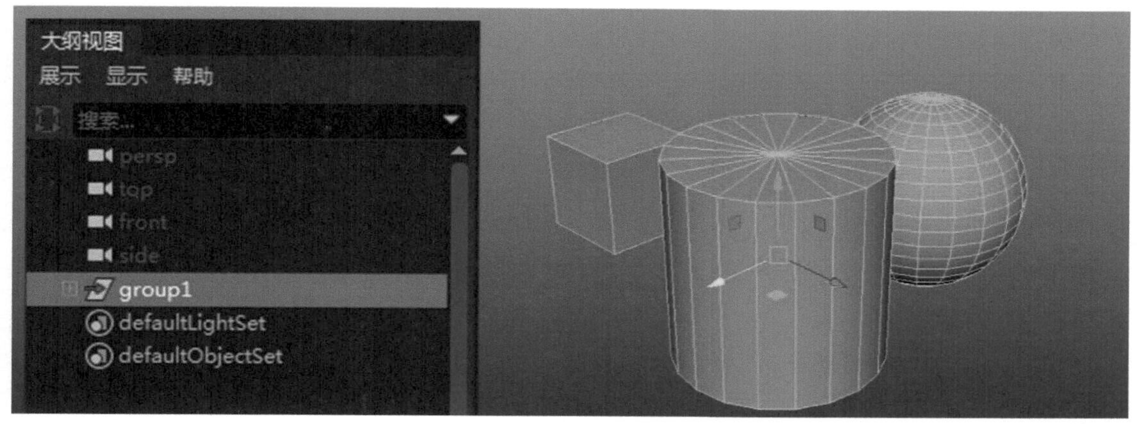

图3-34

知识点 6 枢轴

枢轴指模型的坐标轴，默认情况下坐标轴在模型的中心，但有时候坐标轴会发生偏移。坐标轴偏移不便于编辑模型，此时需要修改坐标轴的位置。修改坐标轴位置的方法有两种：第一种，选择模型，选择移动工具并按D键，就可以移动坐标轴的位置；第二种，选择模型，在菜单栏中执行“修改-枢轴-居中枢轴”命令，或单击多边形建模工具架上的按钮，就可以让坐标轴回到模型的中心，如图3-35所示。

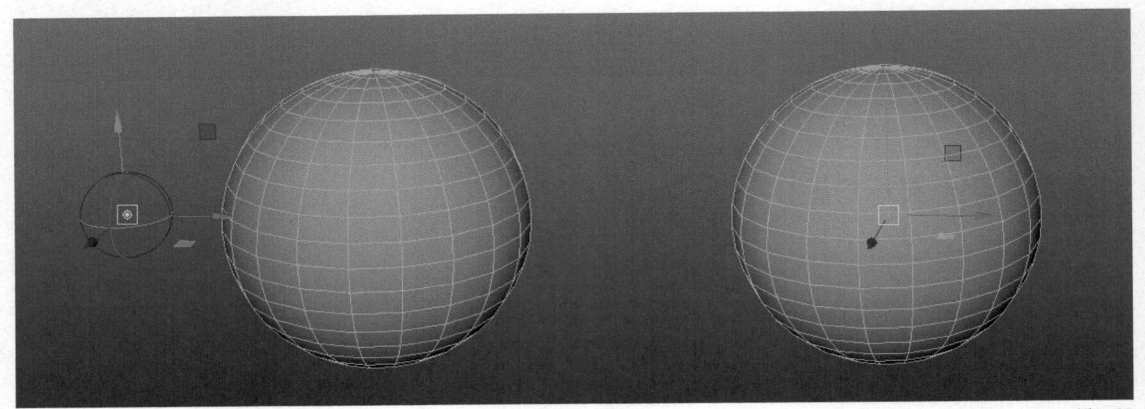

图3-35

知识点 7 删除历史

编辑多边形时每次执行的命令都会被保留在历史记录里，历史记录中的信息过多会影响场景的计算效率，并且有些历史记录信息会导致文件运行出错，所以在制作模型时需要经常清除历史记录信息。在菜单栏中执行“编辑-按类型删除-历史”命令，或单击多边形建模工具架上的按钮，可以删除模型的历史记录信息。

知识点 8 快捷键

编辑多边形时使用快捷键可以大大提高制作效率，快捷键分为两类。

第一类是在工作区域按住Shift+鼠标右键可以调出常用的多边形编辑菜单，如在工作区域按住Shift+鼠标右键可以调出创建基本体的快捷菜单，如图3-36所示；选择模型，按住Shift+鼠标右键可以调出编辑多边形体的相关快捷菜单，如图3-37所示；选择边，按住Shift+鼠标右键可以调出编辑边的相关快捷菜单，如图3-38所示。

第二类是选择的快捷键，在模型的点、边、面、体模式下按

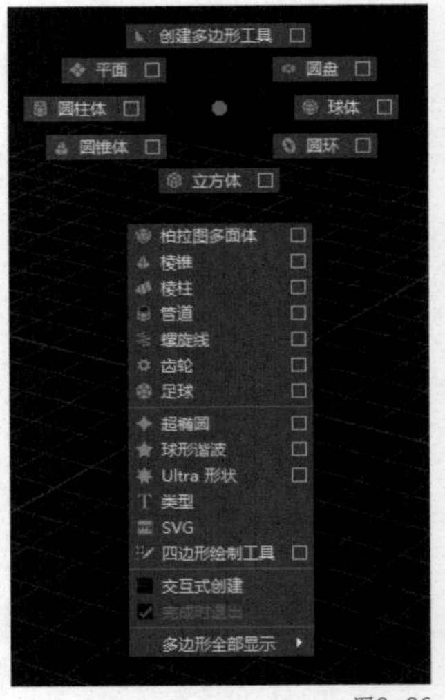

图3-36

住Ctrl+鼠标右键可以调出不同元素的选择模式，如在点模式下选择点，再按住Ctrl+鼠标右键可以快速选择面或边等，如图3-39所示。

图3-37

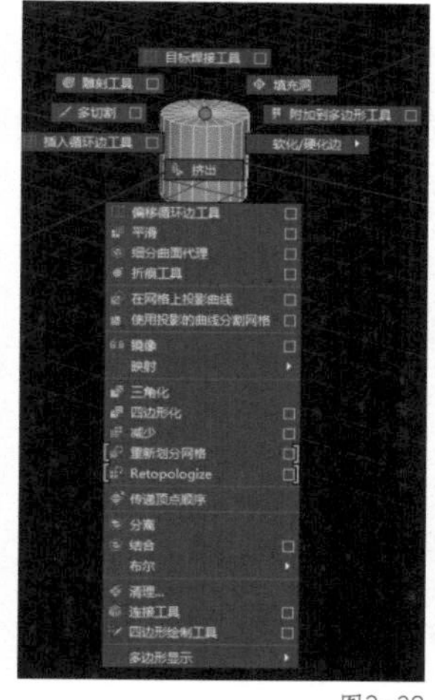

图3-38

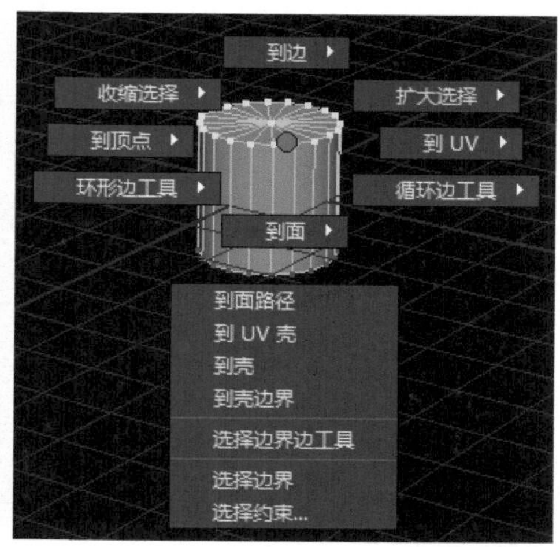

图3-39

第9节 综合案例——大炮

本节将讲解如何使用多边形建模相关知识完成道具大炮模型的制作。这个案例将帮助读者理解多边形建模的流程，掌握多边形建模的技巧。案例最终效果如图3-40所示。

图3-40

大炮模型由炮管、炮架、车轮、金属配件等4个部分构成，本案例将分4个知识点分别讲解这几部分模型的制作过程。

知识点 1 制作炮管模型

■ 步骤1 制作炮管的大体形态

炮管模型为中空的圆柱体，可以使用默认的管道模型进行制作。在菜单栏中执行“创建-多边形基本体-管道”命令创建出基本模型，将管道模型沿x轴旋转90°，再使用缩放工具将管道模型调整到炮管大小，如图3-41所示。

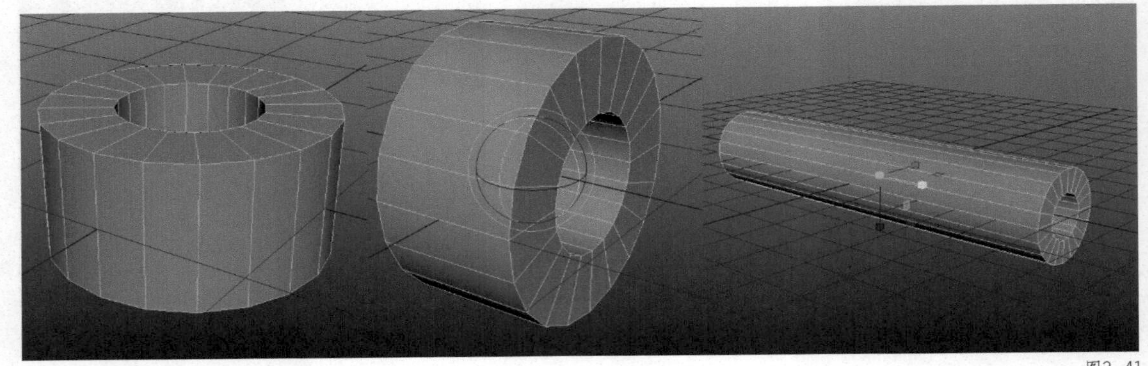

图3-41

■ 步骤2 划分结构

炮管的结构可分为4段阶梯状，在菜单栏中执行“网格工具-插入循环边”命令，将管道分为4段。选择面，在菜单栏中执行“编辑网格-挤出”命令，将模型的面挤出4段阶梯状，如图3-42所示。

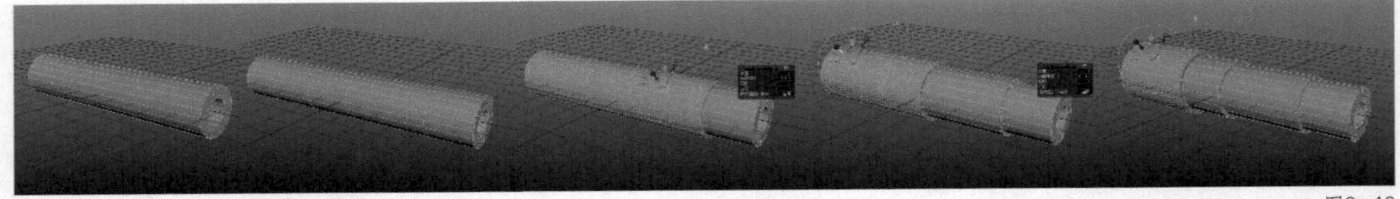

图3-42

注意 制作炮管阶梯状的结构时，需要分别对不同的面执行“编辑网格-挤出”命令。

■ 步骤3 完善炮口细节

使用“插入循环边”命令为炮口添加更多结构线。将模型切换到边模式，选择边，使用缩放工具将炮口调整成喇叭状，如图3-43所示。

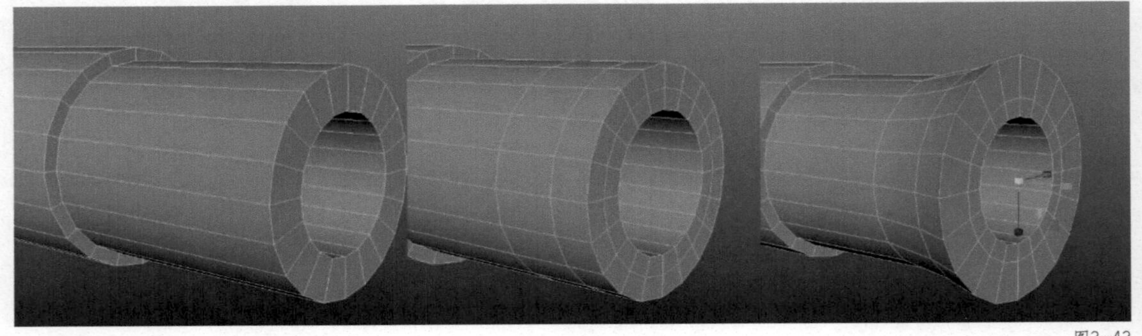

图3-43

选择炮口的边，在菜单栏中执行“编辑网格-倒角”命令，调整相应参数，使炮口呈现光滑的曲面，如图3-44所示。

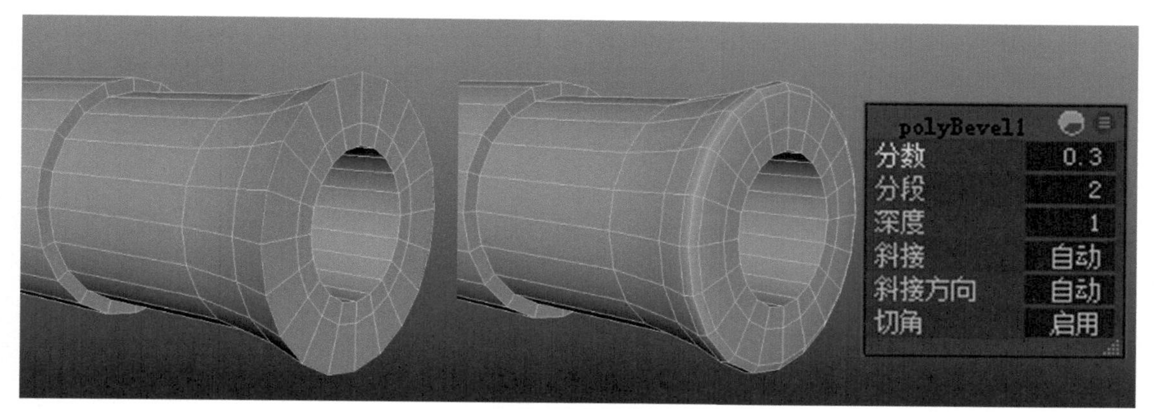

图3-44

■ **步骤4 制作炮管转折部位的细节**

在炮管的很多地方都有凸起的结构，使用“插入循环边”命令在转折处添加结构线，再选择需要凸起的面，在菜单栏中执行“编辑网格-挤出”命令，如图3-45所示。

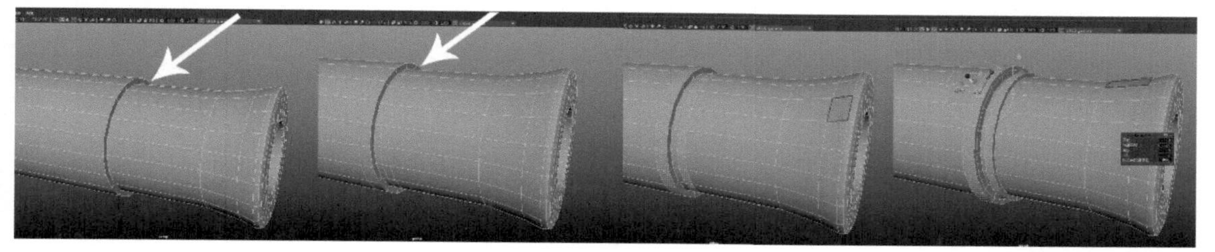

图3-45

使用与步骤4相同的方式将其他部位的转折结构制作出来，效果如图3-46所示。

图3-46

知识点2 制作炮架模型

■ **步骤1 制作炮架的大体形状**

单击多边形建模工具架上的按钮创建出一个立方体。使用缩放工具将立方体调整到一根横木的大小。再依次复制并调整出其他5根横木的模型，如图3-47所示。

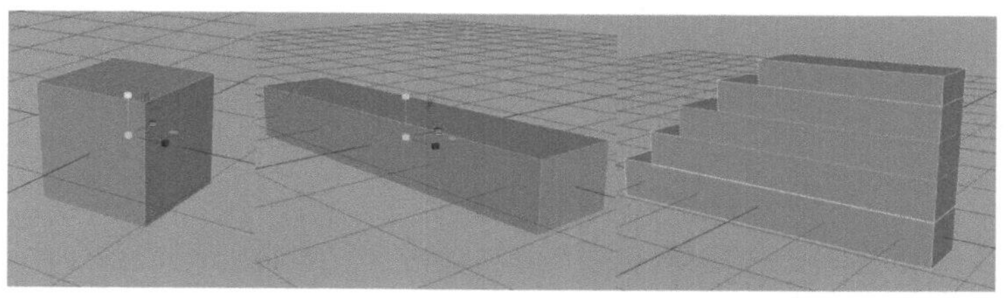

图3-47

■ 步骤2 制作炮架细节

单击多边形建模工具架上的■按钮，将复制出的5个立方体模型合并为一个。单击多边形建模工具架上的■按钮，调整相应参数，使立方体的边界变圆滑，如图3-48所示。

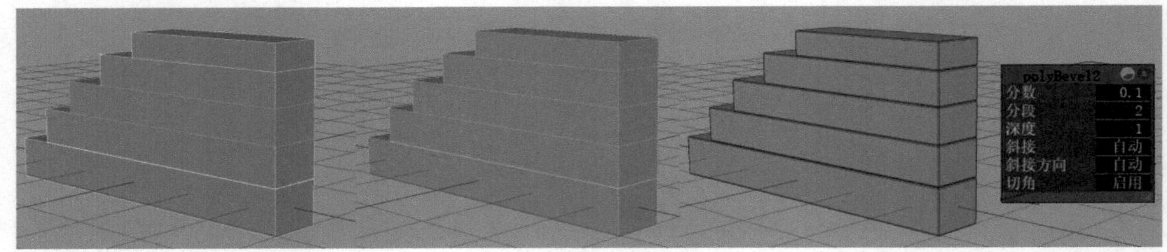

图3-48

■ 步骤3 制作炮架凹槽结构

将制作好的侧面模型移动到大炮的左侧，再创建出一个圆柱模型并移动至炮管与炮架连接处，以圆柱为参考，在最上面的立方体上添加7条循环边，如图3-49所示。

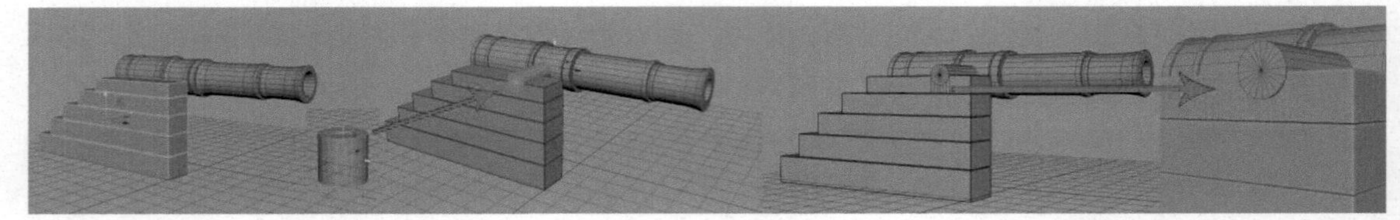

图3-49

将视图切换至侧视图，将炮架模型切换到点模式。选择模型上的点并沿着y轴移动，以圆柱为参考，将平面调整出一个曲面，如图3-50所示。

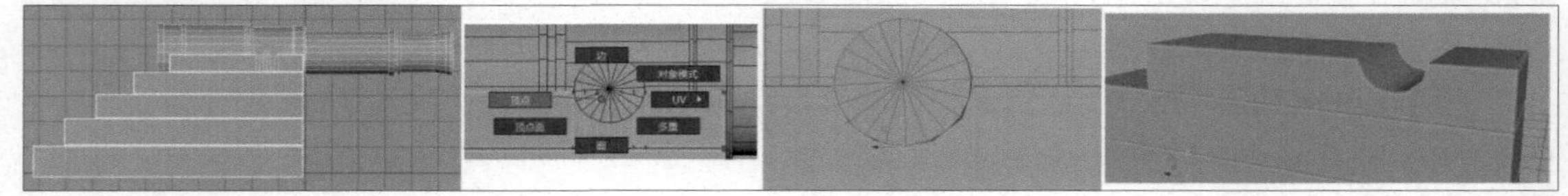

图3-50

将制作好的侧面模型移动到大炮的左侧，再单击多边形建模工具架上的■按钮，复制出右侧模型，如图3-51所示。

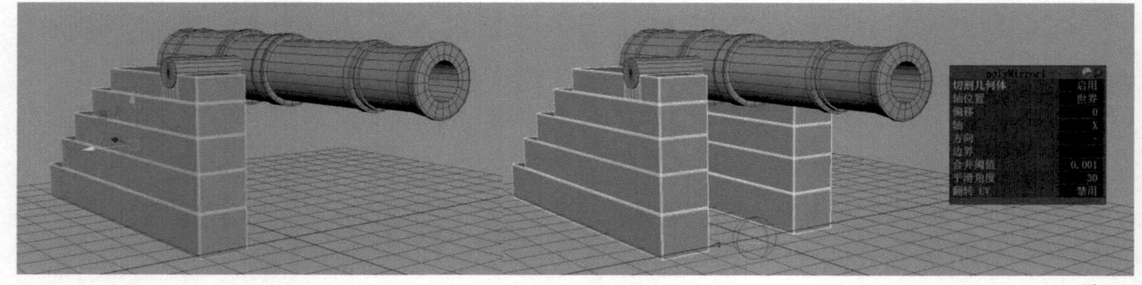

图3-51

■ 步骤4 制作中间部位模型

单击多边形建模工具架上的■按钮，创建出两个立方体，将其缩放至合适大小并分别移动至炮架底部与中部。选择中部的立方体并为其添加7段循环边。选择模型，将其切换到点模式。选择模型上的点并沿着y轴移动，以炮管为参考，将平面调整出一个曲面，如图3-52所示。

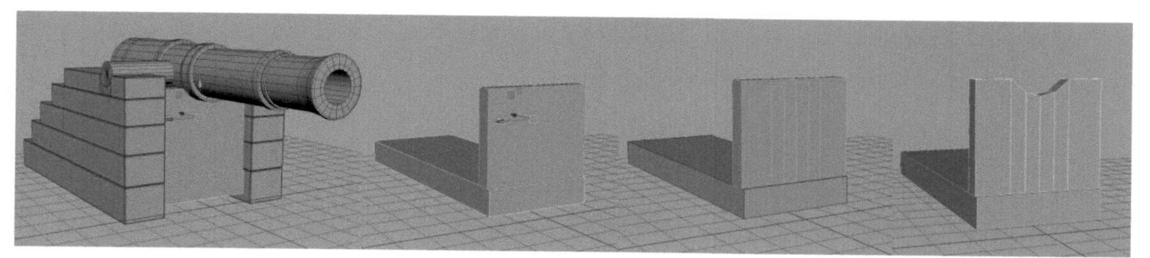

图3-52

知识点 3 制作车轮模型

■ 步骤1 制作车轮结构

单击多边形建模工具架上的▣按钮创建出圆柱模型，选择圆柱模型，将“半径”设置为3，将“端面细分数”设置为2。选择中间的面，单击多边形建模工具架上的▣按钮，将“厚度”设置为0.3，如图3-53所示。

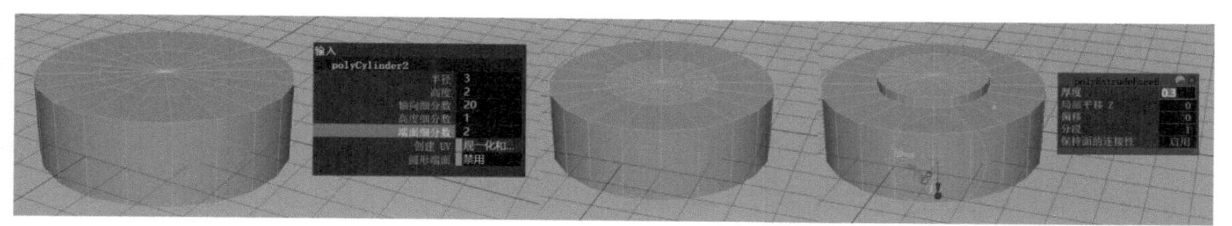

图3-53

将轮子模型切换到边模式，选择轮子上的转折边，在菜单栏中执行“编辑网格倒角”命令，将“分数”设置为0.2，将“分段”设置为2。选择侧面的面，单击多边形建模工具架上的▣按钮，将“厚度”设置为0.1，如图3-54所示。

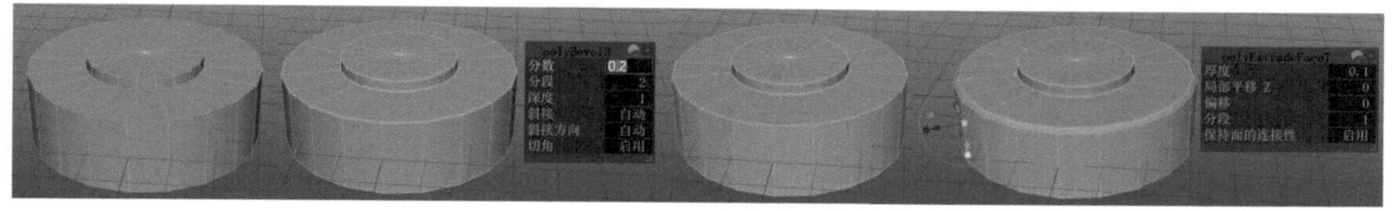

图3-54

■ 步骤2 制作车轮连接结构

单击多边形建模工具架上的▣按钮，创建出立方体，在立方体上添加一条循环边，选择一段的循环边沿y轴移动。选择模型并单击多边形建模工具架上的▣按钮，将“分数”设置为0.1，将“分段”设置为2，如图3-55所示。

图3-55

将轮子与连接结构摆放在合适位置并复制4份，分别移动至车架的前、后、左、右，再将创建的圆柱模型摆放至中间位置，如图3-56所示。

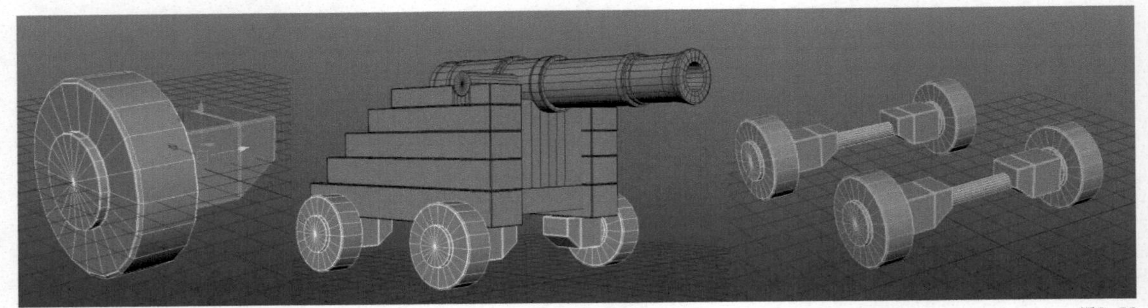

图3-56

知识点 4 制作金属配件模型

■ 步骤1 制作金属圈结构

单击多边形建模工具架上的按钮，创建出立方体，进入模型的面模式，删除立方体的正面与后面。将模型缩放至侧面合适位置，单击多边形建模工具架上的按钮，将“厚度”设置为0.05，制作出金属圈的厚度。选择所有的模型，在菜单栏中执行“编辑网格倒角”命令，将“分数”设置为0.5，将“分段”设置为2，如图3-57所示。

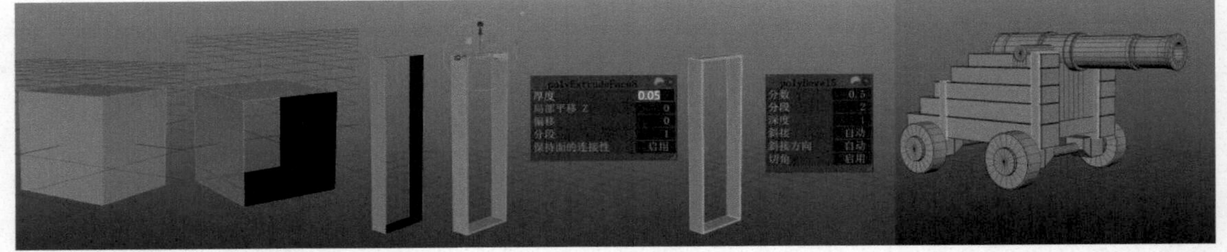

图3-57

■ 步骤2 制作铁链结构

单击多边形建模工具架上的按钮，创建出圆环，将圆环的“截面半径”设置为0.2，进入模型的点模式，选择并移动点，将模型调整至椭圆状，如图3-58所示。

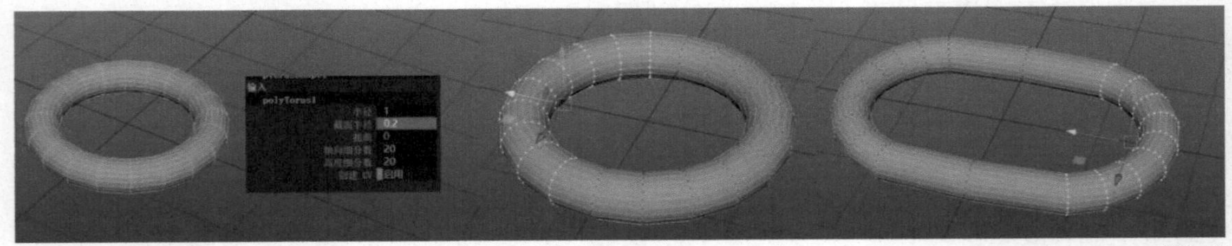

图3-58

复制出另一个椭圆模型并旋转90°，移动模型使两个圆环相互垂直，再将两个模型合并。单击曲线/曲面工具架上的按钮，创建出一条曲线。选择圆环模型，按住Shift键加选曲线，在菜单栏中执行“约束－运动路径－连接到运动路径”命令，这时圆环会沿着曲线生成路径动画。选择圆环模型，在菜单栏中执行“可视化－创建动画快照”命令，将“开始时间”设置为1，将“结束时间”设置为120，将“增量”设置为7，执行该命令，就得到一条完整的链条动画，如图3-59所示。

图3-59

■ 步骤3 制作铁钉结构

单击多边形建模工具架上的▣按钮，创建出一个球体，进入模型的点模式。选择一半朝下的点整体缩小，再沿y轴拉长，选择另一半的点沿y轴放大，就得到了一个简易的铁钉的效果，再将它们依次摆放到炮架上，如图3-60所示。

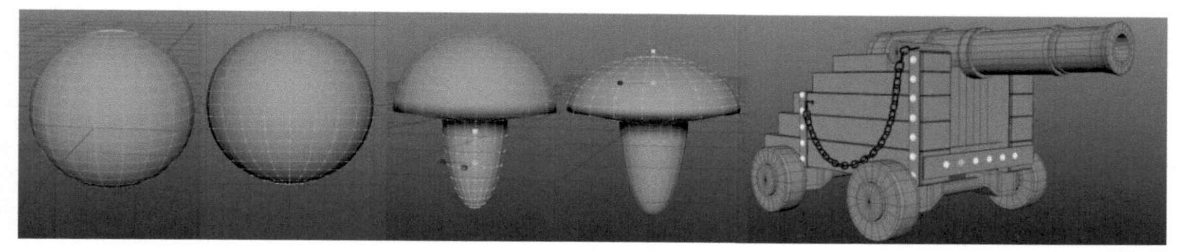
图3-60

■ 步骤4 制作铁环结构

单击多边形建模工具架上的▣按钮，创建出圆柱体模型，将“高度”设置为0.2，将“轴向细分数”设置为5。选择得到的五边形模型，在菜单栏中执行“编辑网格倒角”命令，将“分数”设置为0.1，将“分段”设置为2，如图3-61所示。

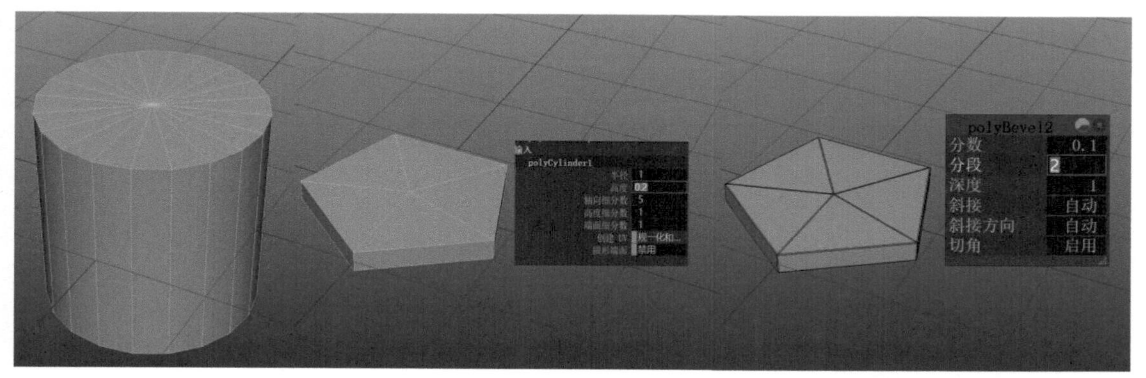

图3-61

单击多边形建模工具架上的■按钮，创建出圆环，将“截面半径”设置为0.2。将圆环的部分面删除，选择端口上的点向下移动至五边形面上。再创建一个圆环，将“截面半径”设置为0.2，与上一个圆环相扣，如图3-62所示。

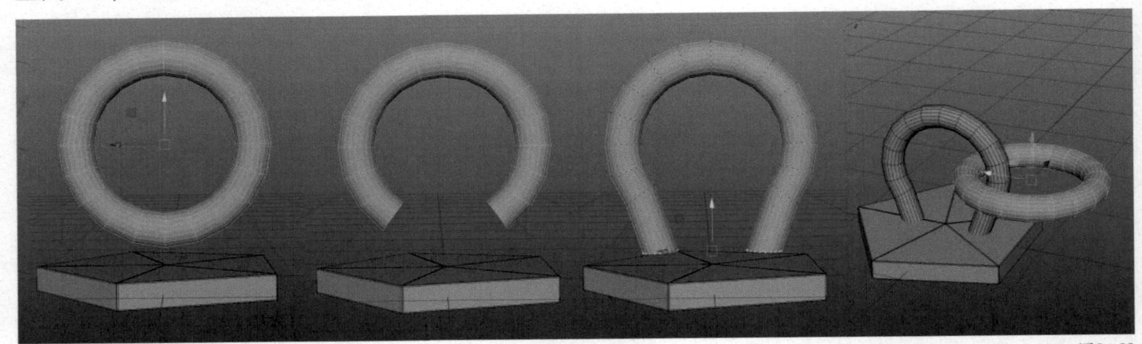

图3-62

■ **步骤5 整理模型**

将模型的子部件移动至对应位置，将整个模型移动至网格中心以上。框选所有模型，删除历史记录信息、冻结坐标、清除大纲中的多余节点，最终效果如图3-63所示。

图3-63

注意 “删除历史”操作可以清除模型的历史制作信息，保证后续动画制作时不会出错。“冻结坐标”操作可以将摆放好的每个小部件的“变换”属性归零，以当前位置为初始位置。“清除大纲中的多余节点”操作是因为在编辑模型时会产生很多无效的废节点，这些节点会干扰后期的动画或特效的制作，同时也会增加文件的无用数据、占用计算机资源，所以必须清除。

本课练习题

填空题

（1）多边形模型的4个基本元素是_____、_____、_____、_____。

（2）“拆分”模型时，哪种情况无法拆分？_______________。

（3）将不同的模型合并时，选择的命令应该是“编组”还是“合并”？__________。

参考答案

（1）点、边、面、体。

（2）模型之间的线段共边。

（3）合并。

第 4 课

曲线建模

曲线建模是一种非常优秀的建模方式，通过编辑曲线就可以制作出复杂的曲面效果，被广泛应用于工业建模领域。主流的影视三维软件Maya、3ds Max、Houdini都有曲线建模的功能。

本课将讲解曲线创建与编辑的方法、曲面成型的技巧、曲面细化的常用命令等知识。通过本课的学习，读者可以掌握曲线建模的流程，并能够完成工业模型的制作。

本课知识要点

◆ 曲线的创建与编辑

◆ 曲面编辑命令组

◆ 曲线建模综合案例

第1节 认识曲线建模

曲线建模也叫NURBS（Non-Ulliform Rational B-Splines）建模，是通过绘制的曲线生成曲面的一种建模技术，很多三维软件都支持这种建模方式。曲线建模的优势在于，通过曲线的控制点可以控制曲线曲率、方向、长短，从而精准地控制模型表面的弧度，以满足人们对曲面要求苛刻的工业产品或道具的需求。但是曲线建模无法像多边形建模一样制作封闭的实体模型，只能由一个个曲面拼合成整体，因此无法用于影视生物模型的制作。

在Maya 2020中进行曲线建模的步骤是先创建出曲线，再通过曲线生成曲面。例如创建一个苹果模型，首先使用曲线绘制出苹果的横截面，再使用曲面成型的命令“旋转成型”生成曲面，如图4-1所示。

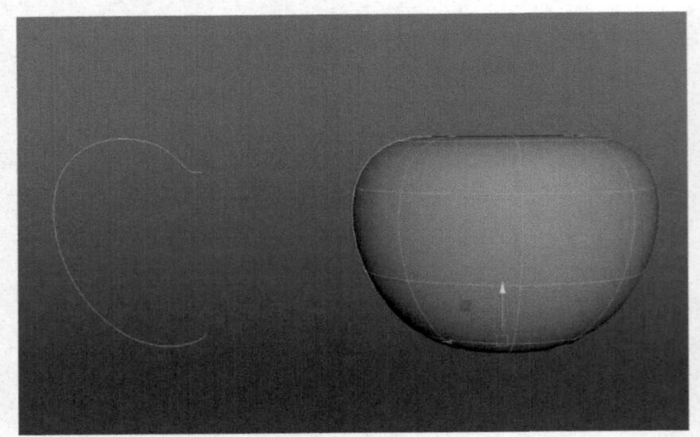

图4-1

曲线建模的核心是曲线编辑与曲面成型两个部分。Maya 2020的曲线建模命令主要分为两类：第一类是曲线的编辑，第二类是曲面的编辑，如图4-2所示。

图4-2

第2节 曲线的创建与编辑

曲线建模的第一步是创建曲线，合理的曲线是制作曲面的基础，本节将讲解创建曲线与编辑曲线的技巧。

知识点 1 创建曲线

常用的创建曲线的方法有以下3种。

第一种，通过预设的圆形曲线与方形曲线创建曲线。单击曲线/曲面工具架上的圆形曲线工具按钮和方形曲线工具按钮，在工作区域就创建出了圆形与方形曲线，如图4-3所示。

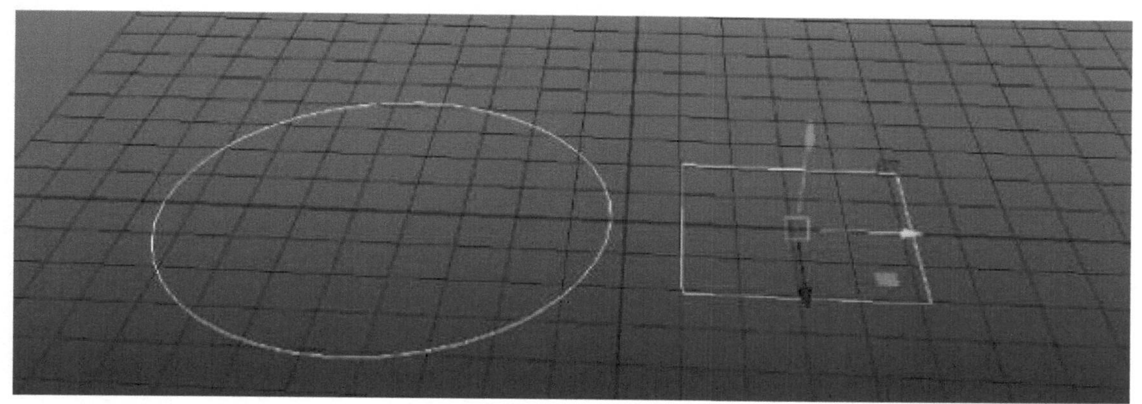

图4-3

第二种，在菜单栏中执行“创建-曲线工具-CV/EP/Bezier曲线工具”命令，或单击曲线/曲面工具架上的按钮，在视图中依次单击几个点再按Enter键，如图4-4所示。

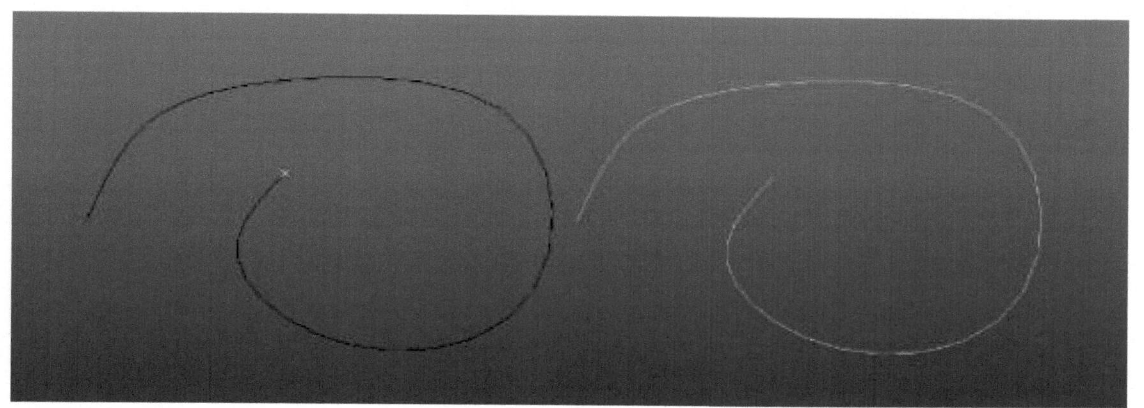

图4-4

注意 在透视图与顶视图中创建曲线时，曲线要与网格平行；在前视图或侧视图中创建曲线时，曲线要与网格垂直。

第三种，在菜单栏中执行“创建-曲线工具-铅笔曲线工具”命令，或单击曲线/曲面工具架上的按钮，在工作区域中按住鼠标左键绘制曲线路径，再按Enter键，曲线就创建成功了，如图4-5所示。

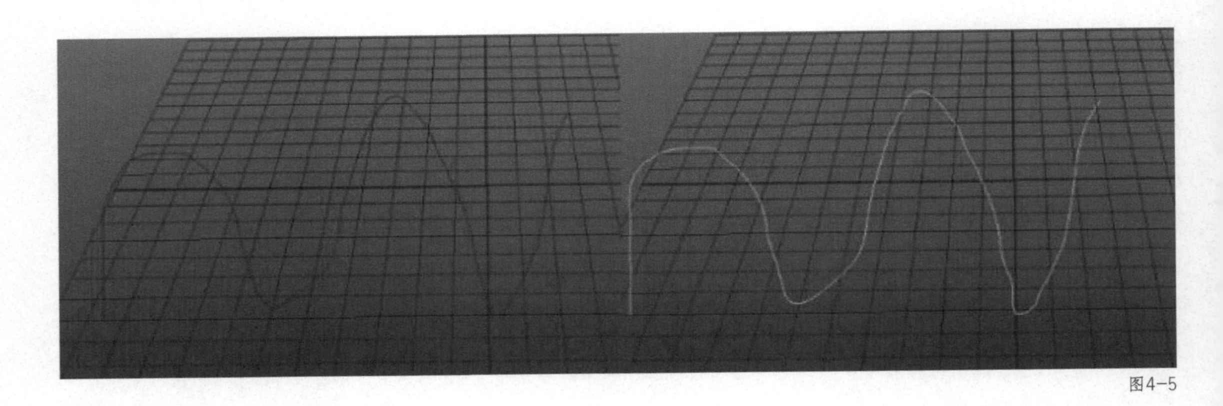

图4-5

知识点 2 编辑曲线上的 CV 点

曲线创建完毕后，进入曲线的控制顶点模式，编辑这些顶点的位置以修改曲线的形态，如图4-6所示。

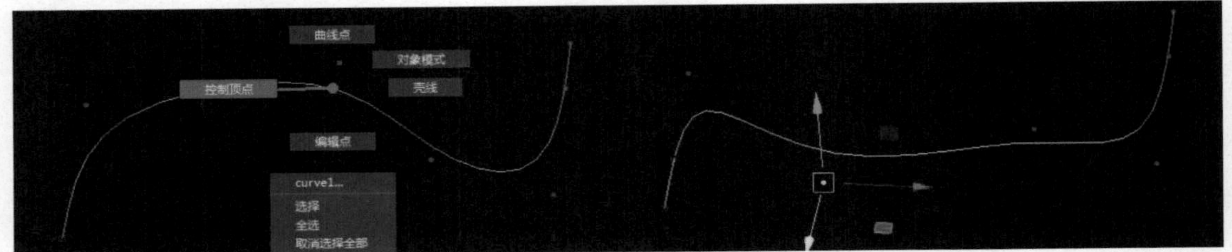

图4-6

进入曲线的曲线点模式，按住Shift键在曲线上单击确定几个点，在菜单栏中执行“曲线-插入结”命令，可以为曲线添加多个新的控制点，如图4-7所示。

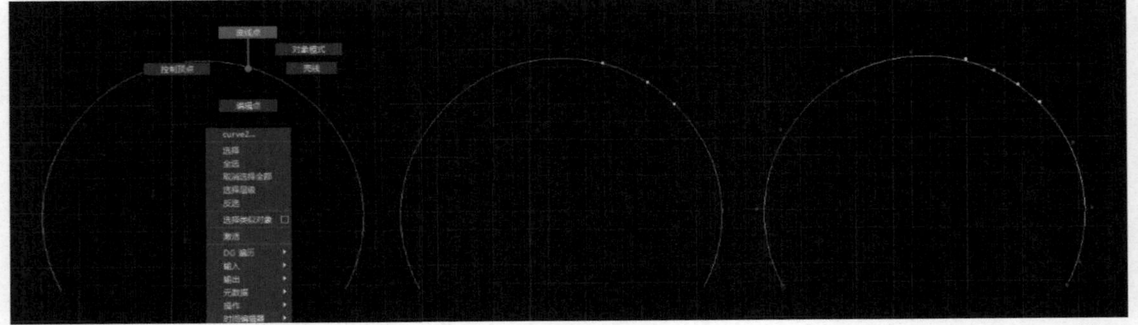

图4-7

知识点 3 常用曲线编辑命令

曲线菜单内是编辑曲线的各种命令，常用的编辑命令如下。

使用“复制曲面曲线”命令可以提取曲面模型上的曲线。进入曲面模型的等参线模式，选择需要提取的曲线，执行“曲线-复制曲面曲线”命令，就提取到了曲线，如图4-8所示。

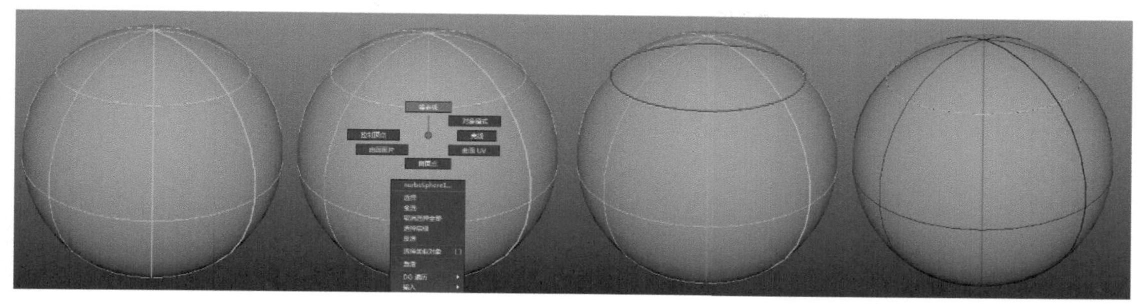

图4-8

使用**“分离”命令**可以将一段曲线拆分为两段或多段曲线。进入曲线的曲线点模式，在需要断开的地方单击，然后在菜单栏中执行“曲线-分离”命令即可，如图4-9所示。

图4-9

使用**“重建”命令**可以重新给曲线分配控制点。在使用该命令时，会打开重建曲线选项面板，在面板中可设置“跨度数”的数值，例如将“跨度数”设置为12，再选择曲线并单击“应用”按钮，即可重新分配曲线的控制点，如图4-10所示。

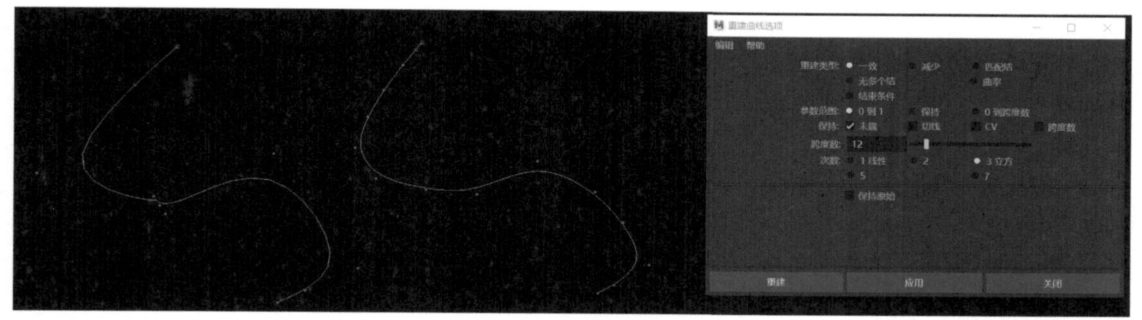

图4-10

使用**“反转方向”命令**可以将曲线的起点与终点互换。曲线有起点和终点方向，进入曲线的控制顶点模式，■代表曲线的起点方向。选择曲线，在菜单栏中执行“曲线-反转方向”命令就可以将曲线的起点与终点互换，如图4-11所示。

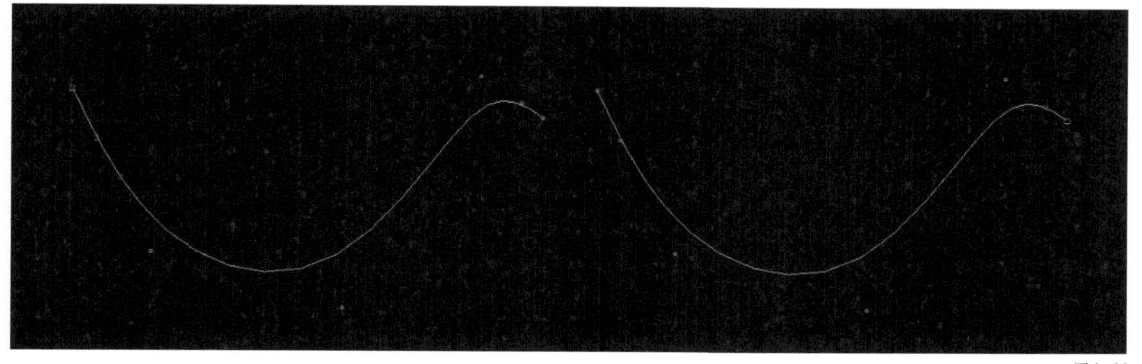

图4-11

第3节 曲面编辑命令组

曲线创建完毕后，要通过曲面编辑命令组实现模型的创建。本节将讲解曲面成型与编辑的常用方法。

知识点 1 放样成型

放样成型是通过连接一一对应的曲线生成曲面。选择两条或多条曲线，在菜单栏中执行“曲面-放样”命令，或单击曲线/曲面工具架上的按钮，即可放样成型曲面，如图4-12所示。

注意 在放样成型时，选择曲线的顺序不同会导致生成的造型不同，所以在选择曲线的时候要按照顺序依次加选，切记不可框选曲线后执行该命令。

知识点 2 平面成型

使用平面成型可以让处于一个平面上的曲线形成一个封闭的面，例如制作瓶子的封口等。选择曲线，在菜单栏中执行“曲面-平面”命令，或单击曲线/曲面工具架上的按钮，即可平面成型曲面，如图4-13所示。

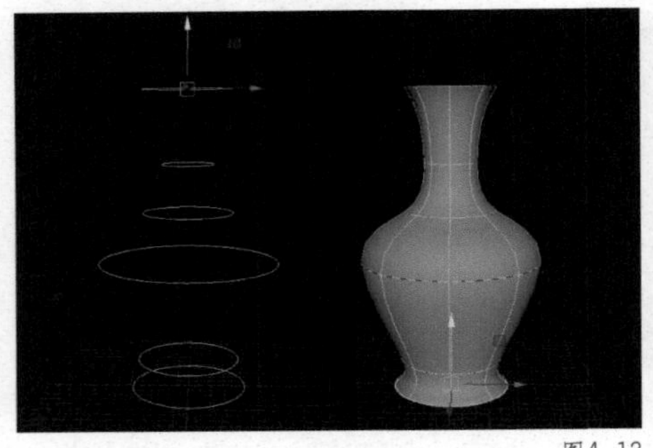

图4-12

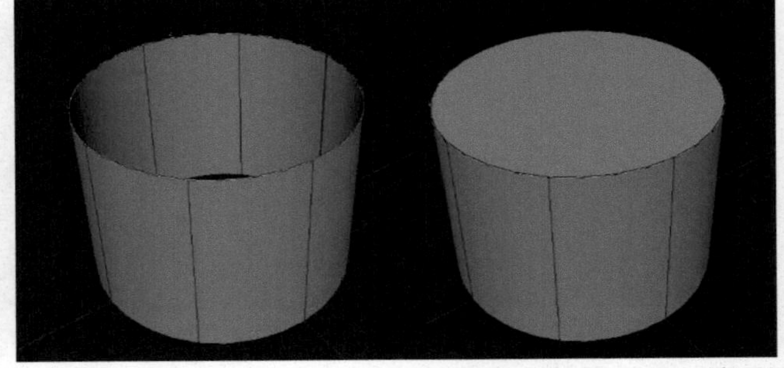

图4-13

注意 如果曲线不是闭合的或者曲线上的点并不是处于一个平面上，则此命令无法执行成功。

知识点 3 旋转成型

使用旋转成型可以让一条曲线沿着自身旋转360° 形成一个模型。选择曲线，在菜单栏中执行“曲面-旋转”命令，或单击曲线/曲面工具架上的按钮，即可旋转成型曲面，如图4-14所示。

注意 旋转成型是以曲线自身的坐标轴为中心旋转，坐标轴的位置不同得到的曲面也不同。如果需要调整坐标轴的位置，可以按D键进行移动。

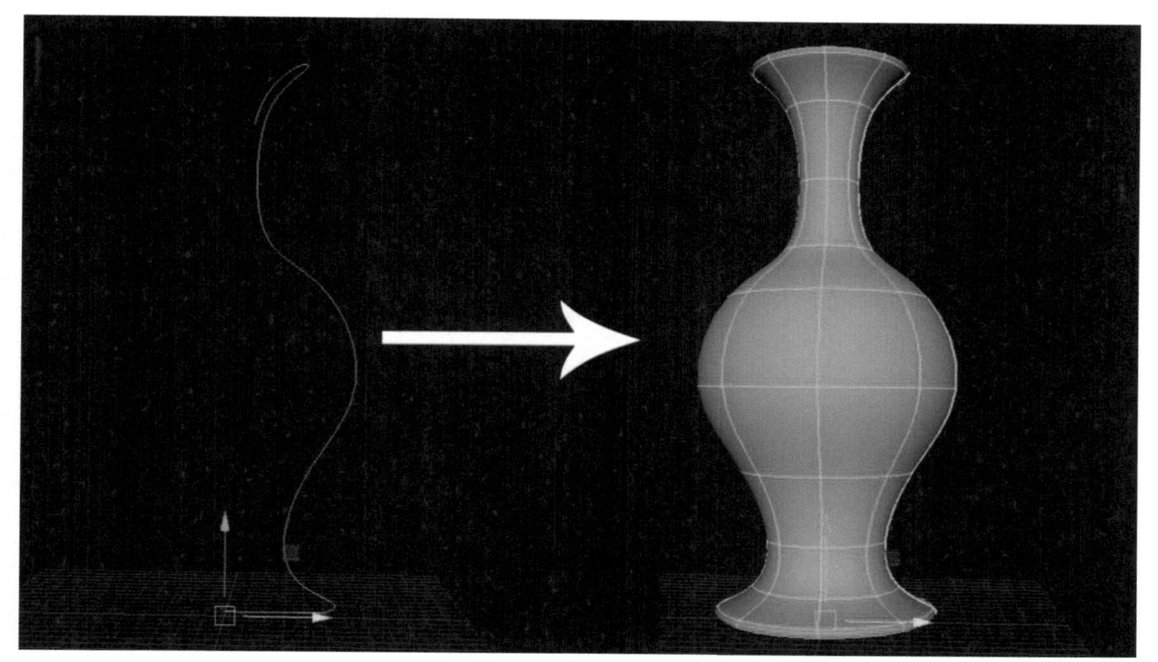

图4-14

知识点 4 双轨成型

双轨成型是将两条曲线定义为轨道，让一条或多条曲线沿着轨道形成曲面。在菜单栏中执行“曲面-双轨成形”命令，依次选择曲线、轨道，即可双轨成型曲面，如图4-15所示。

注意 在菜单栏中执行“曲面—双轨成形—双轨成形3+工具”命令时，首先选择曲线并按Enter键后，再选择轨道。

知识点 5 挤出成型

使用挤出成型可以让一条曲线按照另一条曲线的路径生成曲面。选择曲线再加选路径曲线，在菜单栏中执行“曲面-挤出”命令，或单击曲线/曲面工具架上的按钮，即可挤出成型曲面，如图4-16所示。

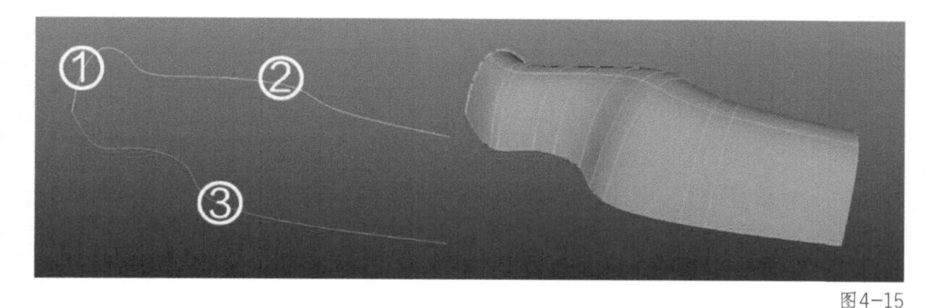

图4-15

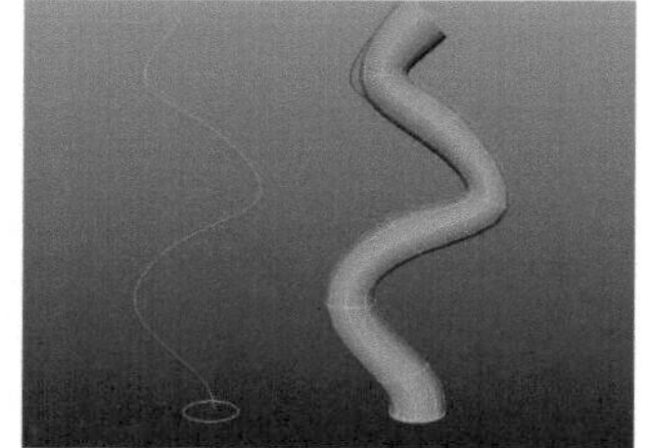

图4-16

知识点 6 倒角成型

使用倒角成型可以让一条曲线生成一个立体边模型。选择曲线，在菜单栏中执行“曲面-

倒角”命令即可倒角成型曲线，如图4-17所示。

图4-17

知识点7 倒角+成型

使用倒角+成型可以让曲线轮廓生成一个多边形模型。选择曲线，在菜单栏中执行“曲面-倒角+”命令，或单击曲线/曲面工具架上的按钮即可倒角+成型曲面，如图4-18所示。

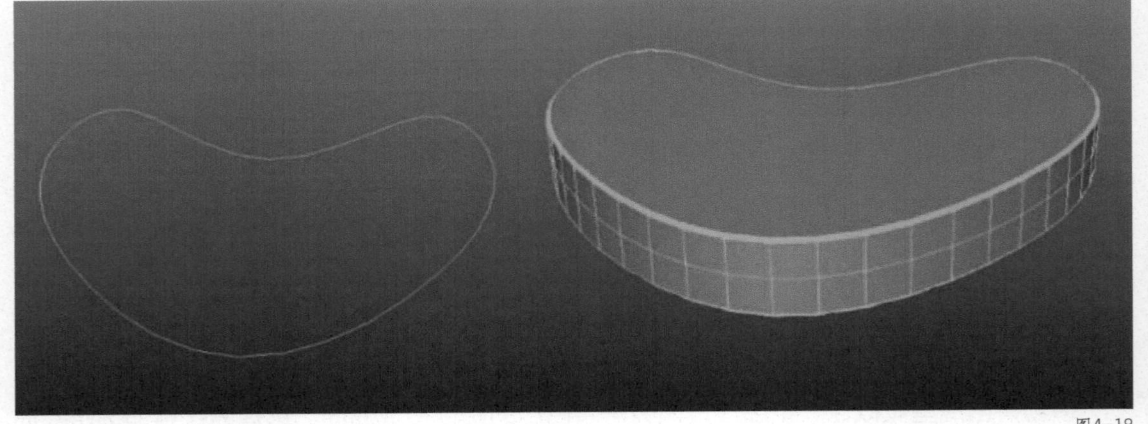

图4-18

知识点8 曲线投影与修剪工具

要在曲面模型上创建挖洞的效果，使用曲线投影和修剪工具可以实现。首先选择曲线，再加选曲面模型，将摄影机调整到合适的视角，在菜单栏中执行“曲面-在曲面上投影曲线”命令，或单击曲线/曲面工具架上的按钮，这时模型上就出现了一条裁切的参考线，如图4-19所示。

选择曲面，在菜单栏中执行“曲面-修剪工具”命令，或单击曲线/曲面工具架上的按钮，单击需要保留的曲面，按Enter键完成曲面的修剪，如图4-20所示。

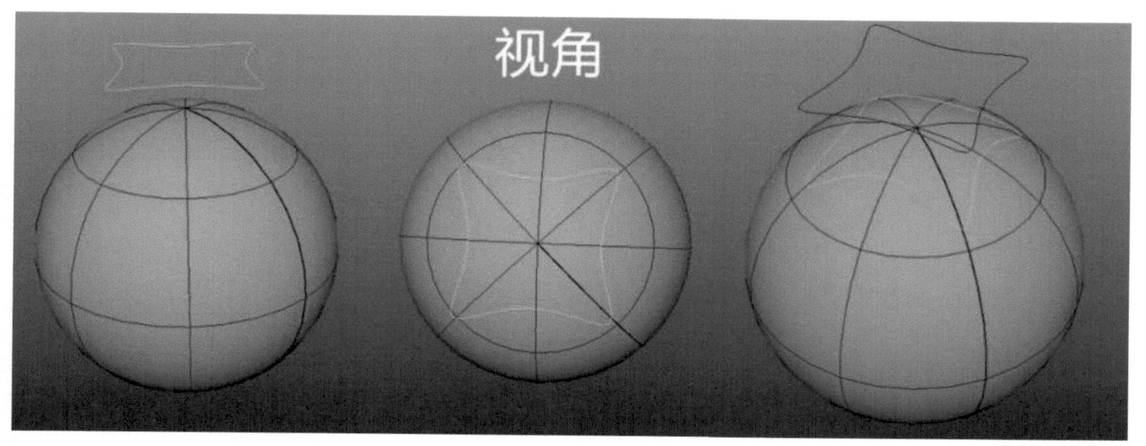

图4-19

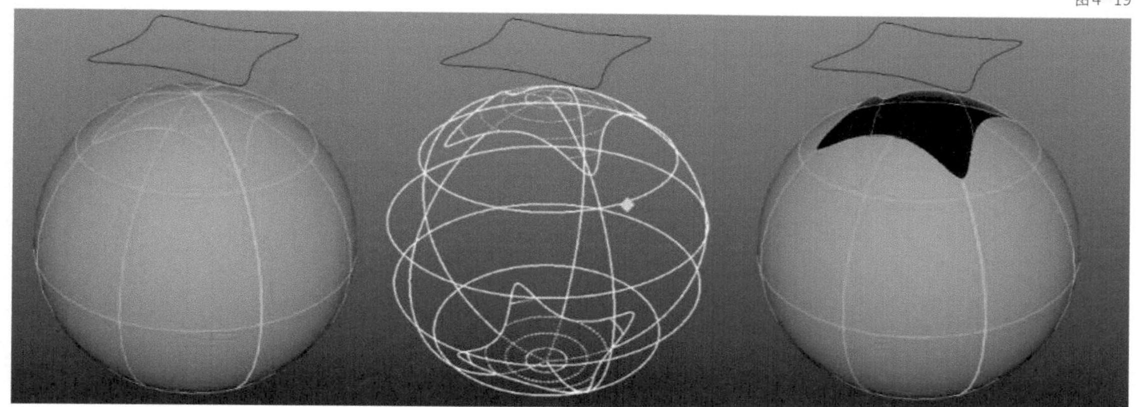

图4-20

知识点 9 圆化工具

使用“圆化工具”命令可以将直角的边转化出一定的弧度使之变得圆滑。在菜单栏中执行“曲面-圆化工具”命令，然后按住鼠标左键划过直角的两个面，模型上会出现一个黄色的标记符号 。拖曳黄色符号的端点可以设置弧度的大小，按Enter键完成弧度的制作，如图4-21所示。

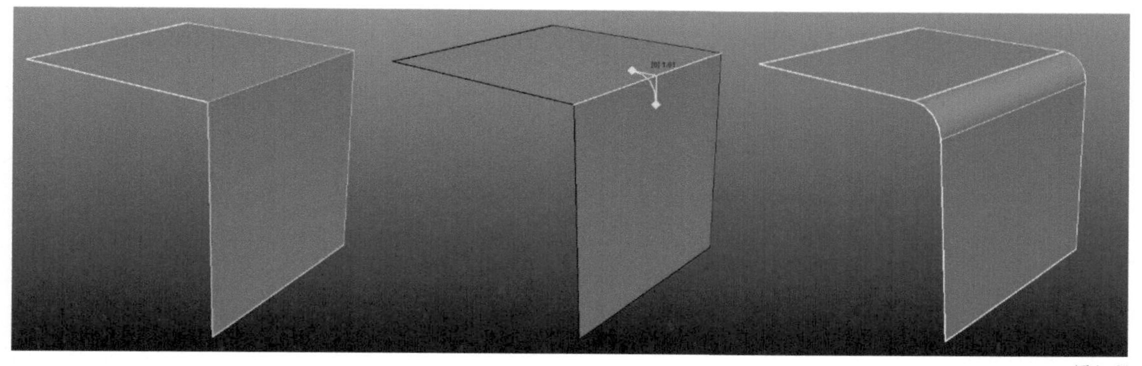

图4-21

知识点 10 重建

使用“重建”命令可以重新分布曲面上的曲线。使用“重建”命令时，首先需要设置好UV方向的曲线的段数。单击曲线/曲面工具架上“重建”命令的按钮■展开重建曲面选项面板，设置“U向跨度数”和“V向跨度数”的数值，再选择曲面模型，单击“应用”按钮，如图4-22所示。

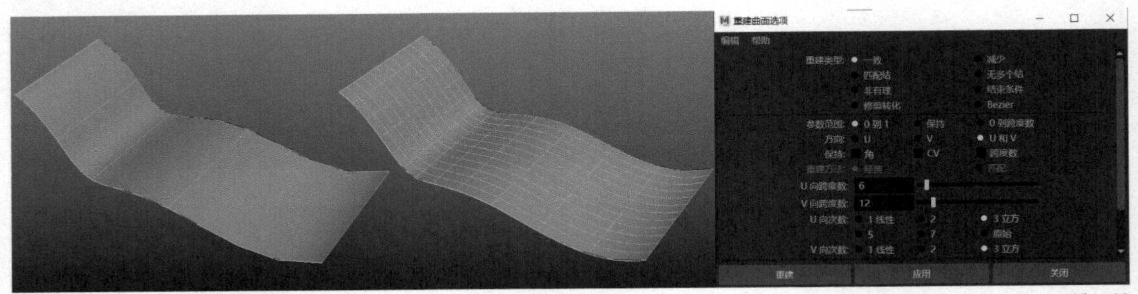

图4-22

第4节 综合案例——电话模型

本节将讲解如何应用曲线建模的知识制作电话模型。通过本案例的制作，读者应能够理解曲线建模的流程，掌握曲线编辑的技巧与曲面成型的方法。

知识点 1 案例分析

在开始制作模型之前需要对模型的结构进行分析，明确模型的结构特点，根据已学的曲线建模的知识整理出制作思路。首先观察参考图，分析模型结构，如图4-23所示。

图4-23

这是一部老式电话，主要分为话筒、支架、底座、按键、电话线5个部分，每个部分的结构都很圆滑，比较适合使用曲线建模的方式来生成。例如话筒与支架部分都是圆柱状结构，适合使用旋转成型方法制作；底座部分结构呈立方体且有变化，适合使用放样成型方法制作；

按键部分有镂空的结构，可以使用曲线投影与修剪工具制作；电话线是管状的，适合使用挤出成型方法制作。

知识点 2 制作话筒部分

话筒的结构分为3个部分：话筒、听筒、手柄。这些结构都是圆柱状的，可以使用曲线绘制出剖面结构，再使用旋转成型方法来制作。

■ 步骤1 制作话筒模型

单击曲线/曲面工具架上的EP曲线工具按钮，在网格中心绘制出话筒剖面的曲线，再在菜单栏中执行“曲面-旋转”命令即可，如图4-24所示。

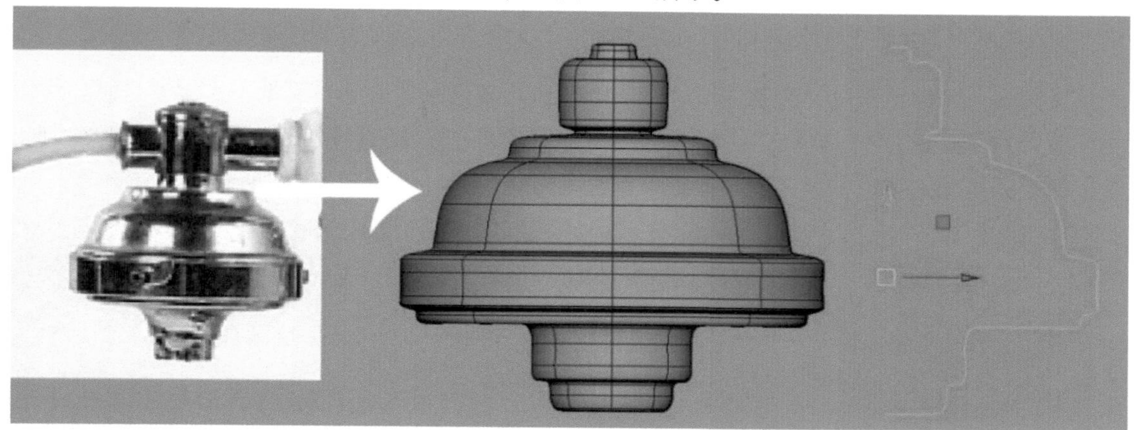

图4-24

■ 步骤2 制作听筒模型

单击曲线/曲面工具架上的EP曲线工具按钮，在网格中心绘制出听筒剖面的曲线，再在菜单栏中执行“曲面-旋转”命令即可，如图4-25所示。

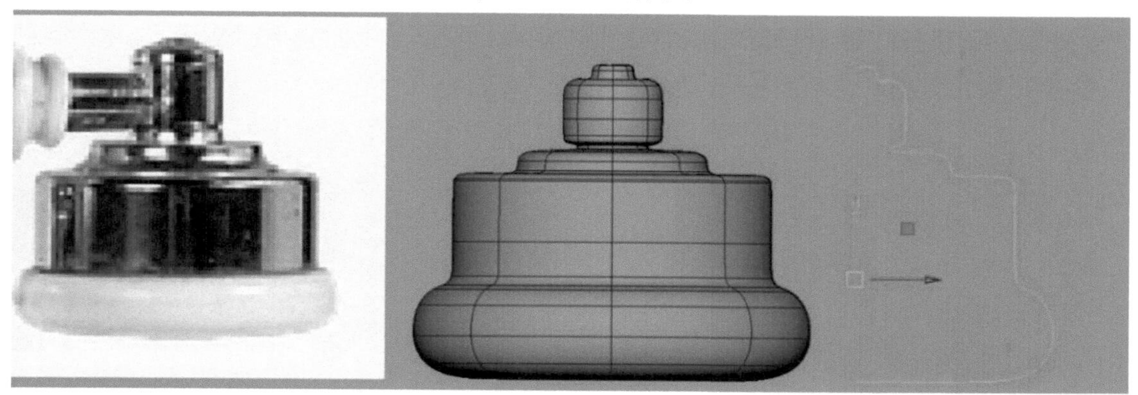

图4-25

■ 步骤3 制作手柄模型

单击曲线/曲面工具架上的EP曲线工具按钮，在网格中心绘制出手柄剖面的曲线，再在菜单栏中执行“曲面-旋转”命令即可，如图4-26所示。

注意 手柄的曲线在旋转时，需要执行“旋转”命令，打开重建曲面选项面板，“轴预设”选择“X”轴。

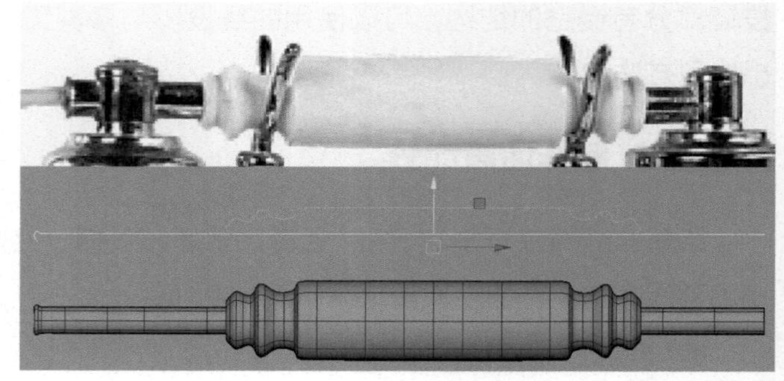
图4-26

知识点 3 制作支架部分

支架的结构相对复杂，需要使用不同的建模技巧才能制作完成。支架下部呈圆柱状，可以使用旋转成型方法制作。单击曲线/曲面工具架上的EP曲线工具按钮，在网格中心绘制出支架下部的剖面曲线，在菜单栏中执行“曲面-旋转”命令，如图4-27所示。

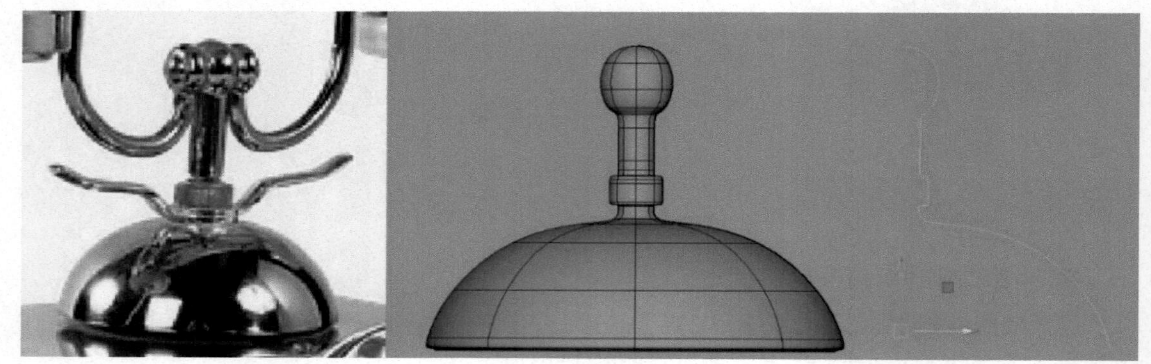
图4-27

支架上部可以使用旋转成型方法得到初步的结构，再进入曲面的控制顶点模式，调整点的位置得到弯曲的结构，然后复制一份移动到右侧，如图4-28所示。

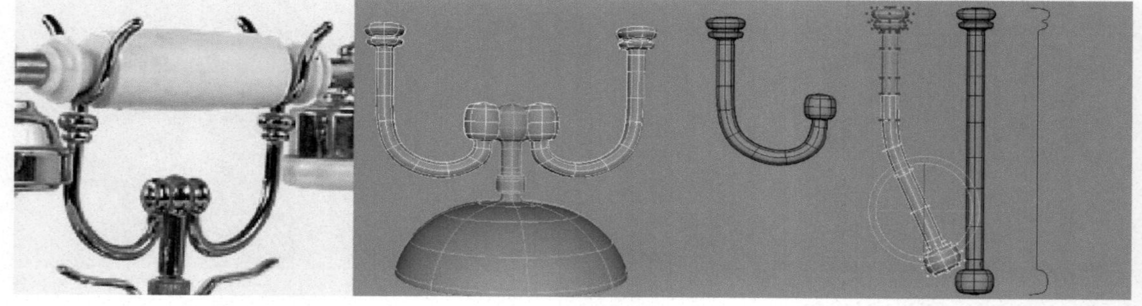
图4-28

单击曲线/曲面工具架上的按钮创建圆形曲线，将曲线的点重建为16个。进入曲线的控制顶点模式，将两段的顶点向上移动，再使用“倒角+”命令制作出立体模型，如图4-29所示。

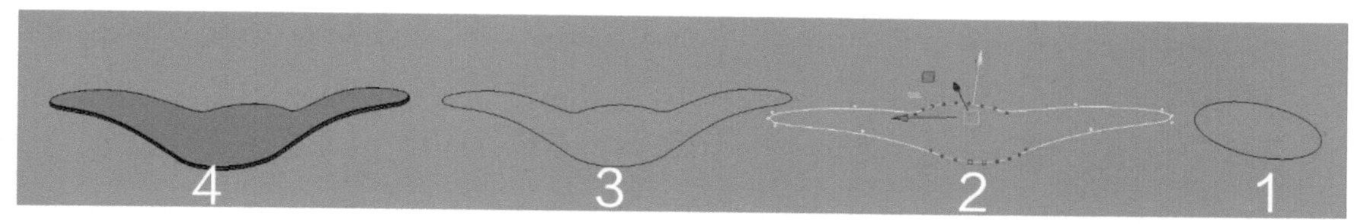

图4-29

将制作好的各个元素按照参考图摆放，至此话筒和支架的结构制作完毕，效果如图4-30所示。

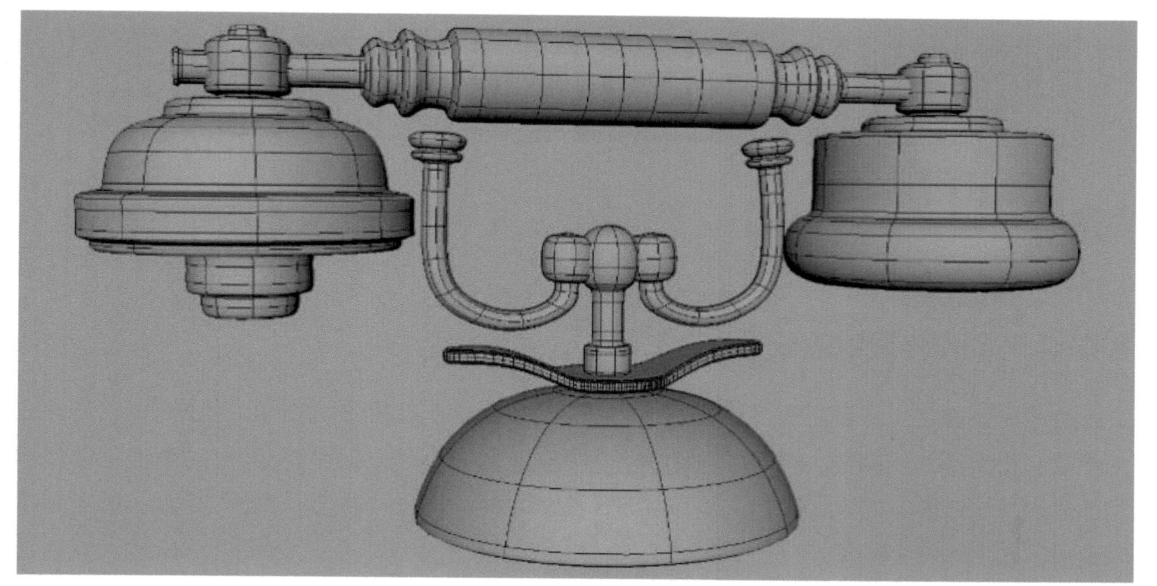
图4-30

注意 在移动模型时，由于模型还保留着之前的编辑信息，移动会导致模型变形，因此需要选择模型，在菜单栏中执行“编辑-按类型删除-历史”命令，删除编辑模型的历史记录信息。

知识点 4 制作底座部分

底座的模型可以使用放样成型方法制作。创建出圆形曲线，单击曲线/曲面工具架上的按钮，进入圆形曲线的控制顶点模式，选择曲线上的点将其缩放，得到一个正方形，如图4-31所示。

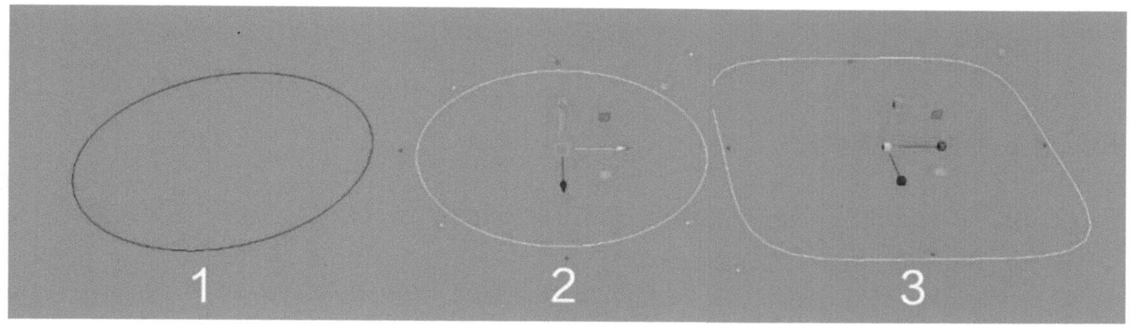

图4-31

将方形曲线复制并移动，保证在模型转折的区域内有一条对应的曲线，然后使用放样成型方法得到底座的模型，如图4-32所示。

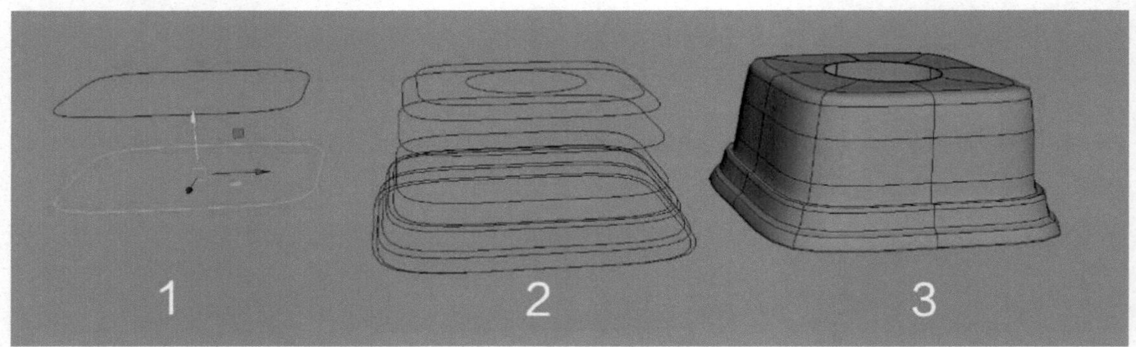

图4-32

注意 在使用“放样”命令时要按顺序依次选择曲线，不可框选曲线，否则会得到错误的曲面。

知识点 5 制作电话线部分

电话线呈管状，并且有很多弯曲的结构，可以使用挤出成型方法制作。首先使用EP曲线工具绘制出电话线的路径，再创建一个圆环曲线，可单击曲线/曲面工具架上的◙按钮创建出圆环曲线。选择圆环曲线，再加选路径曲线，在菜单栏中执行“曲面-挤出”命令，即可得到电话线，如图4-33所示。

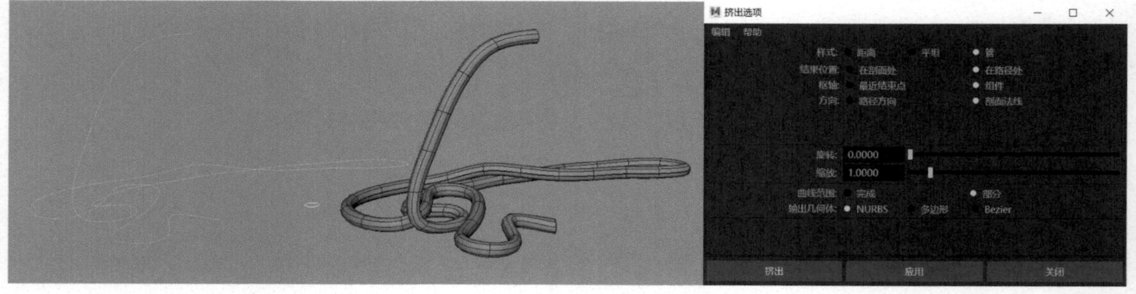

图4-33

注意 路径曲线上的控制点多一些才能表现丰富的弯曲结构。可以使用“重建”命令来分配更多的控制点。为了保证曲面模型与路径曲线严格一致，需要在挤出选项面板中选择“在路径处”和“组件”选项。

知识点 6 制作按键部分

使用EP曲线工具在网格中心绘制出按键的截面曲线，在菜单栏中执行“曲面-旋转”命令，制作出按键的主体部分，如图4-34所示。

单击曲线/曲面工具架上的■按钮创建出圆环曲线，复制曲线并围绕网格中心排列10个圆环曲线，如图4-35所示。

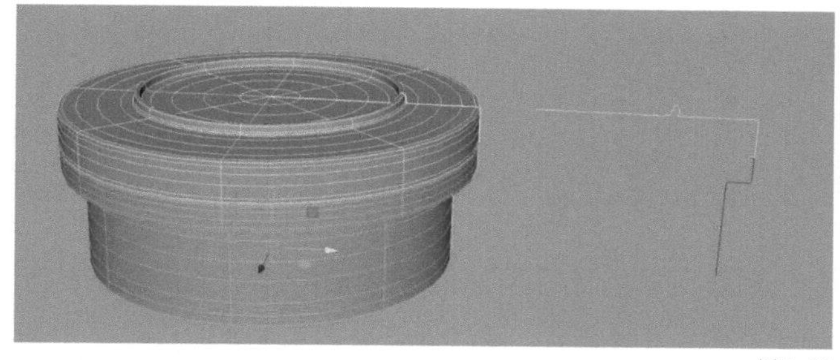
图4-34

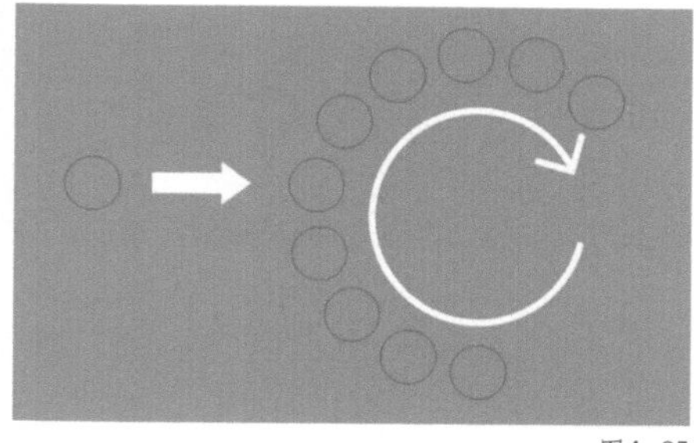
图4-35

选择这些圆环曲线，再加选曲面模型，切换至顶视图，在菜单栏中执行“曲面-在曲面上投影曲线”命令。这时在曲面上会出现圆形的分割线，选择需要保留的曲面，在菜单栏中执行“曲面-修剪工具”命令，按Enter键确认，实现按键区域的裁剪效果，如图4-36所示。

图4-36

进入曲面的裁剪边模式，按住Shift键选择所有裁剪处的边，在菜单栏中执行“曲线-复制曲面曲线”命令，将提取的曲线向下移动，如图4-37所示。

图4-37

选择裁剪处的边，再加选提取的曲线，在菜单栏中执行“曲面-放样”命令，制作出按键处的深度，如图4-38所示。

在菜单栏中执行“曲面-圆化工具”命令，按住鼠标左键滑过折角的两个面，将“弧度”设置为0.15，制作出圆滑的边，如图4-39所示。

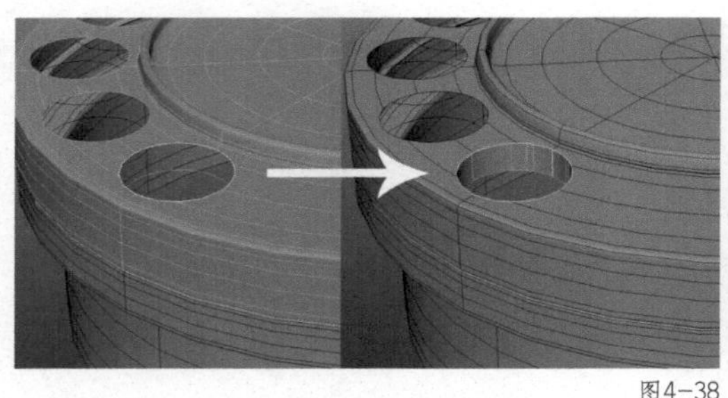

图4-38

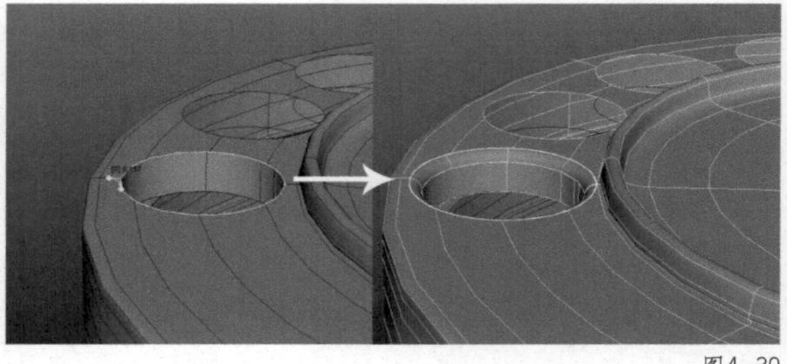

图4-39

参照上述操作制作所有裁剪处的深度。制作完毕后选择所有的按键模型，在菜单栏中执行“编辑-按类型删除-历史”命令，将模型的编辑信息删除，避免移动时模型出现错误。曲面模型是由无数个小碎面组合而成的，需要编组才能整体移动。选择按键部位的所有模型，在菜单栏中执行“编辑-分组”命令，然后将模型组摆放到合适位置，如图4-40所示。

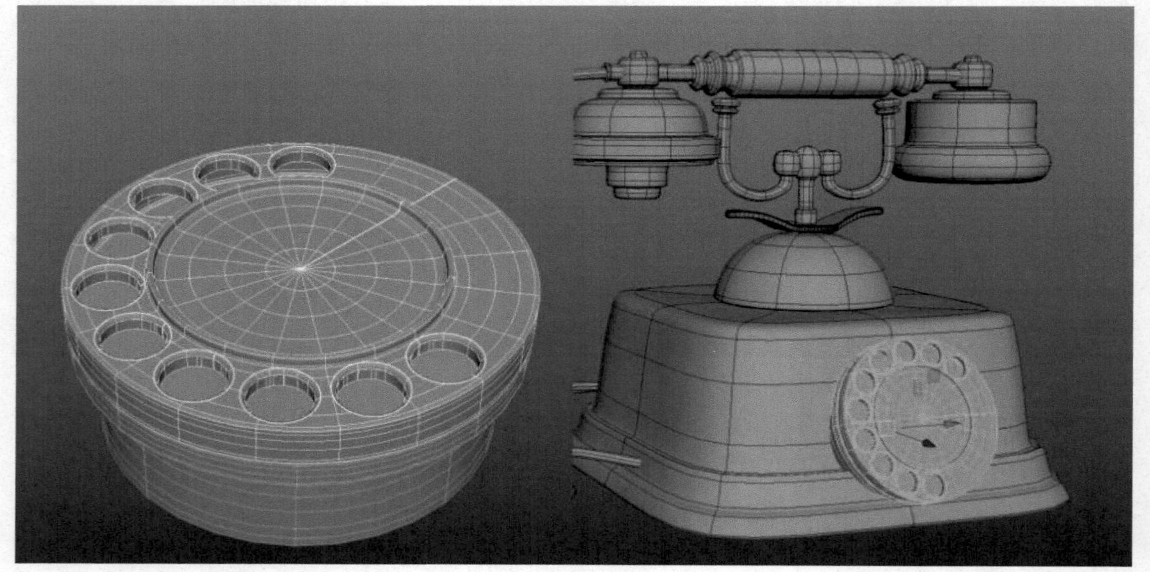

图4-40

知识点7 场景整理

模型制作完毕后，需要将场景中的各个元素整理规范，以便进行后期渲染和动画制作。场景整理分为以下3步。

■ 步骤1 删除历史记录信息

每个部件模型都会保留之前的编辑信息，这些信息会导致在动画或渲染时出错，因此每个模型必须删除历史记录信息。选择模型，在菜单栏中执行“编辑-按类型删除-历史”命令即可。

■ 步骤2 摆放模型

每个部件整理完毕后，需要按照参考图摆放规整，并将最终模型放置在网格中心。模型的位移信息需要冻结清零，选择模型，在菜单栏中执行“修改-冻结变换”命令即可。

■ 步骤3 整理大纲

将电话模型编组，并删除无用的节点。

电话模型的制作到此结束，最终效果如图4-41所示。

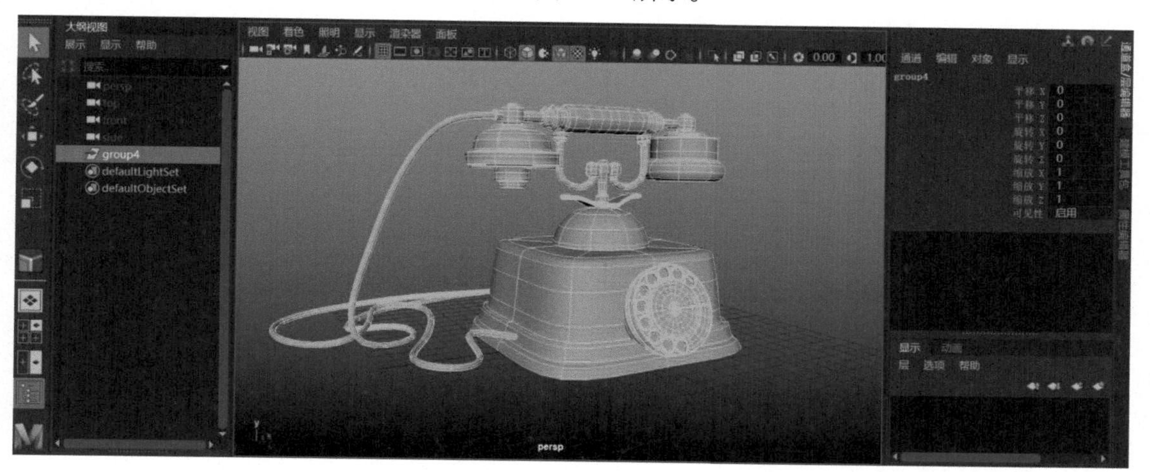

图4-41

本课练习题

填空题

（1）曲线建模的基本步骤是________________，________________。

（2）编辑曲线需要进入曲线的哪个模式？__________。

（3）执行“复制曲面曲线”命令时，需要进入曲面的哪个模式？__________。

（4）使用哪个命令可以重新分布曲线上的点？______________。

（5）曲面成型的常用命令有哪几个？________、________、________、________、________、________、________。

（6）要将曲面制作出空心区域的效果，可以使用编辑曲面的哪些命令？________、________。

参考答案

（1）首先创建曲线，再使用曲线生成曲面。

（2）控制顶点。

（3）等参线。

（4）重建曲线。

（5）放样、平面、旋转、双轨成形、挤出、倒角、倒角+。

（6）在曲面上投影曲线、修剪工具。

第 5 课

雕刻

雕刻是一种直观、简单的建模方式，可以像捏黏土一样创建模型。Maya 2020提供了丰富的雕刻笔刷，使用这些笔刷可以快速地雕刻出复杂的模型，而不需要考虑烦琐的布线。

本课将学习雕刻模型的基本流程、雕刻笔刷的使用技巧等知识。本课的学习将帮助读者掌握生物模型的雕刻方法。

本课知识要点

- 认识雕刻
- 雕刻工具的使用方法
- 雕刻综合案例

第1节 认识雕刻

本节将讲解Maya 2020雕刻的基本原理和雕刻前的注意事项等知识。

知识点 1 Maya 2020 雕刻的基本原理

Maya 2020雕刻的基本原理是使用雕刻笔刷改变多边形顶点的位置，以达到修改造型的目的。多边形网格精度越高，能够雕刻的细节就越丰富。不同的笔刷拥有不同的雕刻效果，一个复杂的造型是使用不同的笔刷共同作用的结果。

知识点 2 雕刻前的注意事项

在雕刻模型之前，需要注意以下几点。

（1）模型的网格精度要适当提高。雕刻的核心是用笔刷改变顶点的位置，网格精度太低无法进行细节的雕刻。不同精度的多边形如图5-1所示，其中左图为精度较低的多边形，右图为精度较高的多边形。

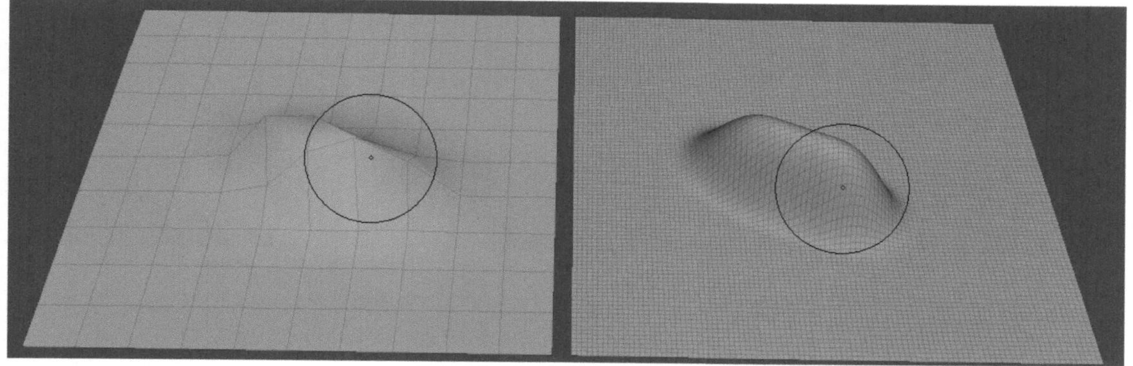

图5-1

（2）要保证多边形布线均匀且为标准循环边或环形边。不规则的布线会导致雕刻的曲线不够平滑，甚至出现错误，不同布线的多边形如图5-2所示，其中左图为布线不规则的多边形，右图为布线规则的多边形。

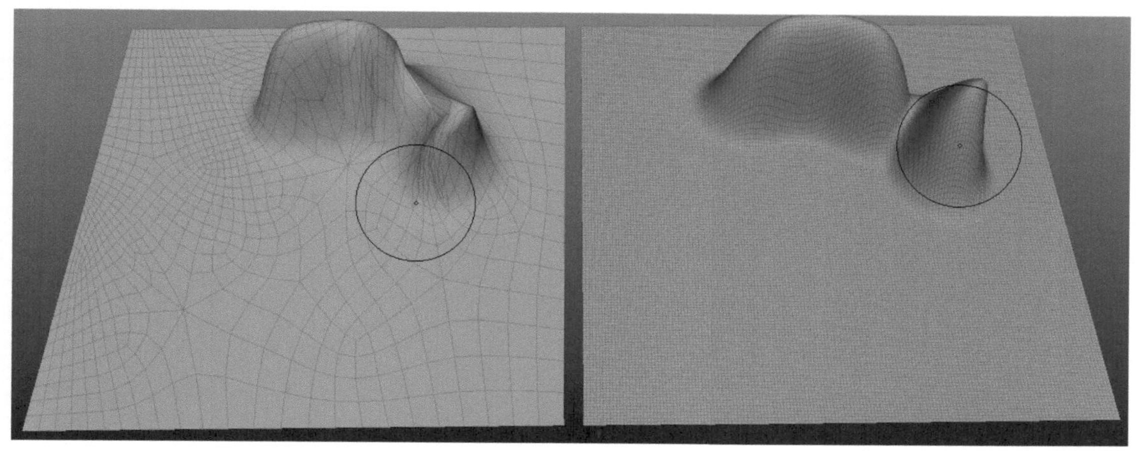

图5-2

（3）模型要放置在网格中心。在雕刻时经常需要使用对称方式，对称是按模型的x轴、y轴、z轴坐标(0,0,0)定位的，如图5-3所示。

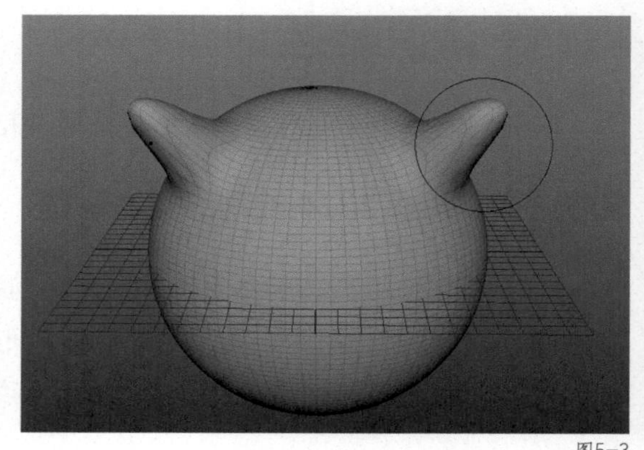
图5-3

第2节 雕刻工具详解

雕刻工具架上有众多雕刻工具，本节将讲解雕刻工具的使用技巧、属性等知识。

知识点 1 雕刻工具架

可以在雕刻工具架上调用雕刻工具，如图5-4所示，也可以在菜单栏中执行“网格工具-雕刻工具”命令调用这些工具。

图5-4

雕刻工具对应的快捷键为Ctrl+1。使用雕刻工具可以使顶点沿着自身法线方向移动，按住Ctrl键可以控制顶点沿与法线相反的方向运动，如图5-5所示。

平滑工具对应的快捷键为Ctrl+2。使用平滑工具可以平均化顶点的位置，如图5-6所示。

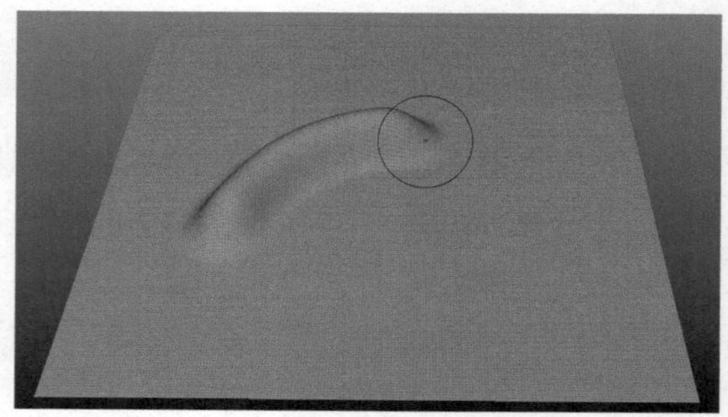
图5-5

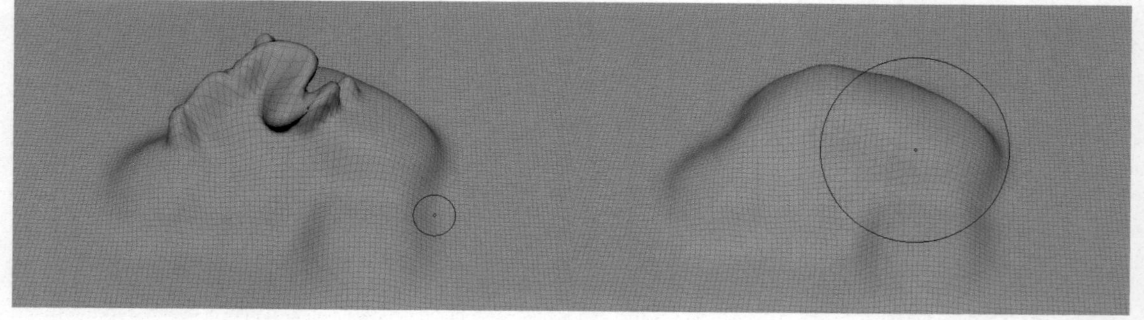
图5-6

松弛工具对应的快捷键为Ctrl+3。使用松弛工具可以在保持模型形态的前提下，使顶点之间的距离均匀化，如图5-7所示。

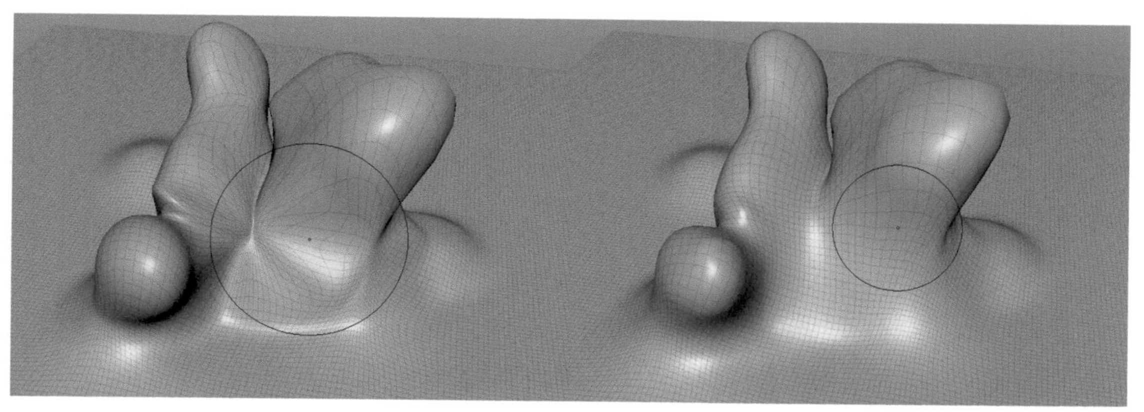

图5-7

抓取工具对应的快捷键为Ctrl+4。使用抓取工具可以拖曳顶点，可用于编辑模型的细节，如图5-8所示。

收缩工具对应的快捷键为Ctrl+5。使用收缩工具可以将顶点向中心收缩，用于制作褶皱等效果，如图5-9所示。

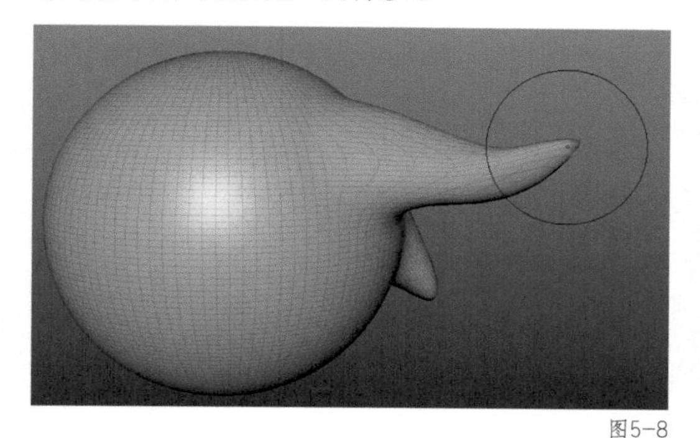

图5-8

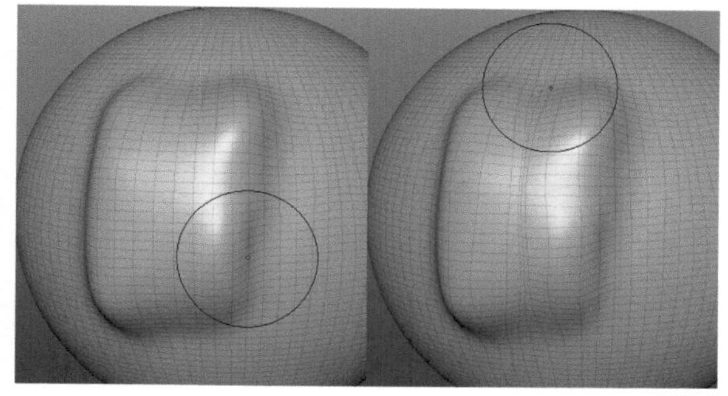

图5-9

展平工具对应的快捷键为Ctrl+6。使用展平工具可以把部分点沿一个平面压平，如图5-10所示。

泡沫工具对应的快捷键为Ctrl+7。使用泡沫工具可以快速制作凹凸结构，效果与雕刻工具相似，但要相对柔和一点，如图5-11所示。

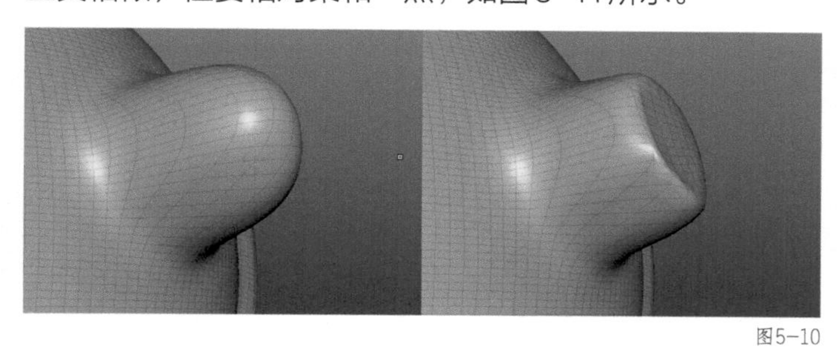

图5-10

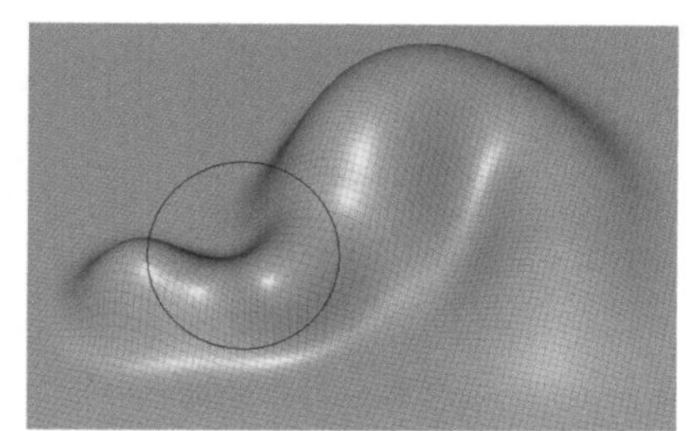

图5-11

喷射工具对应的快捷键为Ctrl+8。使用喷射工具可以根据一张Alpha通道图实现更加丰富的凹凸效果，如图5-12所示。

重复工具对应的快捷键为Ctrl+9。利用重复工具可以使用一张Alpha通道图制作均匀的凹凸排列效果，一般用于制作铆钉等效果，如图5-13所示。

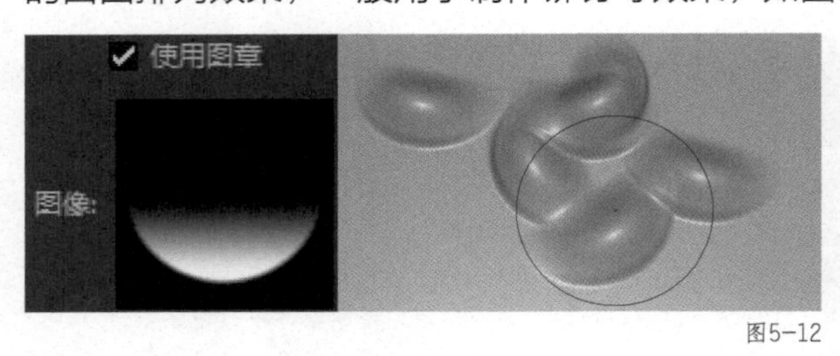

图5-12

图5-13

使用压印工具可以将一张Alpha通道图作为凹凸区域，如图5-14所示。

使用上蜡工具可以沿曲面刷出均匀厚度，如图5-15所示。

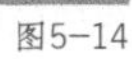

图5-14

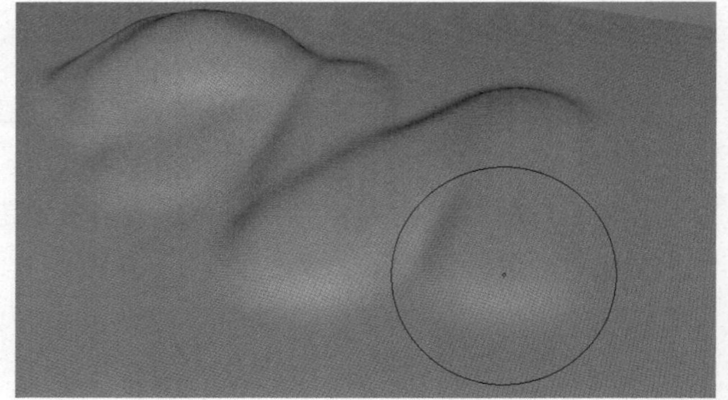

图5-15

使用刮擦工具可以削弱之前的笔刷强度，与展平工具的效果有点类似，但强度更柔和，如图5-16所示。

使用填充工具可以将深凹陷的结构填平，如图5-17所示。

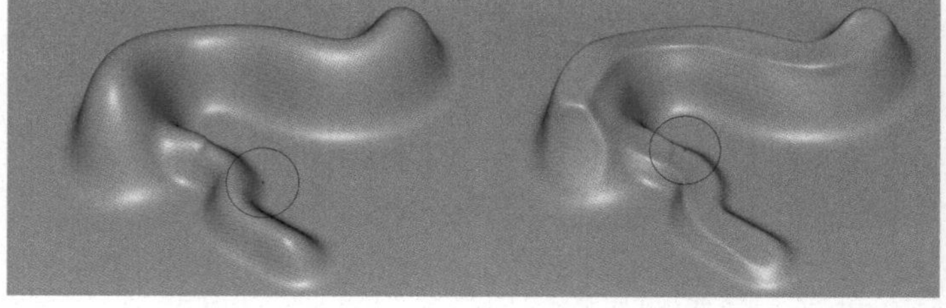

图5-16

使用刀工具配合Alpha通道图可以制作深凹的切割效果，如图5-18所示。

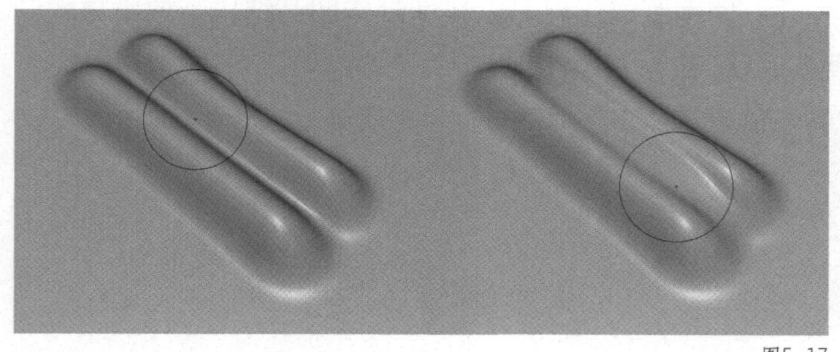

图5-17

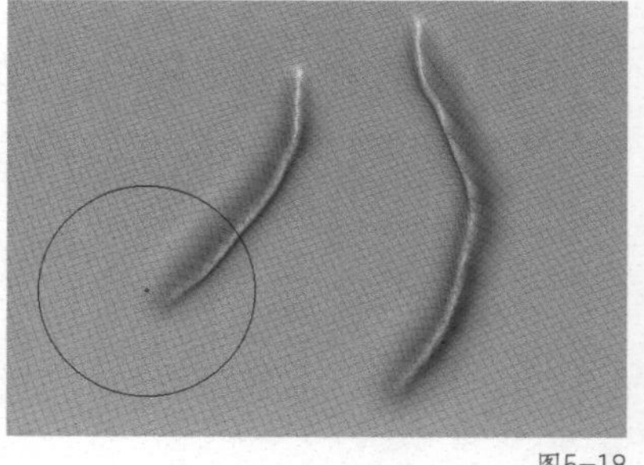

图5-18

使用涂抹工具可以使曲面上的顶点沿着笔刷的运动方向移动，如图5-19所示。

使用凸起工具可以使曲面上的顶点沿着法线方向凸起，效果类似于雕刻工具，但比雕刻工具更明显，如图5-20所示。

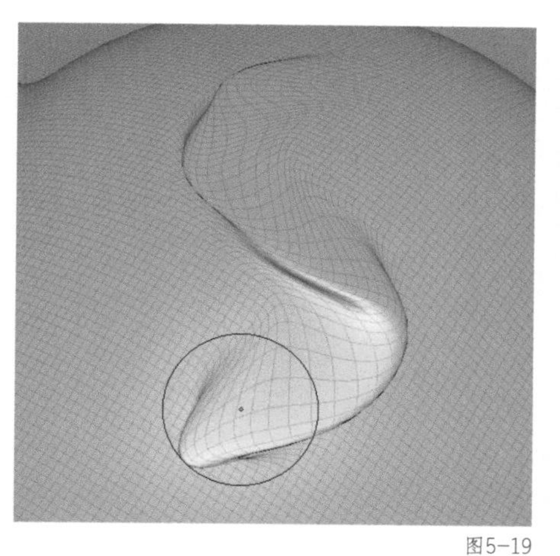

图5-19

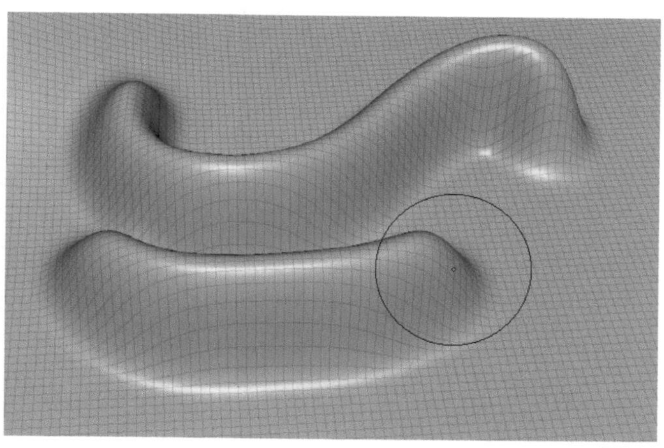

图5-20

使用放大工具可以加强凹凸的对比，如图5-21所示。

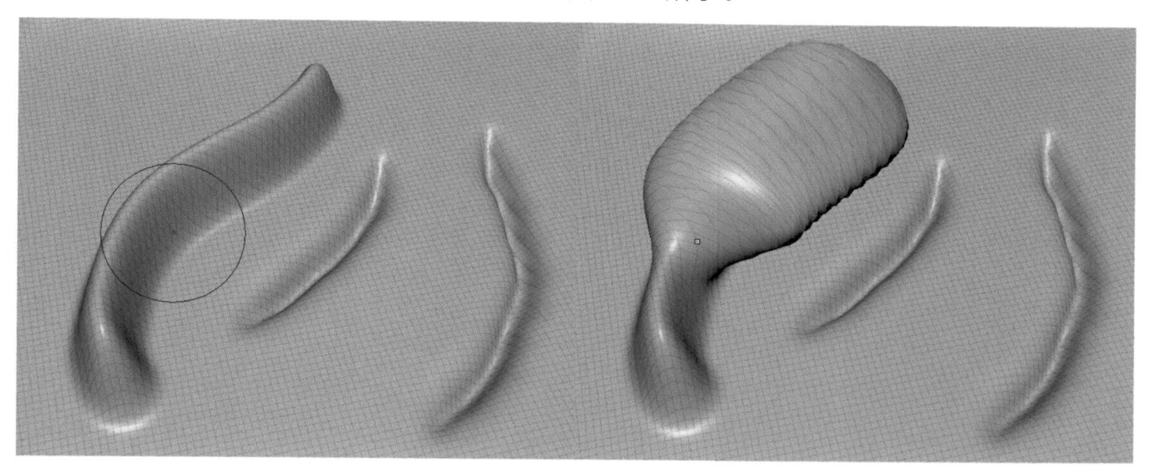

图5-21

使用冻结工具可以将曲面上的点冻结，冻结区域显示为蓝色，如图5-22所示。按住Ctrl键可以擦除冻结区域，如图5-23所示。

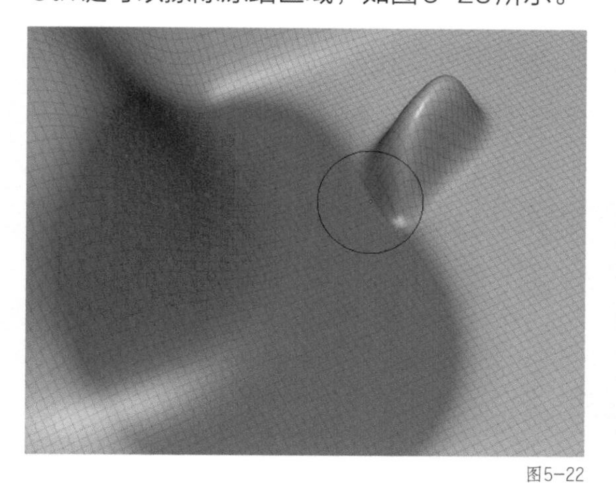

图5-22

图5-23

使用转化为冻结工具可以将选择的点或面直接冻结，如图5-24所示，其中左图为选择模型上的点，右图为转化的冻结区域。

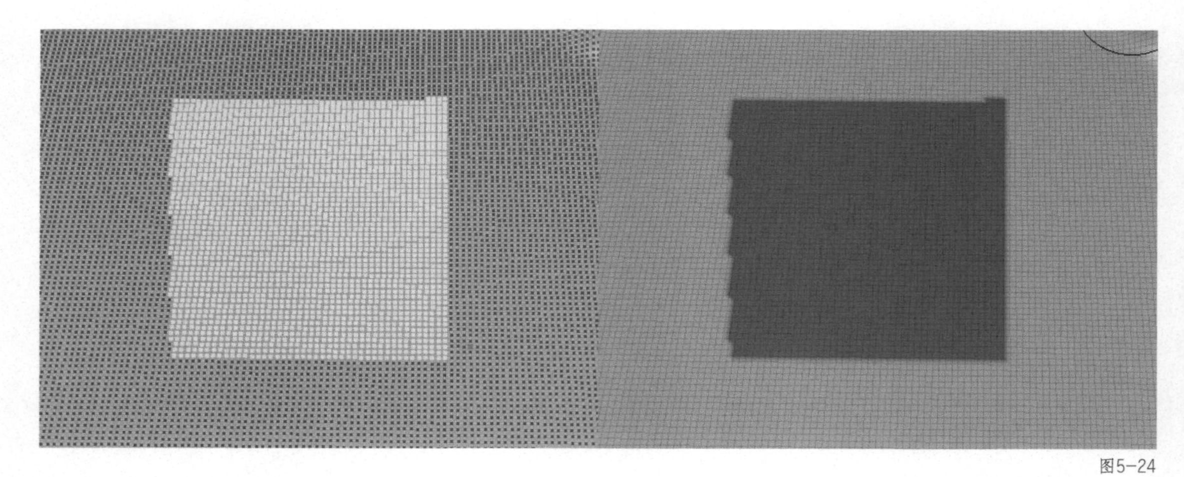

图5-24

使用打开内容浏览器工具 可以直接打开Maya 2020的预设模型库，如图5-25所示。

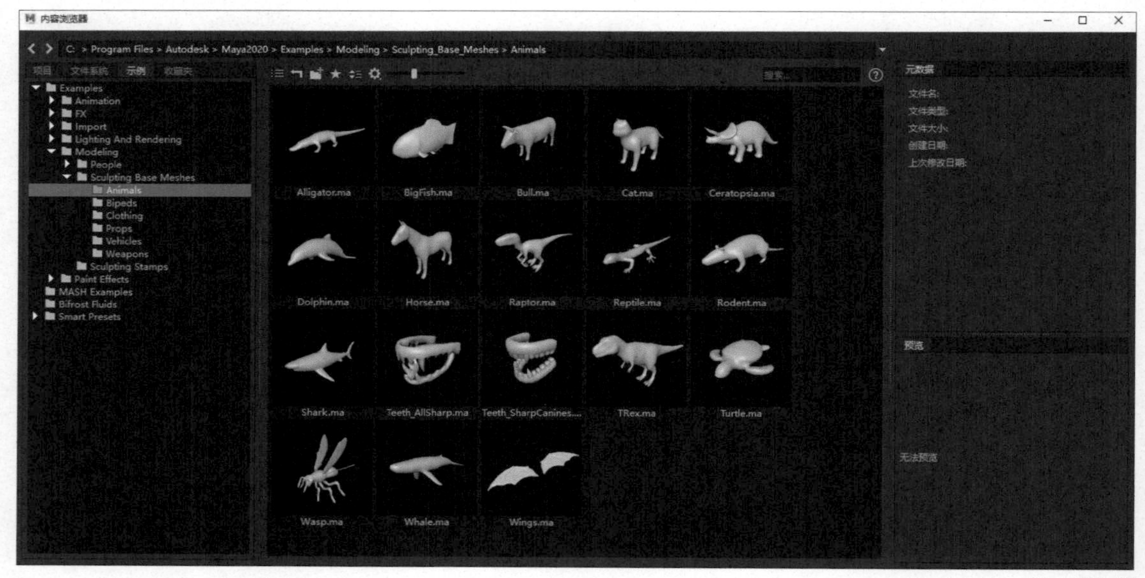

图5-25

使用创建融合变形工具 可以使两个顶点数一样但造型不同的几何体实现融合变形，单击该按钮可调出形变编辑器面板。首先选择需要变形的模型，再选择目标模型，在形变编辑器面板中单击“创建融合变形”按钮，如图5-26所示。

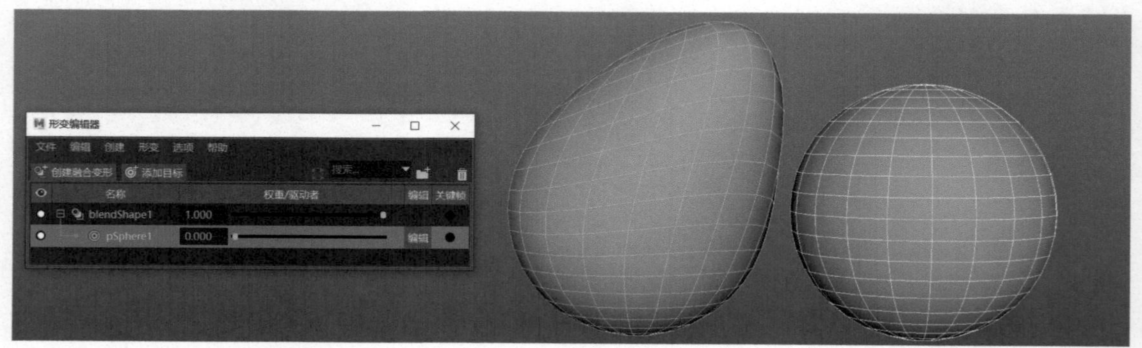

图5-26

注意 要创建融合变形的模型，其顶点数需要保持一致。

调节融合变形的强度就可以在原模型与目标模型之间进行切换，如图5-27所示。

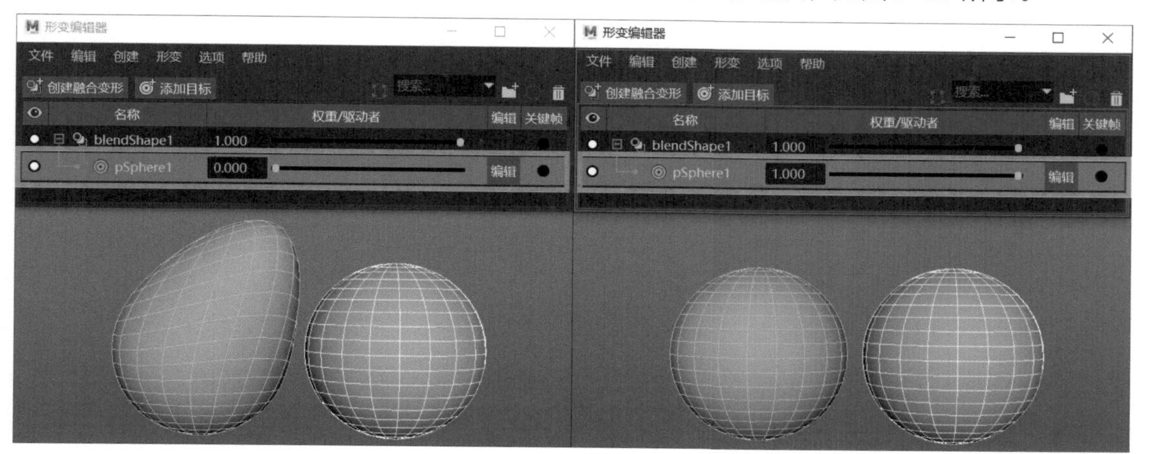

图5-27

使用形变编辑器工具 可以打开形变编辑器面板，使用雕刻工具编辑变形目标模型。

知识点 2 雕刻工具的属性

在制作时经常需要调整笔刷的“大小”“强度”等属性。双击任意雕刻工具可以打开笔刷的工具设置面板，在这里可以对笔刷的属性进行设置，如图5-28所示。

- “笔刷”属性栏可以控制笔刷的所有属性。
  - ✓ “大小”属性控制笔刷半径大小，也可以按住B键拖曳鼠标调整笔刷半径大小，如图5-29所示。

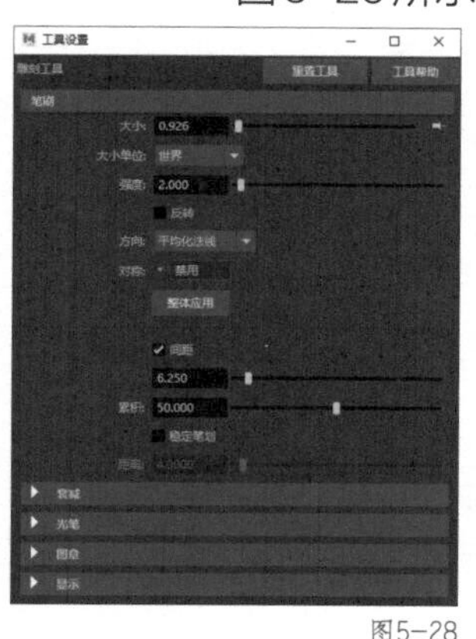

图5-28

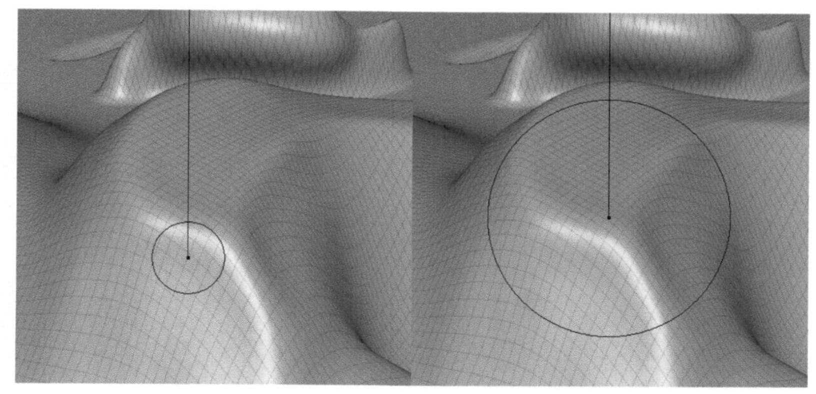

图5-29

- ✓ “大小单位”属性可以使用屏幕空间或世界空间单位设置雕刻工具的大小。
- ✓ “强度”属性控制笔刷凹凸的强度。
- ✓ “方向”属性控制工具影响时的顶点运动方向。
- ✓ “对称”属性开启时，以原点为中心沿着x轴线、y轴线、z轴线可以实现对称雕刻。
- ✓ “间距”属性控制笔触之间的距离，在使用Alpha图雕刻时，可以控制纹理间隔，例如制作铆钉效果。

✓ “累积”属性控制笔刷变形，以及单个笔画最短时间内达到的最大强度。

✓ “稳定笔划”属性开启时绘制的路径会更平滑。

- “衰减”属性栏可以控制笔刷中心到边缘的衰减效果，衰减的多少以一条可编辑的曲线进行控制，如图5-30所示。选择不同的曲线模式，笔刷会有不同的雕刻效果，如图5-31所示。

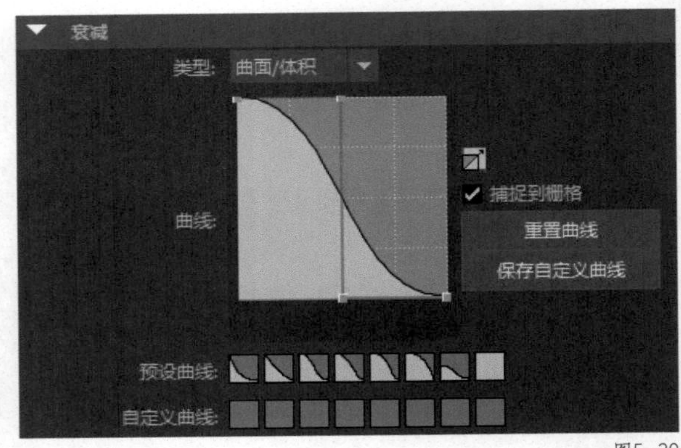

图5-30

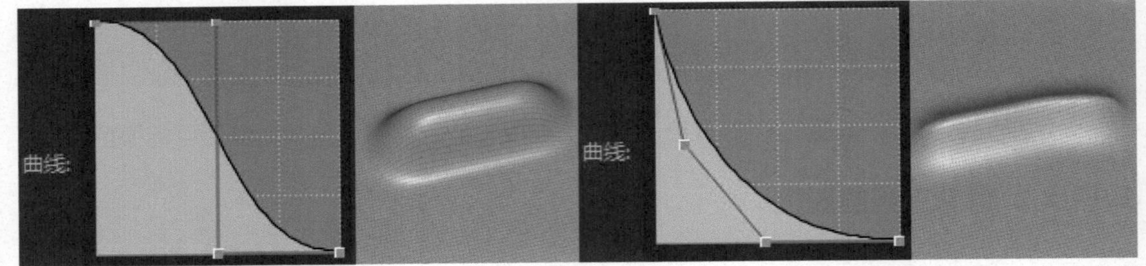

图5-31

- “光笔”属性栏用于设置笔刷压力最小时，笔刷的半径与强度，如图5-32所示。
- “图章”属性栏。在使用某些笔刷时，需要配合不同的Alpha图绘制更丰富的雕刻效果，例如喷射工具和重复工具，如图5-33所示。图像的预览框可以观察纹理，“拾取图章”按钮可以读取预设纹理，“导入”按钮可以读取外部的纹理素材。通过图章下面的属性可以控制图像纹理的旋转、位移等属性，如图5-34所示。

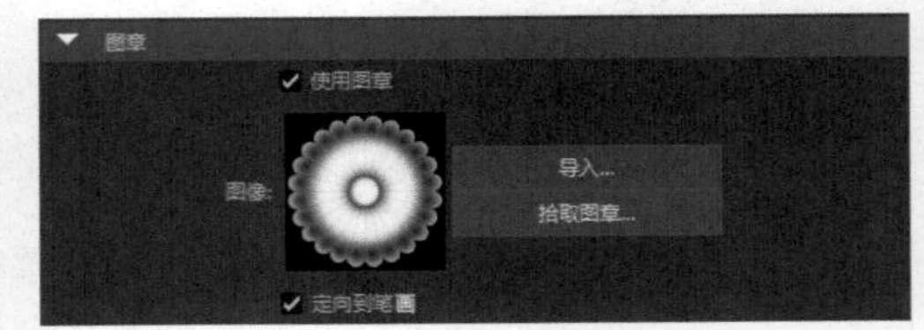

图5-32

- “显示”属性栏控制笔刷、线框等的显示效果，面板如图5-35所示。

✓ 勾选“将笔刷定向到曲面”后，笔刷的方向会随着曲面法线的变化而变化，如图5-36所示。

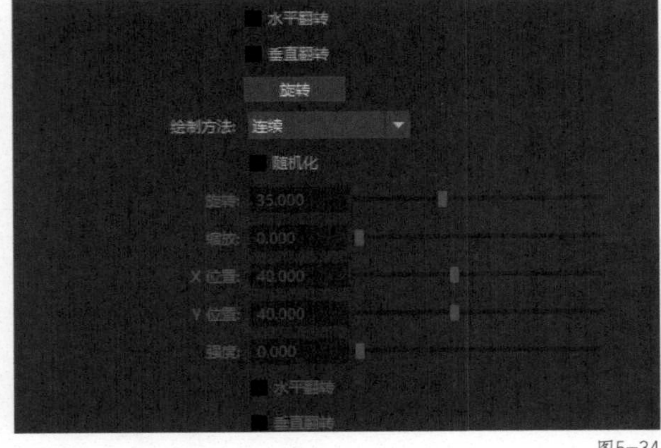

图5-34

图5-35

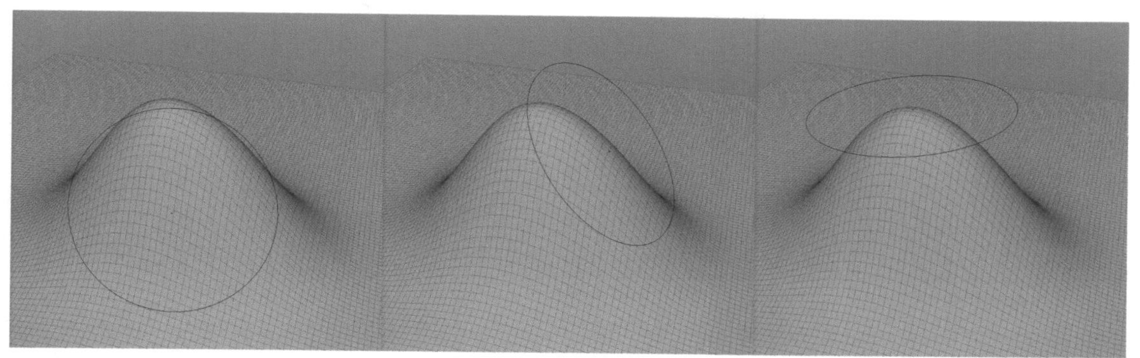

图5-36

- ✓ 在使用冻结工具时勾选“显示冻结/遮罩”，冻结区域将以蓝色显示。
- ✓ 勾选“线框显示”下的“显示”，可以观察到曲面的线框。“Alpha”控制曲线的宽度，“颜色”属性可以定义线框的颜色。

知识点 3 混合变形工具组

除了常规雕刻工具外，还有一组处理混合变形的工具。混合变形工具组在雕刻工具架的最后一栏，如图5-37所示。

图5-37

使用平滑目标工具可以平均化分配顶点的位置，将彼此相对的顶点位置拉平，如图5-38所示。

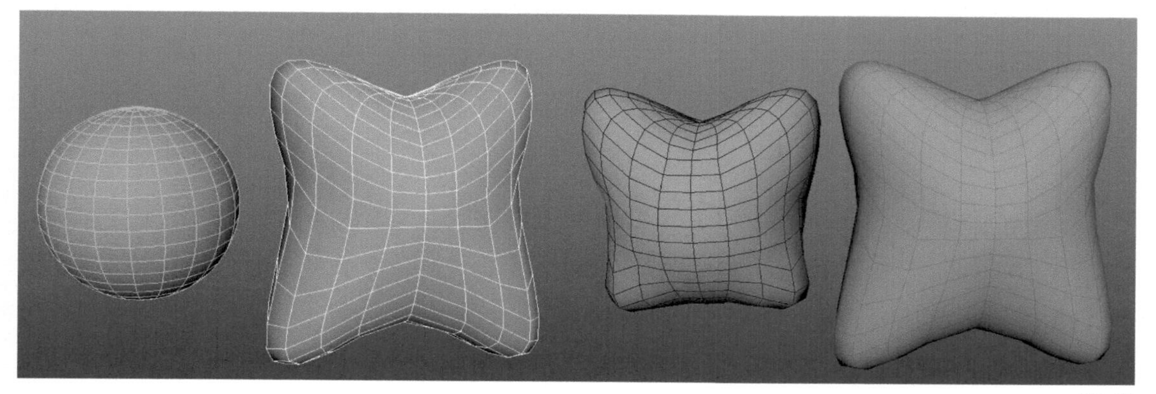

图5-38

在使用该工具时，混合目标模型要处于编辑模式，如图5-39所示。

当混合目标模型处于编辑状态时，使用克隆目标工具可以将目标模型的变形效果复制到混合模型上，如图5-40所示。

图5-39

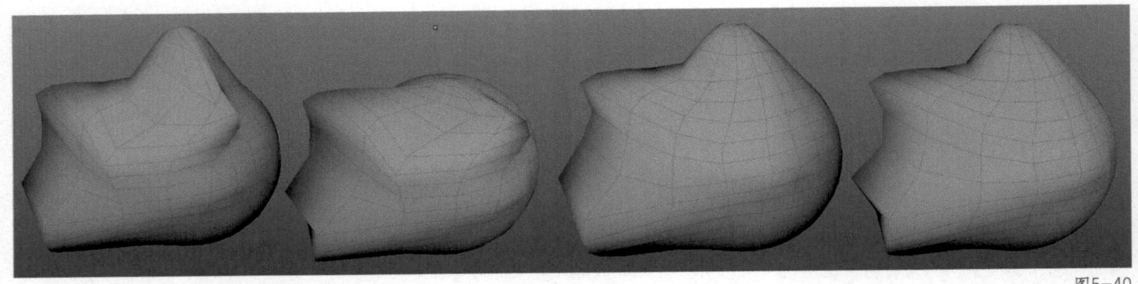

图5-40

使用遮罩目标工具涂抹模型时，红色区域代表锁定区域，如图5-41所示，锁定区域的顶点不参与融合变形。

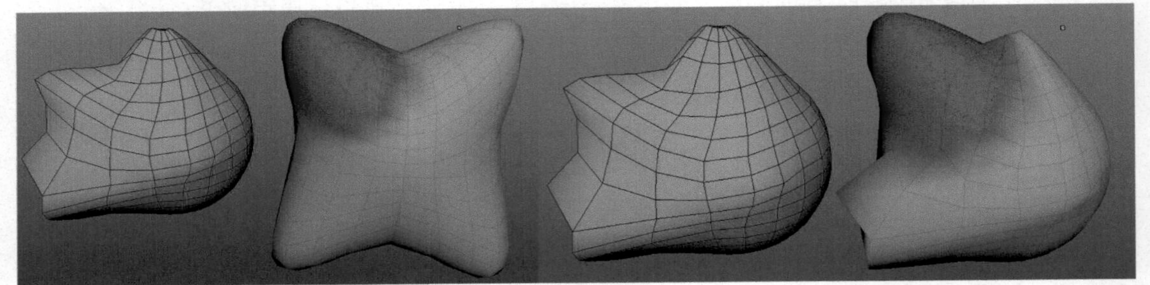

图5-41

使用擦除目标工具可以为当前处于编辑模式下的混合变形目标移除雕刻效果。

第3节 综合案例——螃蟹

本节将通过一个综合案例的制作，帮助读者掌握生物模型的雕刻流程、雕刻工具的使用技巧等知识。案例效果如图5-42所示。

知识点 1 制作大体形状

这是一个写实的螃蟹模型，模型结构主要分为3个部分：躯干、胸足、蟹钳。首先需要制作出每个部位的大体形状，再进行细节的雕刻。

■ 步骤1 制作躯干部分的大体形状

首先创建一个立方体，并增加其细分段数，如图5-43所示。

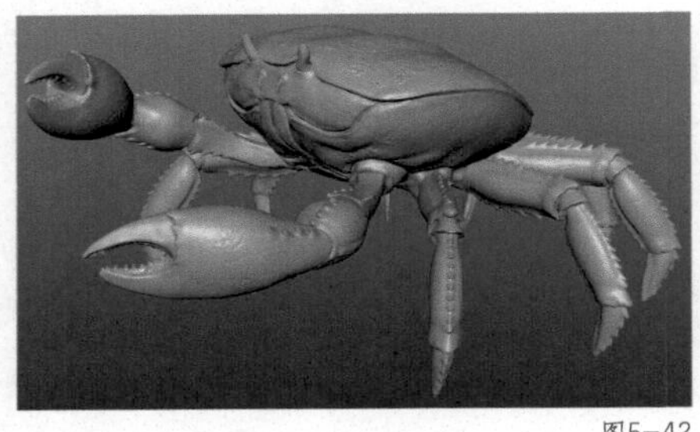

图5-42

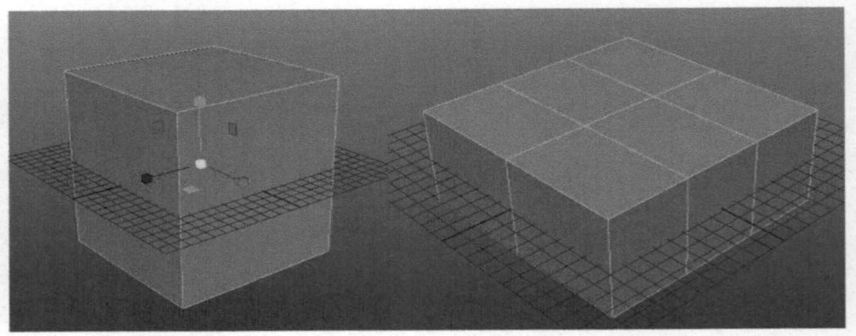

图5-43

调节长方体上的顶点，制作出螃蟹躯干的大体结构，注意左右对称，如图5-44所示。

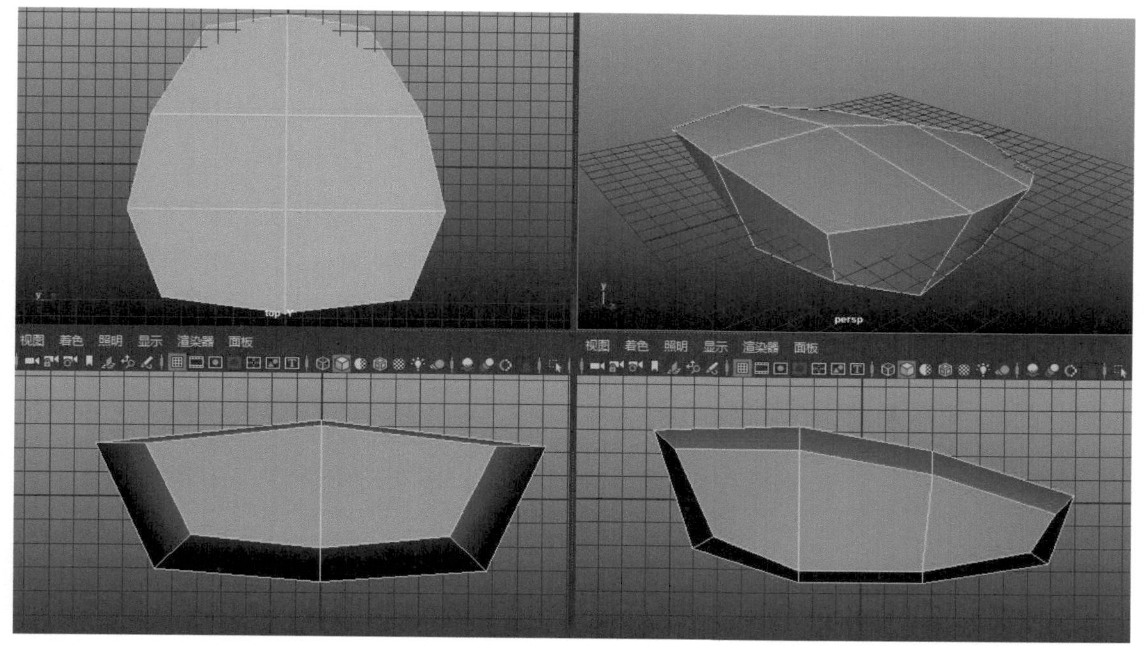

图5-44

大体形状制作完毕后再将长方体细分，可以得到更平滑的曲面和更多的分段数，如图5-45所示。

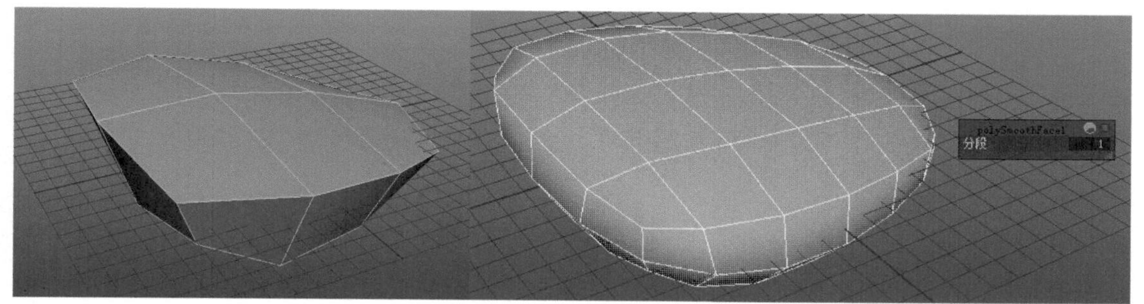

图5-45

螃蟹有5对胸足，需要预留出连接的区域。选择螃蟹腹部的10个面，在菜单栏中执行“网格-挤出”命令，再将挤出的面缩小，如图5-46所示。

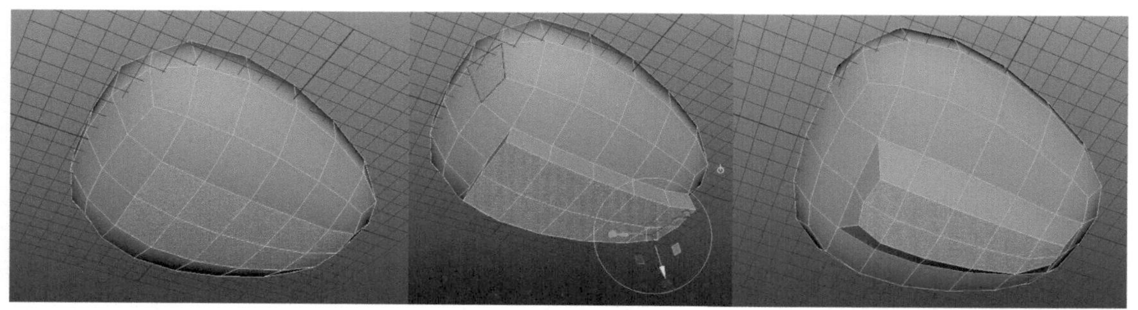

图5-46

■ 步骤2 制作蟹钳的大体形状

蟹钳的结构近似长方体，可以首先创建一个立方体再进行缩放。蟹钳又分为3段，可以为缩放后的长方体添加两个分段数，如图5-47所示。

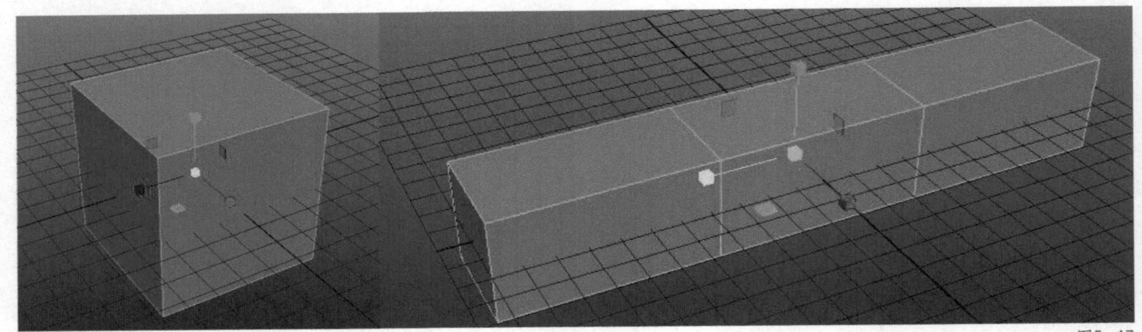

图5-47

根据蟹钳的结构特点，在每个关节处添加细分段数，缩放关节处的边，得到3段结构，如图5-48所示。

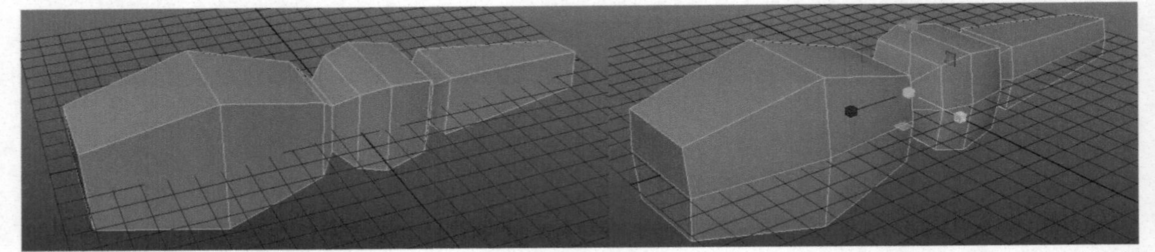

图5-48

选择顶端的边进行移动，制作出倾斜的面，再选择倾斜的面挤出钳子的结构，如图5-49所示。

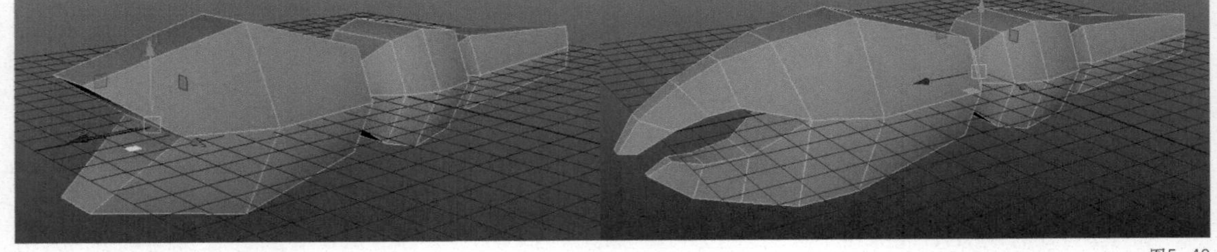

图5-49

蟹钳是内弯曲的结构，选择第一段结构上的点，旋转顶点的方向，使第一段与后面的结构形成夹角，如图5-50所示。

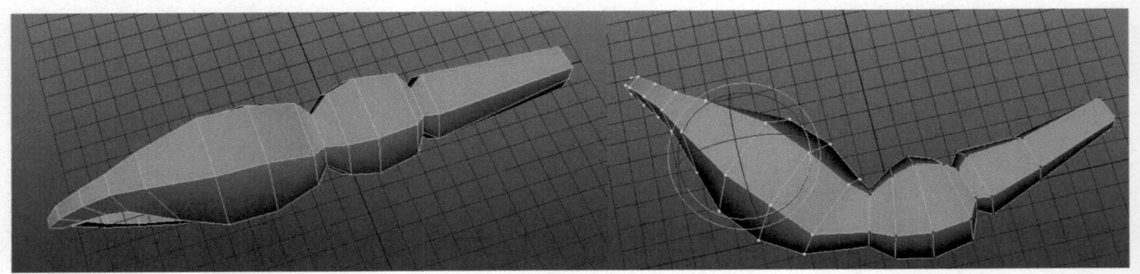

图5-50

将蟹钳与躯干模型摆放在一起，就完成了蟹钳大体形状的制作，如图5-51所示。

■ 步骤3 制作胸足的大体形状

胸足的大体形状近似立方体，首先创建一个立方体，然后缩放长度并添加细分段数，如图5-52所示。

为胸足添加更多的分段数，并缩放关节处的边，得到3段肢节结构，如图5-53所示。

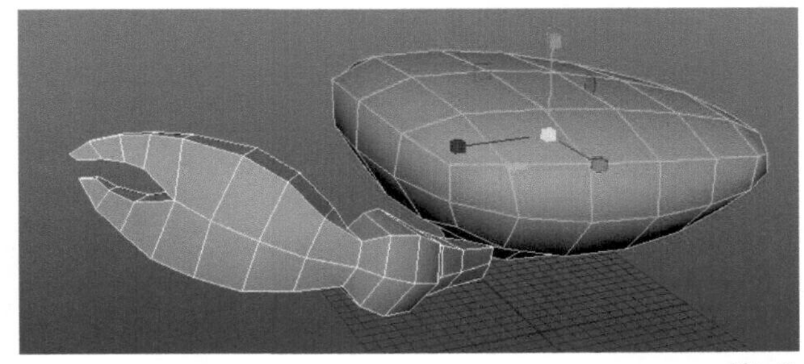

图5-51

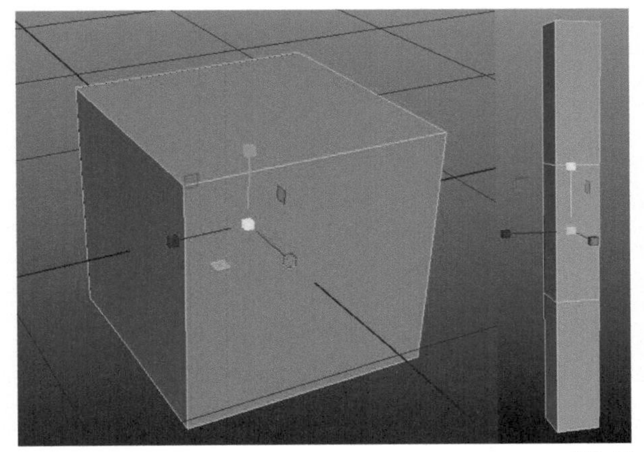

图5-52

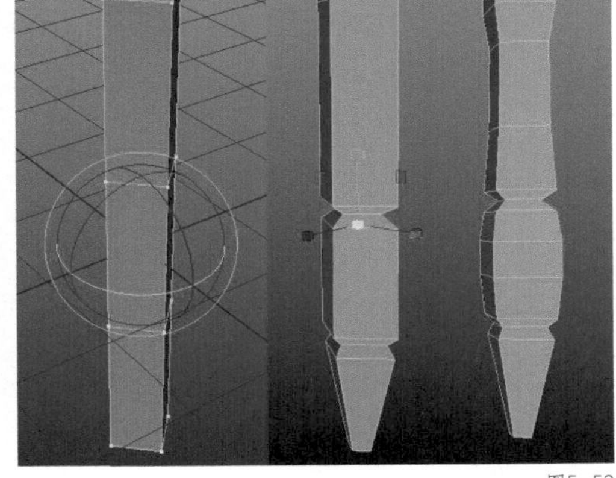

图5-53

将胸足模型复制4个，摆放在螃蟹身体下方对应位置，此时就完成了胸足基础形态的制作，如图5-54所示。

注意 此时将胸足摆放在身体下方只是用于观察比例。雕刻模型时需要开启对称模式，在场景的网格中心的模型才是后续雕刻的模型。

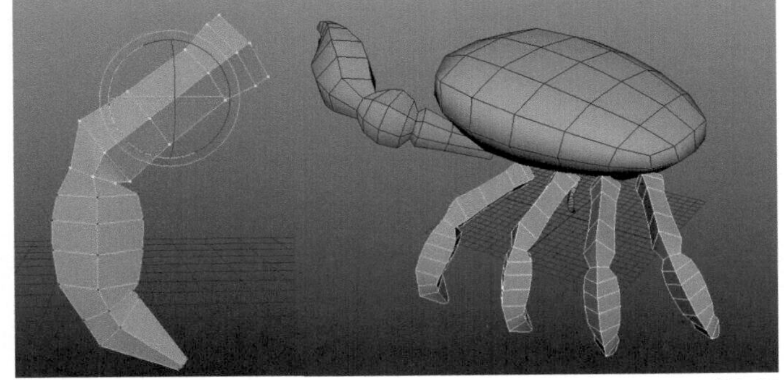

图5-54

知识点2 躯干部位雕刻

雕刻模型时网格的细分段数是逐步增加的，在网格数比较少时雕刻大体形状，中等网格面数时雕刻大块结构，在网格细分的段数最多时雕刻细节纹理。首先需要雕刻的是躯干部位的大体形状。将躯干模型细分一级，如图5-55所示。

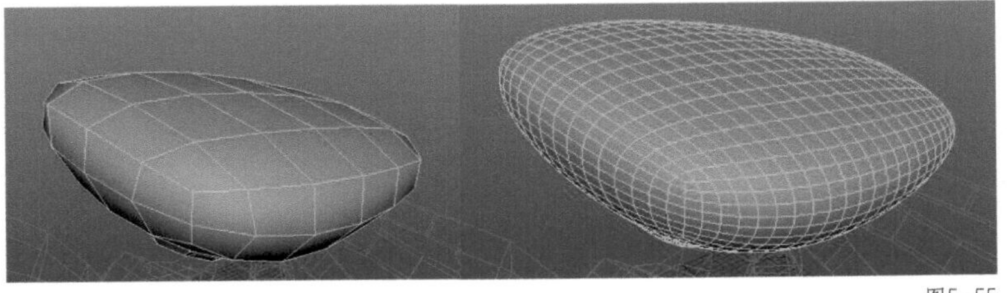

图5-55

本案例的模型是以河蟹为参考，根据河蟹的结构特点，需要将眼睛部位的外壳上翘，尾部下压，胸腔部位调节饱满。可以开启网格对称模式，使用抓取工具调节躯干的大体形状，最终效果如图 5-56 所示。

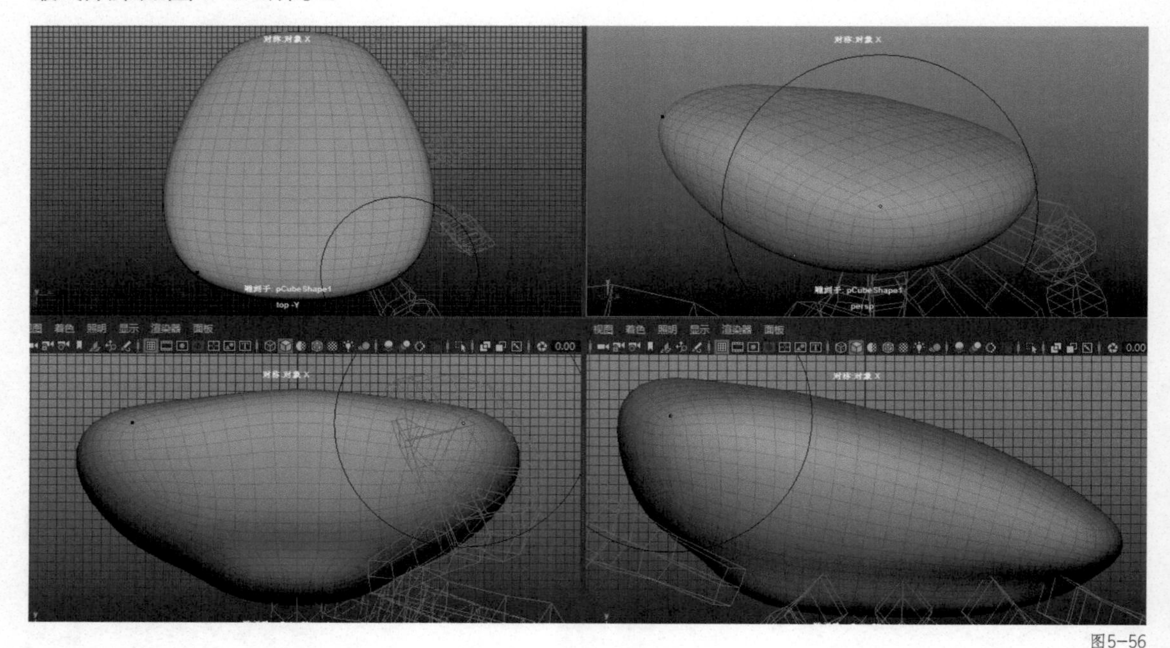

图5-56

大体形状调节准确后，再将网格细分以制作细节，如图 5-57 所示。

图5-57

首先使用雕刻工具制作出背部的起伏，再使用刀工具制作出壳边缘的凹凸，最后使用上蜡工具制作出腹部的起伏，效果如图 5-58 所示。

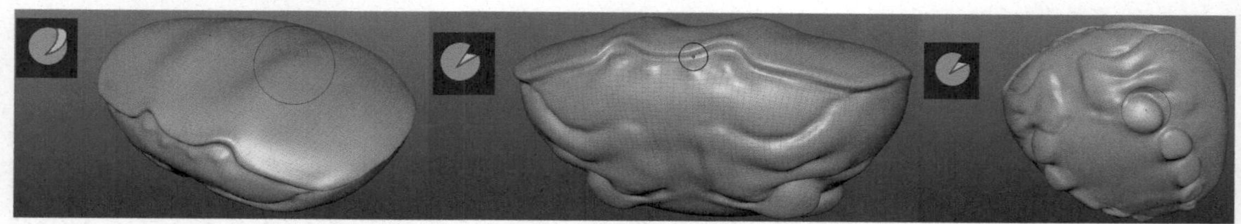

图5-58

雕刻时注意开启对称模式，注意每个结构之间的连续性，最终效果如图 5-59 所示。

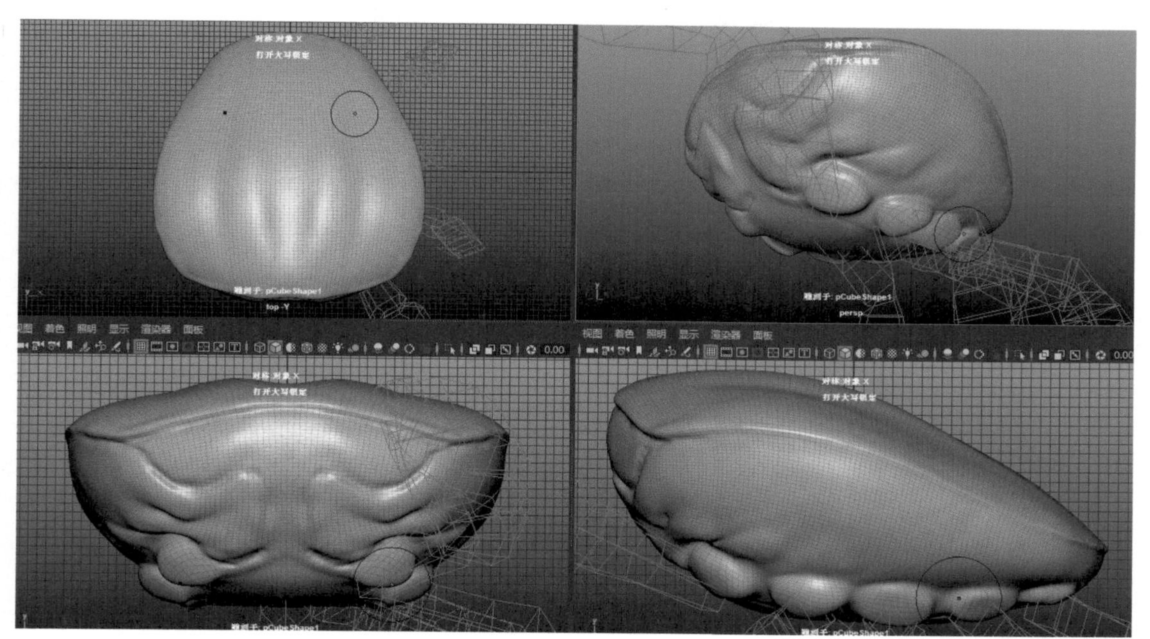

图5-59

知识点 3 蟹钳部位雕刻

首先将蟹钳的简模细分为3级，为雕刻提供足够的网格精度，如图5-60所示。

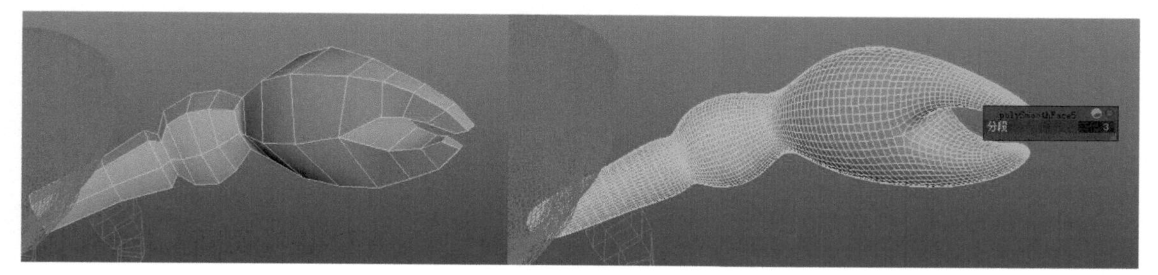

图5-60

第一段肢节偏方形，可以使用展平工具将侧面压平整，如图5-61所示。

关节处有壳体之间的接缝，可以使用刀工具雕刻出凹槽，再使用抓取工具调节出关节处交错的结构，如图5-62所示。

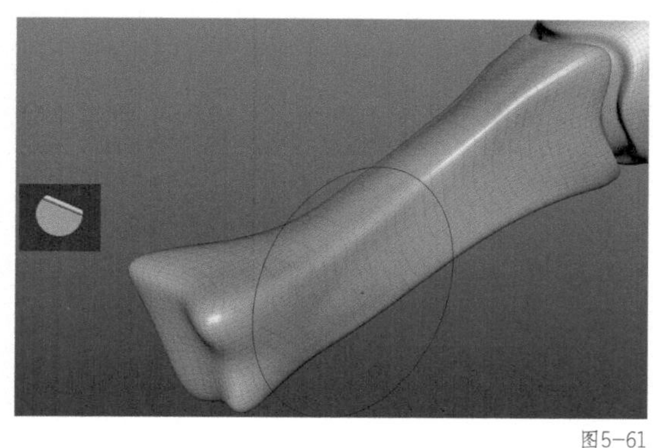

图5-61

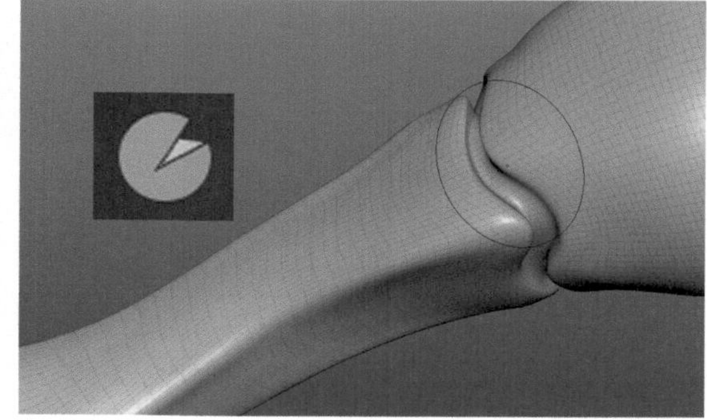

图5-62

蟹钳处的结构可以使用展平工具塑造转折面，如图5-63所示。

此时蟹钳大体形状的雕刻已经完成，效果如图5-64所示。

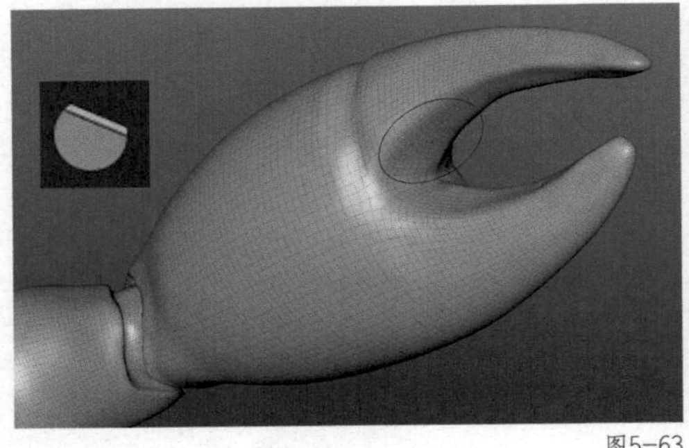
图5-63

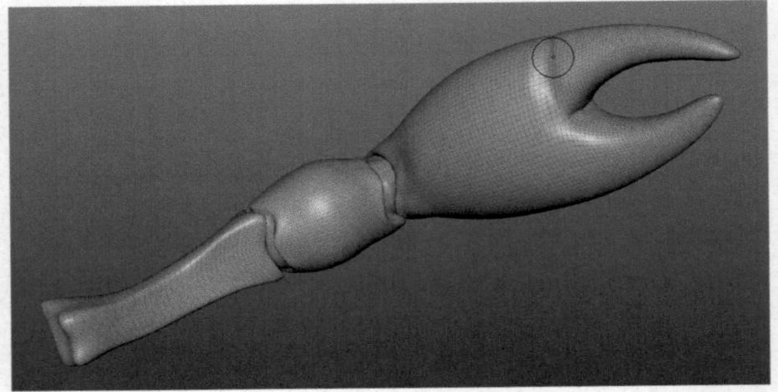
图5-64

知识点 4 胸足部位雕刻

胸足模型的雕刻首先需要将胸足模型细分，如图5-65所示。

注意 用于雕刻的胸足模型应该保持在网格中心，待雕刻完毕后再放置在躯干下方。

使用刀工具强化中心部位与关节转折部位的凸起结构，如图5-66所示。

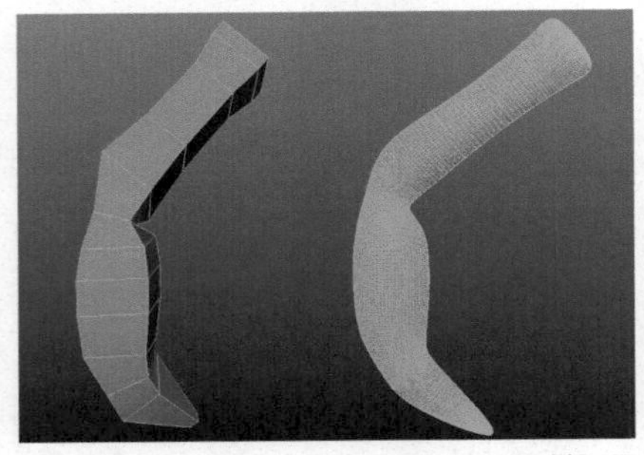
图5-65

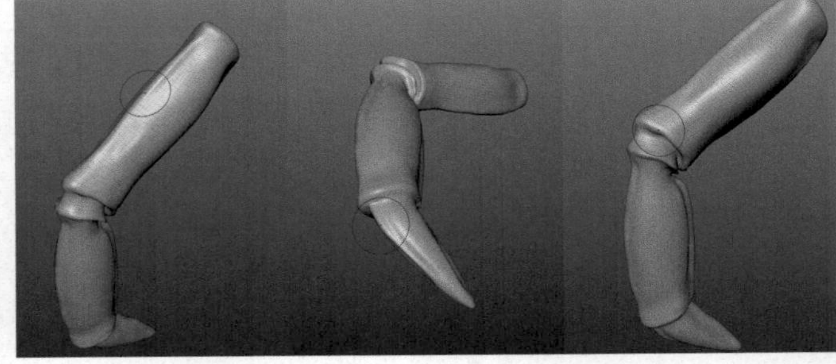
图5-66

使用凸起工具和平滑工具将胸足的每段关节雕刻饱满，如图5-67所示。至此胸足的大体形状雕刻完毕。

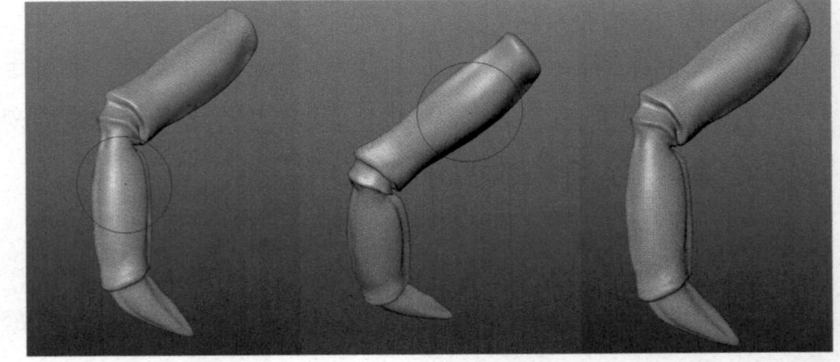
图5-67

知识点 5 眼睛及嘴部模型的制作

螃蟹的眼睛为凸起的圆柱状。首先创建立方体并缩放至眼睛长度大小。再给该几何体添加分段数，缩放几何体上的边，实现上窄下宽的形状，最后执行细分操作，如图5-68所示。

图5-68

将制作好的眼睛模型放置在身体上，再使用抓取工具将眼睛处的甲壳上移，如图5-69所示。

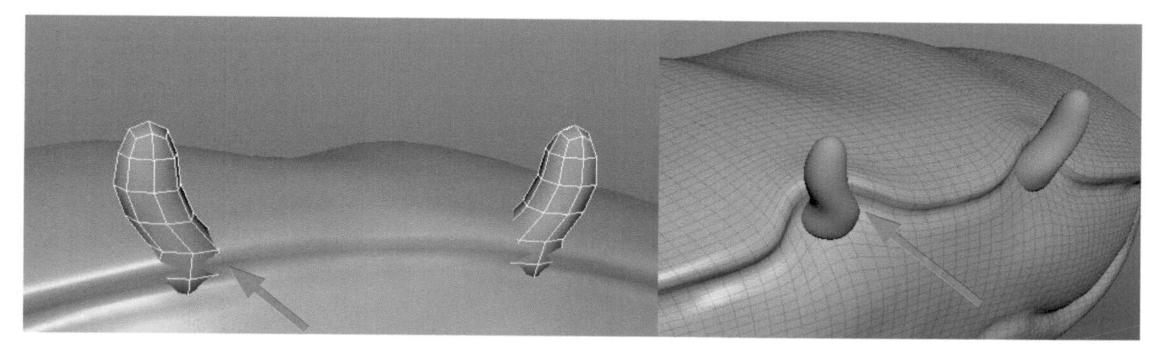
图5-69

嘴巴部位有几个触角。首先可以创建一个几何体模型，并缩放至触角长度，再添加分段数制作出弯曲的形状，平滑细分后放置在嘴巴位置，如图5-70所示。

然后制作第二个触角。首先创建立方体并添加分段数，调整顶点的位置得到弯曲的结构，再将几何体进行细分得到平滑的曲面，最后将触角放置在身体上，如图5-71所示。

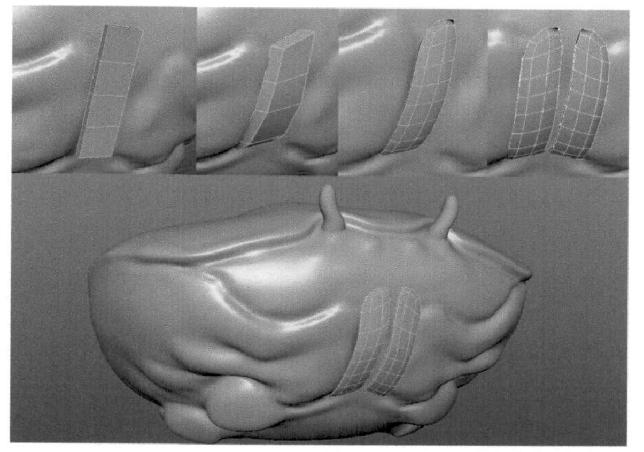
图5-70

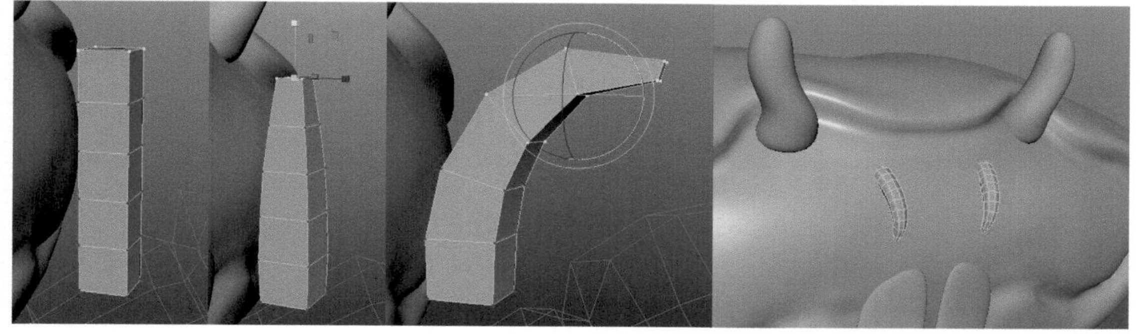
图5-71

知识点 6 躯干细节制作

经过前面的操作，螃蟹躯干的主要结构已经制作完毕，但是每块甲壳的边界还不够立体，壳体表面还不够精致，需要添加更多的凹凸结构。

使用刀工具强化正面、侧面、腹部壳体的缝隙，使凹凸更明显，壳边界更清晰，如图5-72所示。

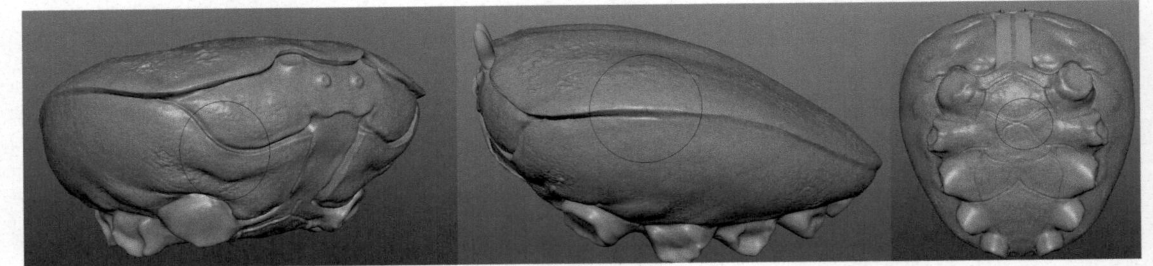

图5-72

使用雕刻工具和刀工具制作眼睛、胸足衔接的结构。使用雕刻工具刷出突出的部位，再使用刀工具强化凸起的边缘，让胸足、触角、眼睛与躯干有呼应关系，如图5-73所示。

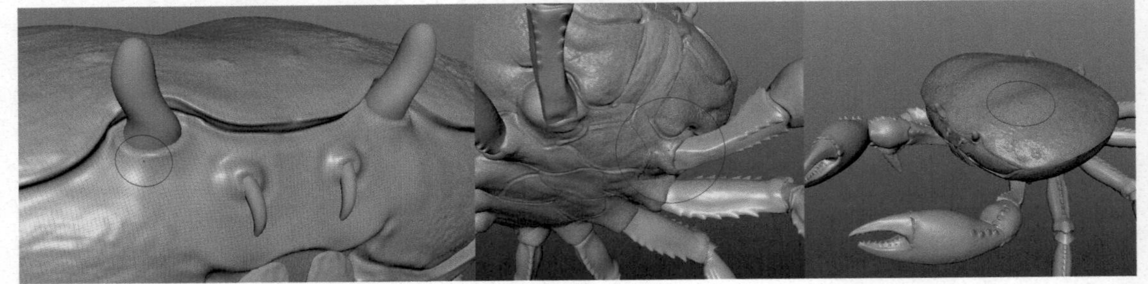

图5-73

螃蟹的壳体表面并不是光滑的，有凹凸的裂纹和不规则的凸起。可以使用压印工具配合图章属性栏中的裂纹纹理选项，制作壳体表面的裂纹，如图5-74所示。

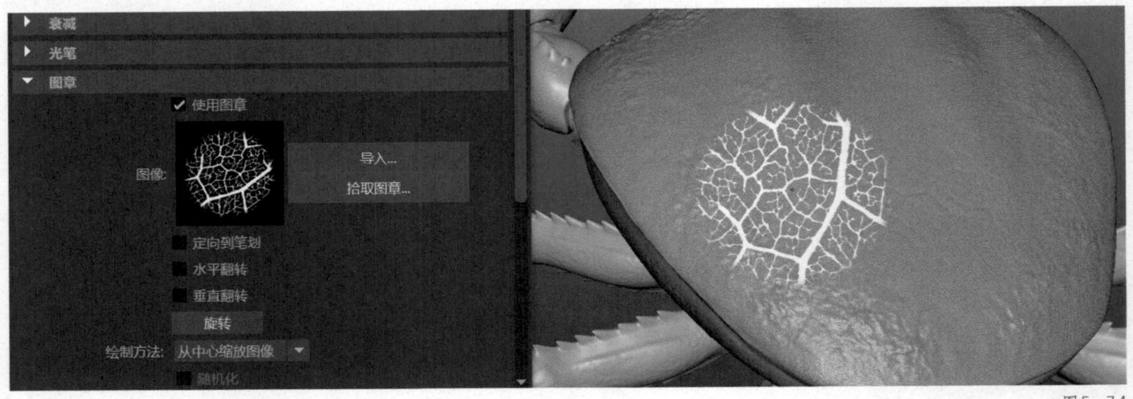

图5-74

使用压印工具配合图章属性栏中的黑白纹理选项，制作背部壳体表面的不规则凸起，如图5-75所示。

使用喷射工具配合图章属性栏中的黑白纹理选项，制作腹部壳体表面的不规则凸起，如图5-76所示。

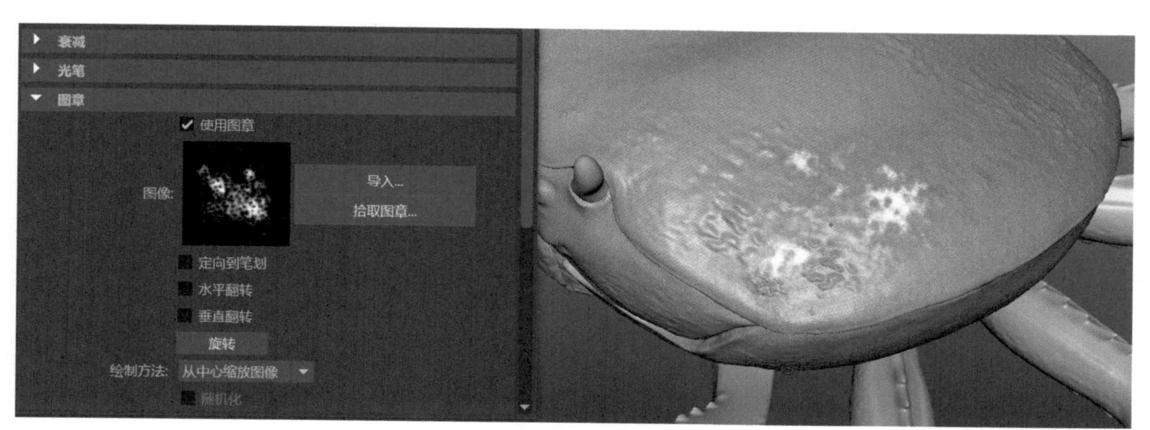

图5-75

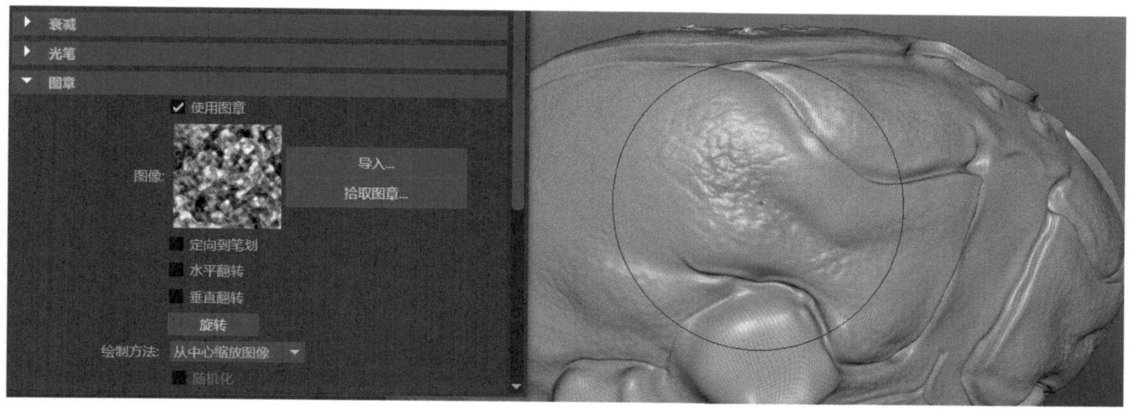

图5-76

至此就完成了螃蟹躯干部位的雕刻，效果如图5-77所示。

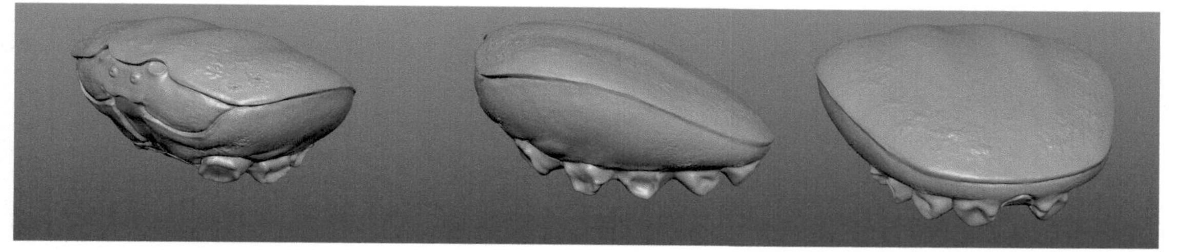

图5-77

知识点 7 蟹钳细节制作

蟹钳表面有大小不一的尖刺结构，可以将笔刷半径缩小，使用抓取工具在蟹钳表面拖曳出尖刺形状，如图5-78所示。

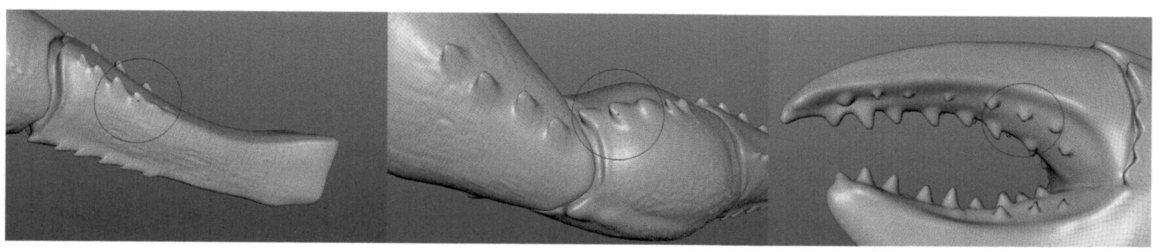

图5-78

使用压印工具配合图章属性栏中的黑白纹理选项，制作蟹钳表面的不规则颗粒状凸起，如图5-79所示。

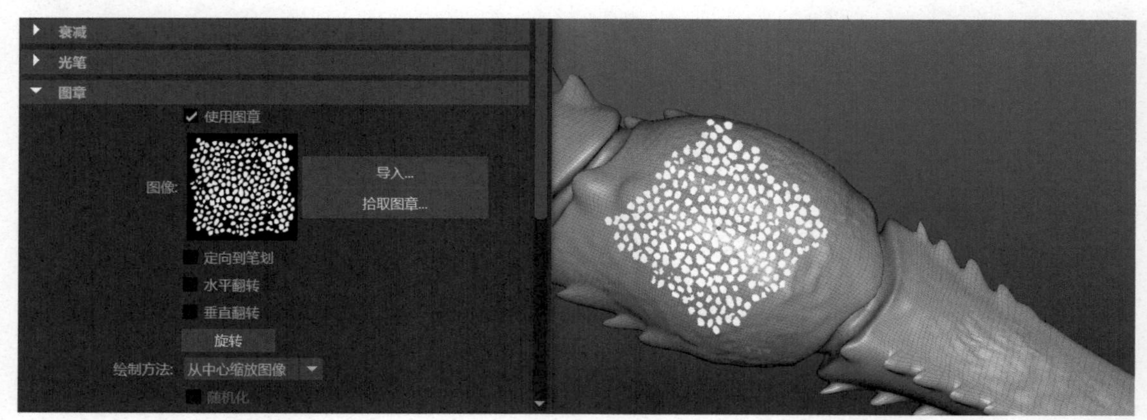

图5-79

使用压印工具配合图章属性栏中的裂纹纹理选项，制作蟹钳表面的裂纹，如图5-80所示。

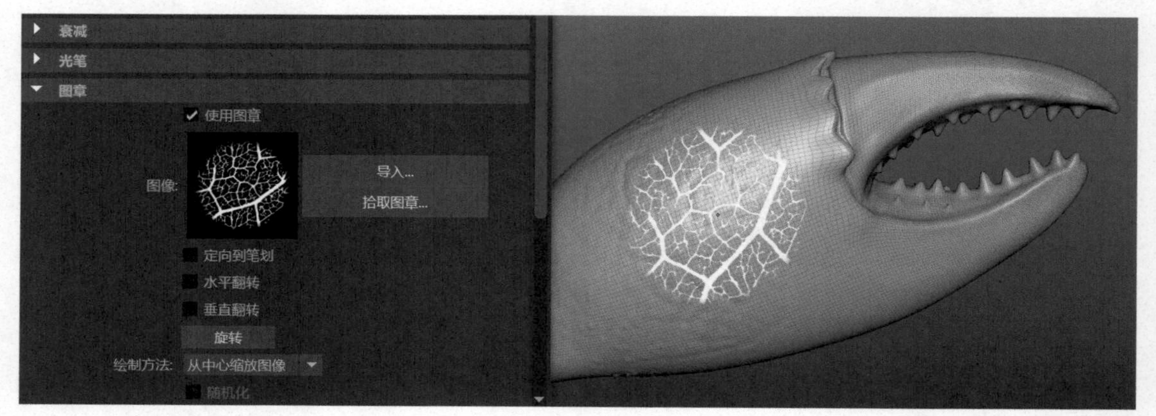

图5-80

蟹钳最终效果如图5-81所示。

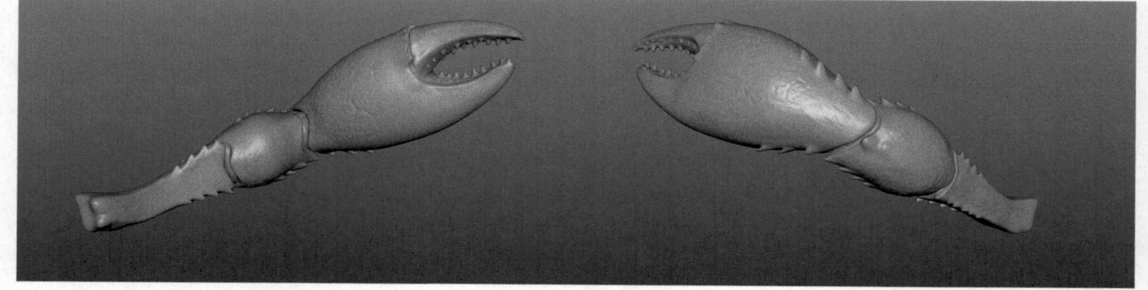

图5-81

知识点 8 胸足细节制作

胸足细节制作与蟹钳一样，使用抓取工具在胸足表面拖曳出尖刺形状，如图5-82所示。

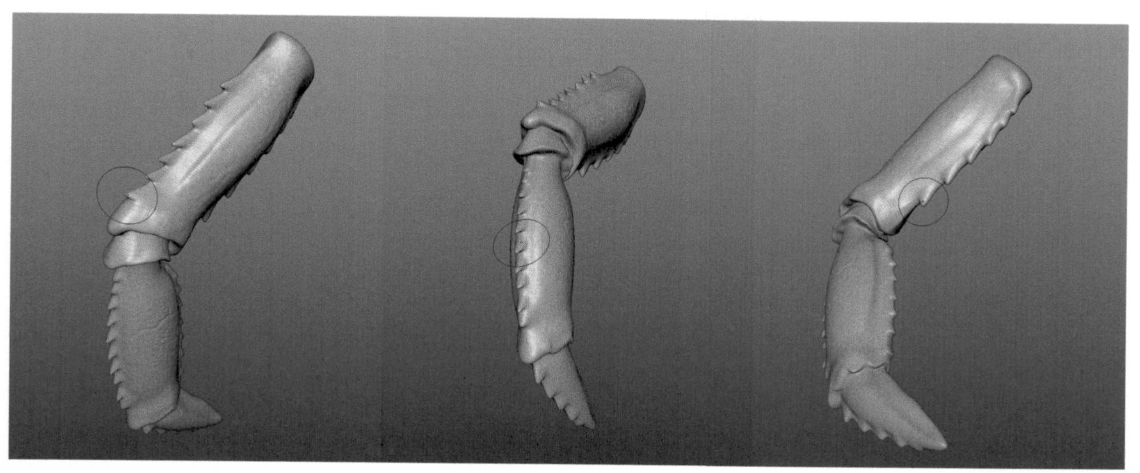

图5-82

使用压印工具配合图章属性栏中的裂纹纹理选项，制作胸足表面的裂纹，如图5-83所示。

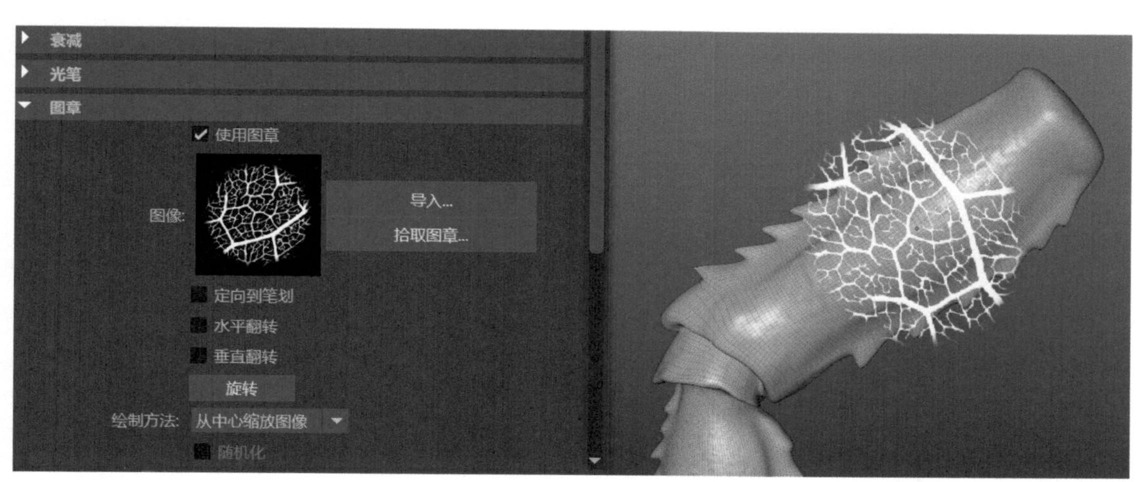

图5-83

将完成好的胸足模型复制8个，摆放到身体下方，效果如图5-84所示。

图5-84

知识点 9 整理模型

由于蟹钳、胸足、触角等结构都是独立的模型，因此在制作完纹理细节后需要按标准连接各部位以满足结构的合理性。使用抓取工具将连接部位遮挡起来，制作出蟹钳是从躯干长出来的效果，如图5-85所示。

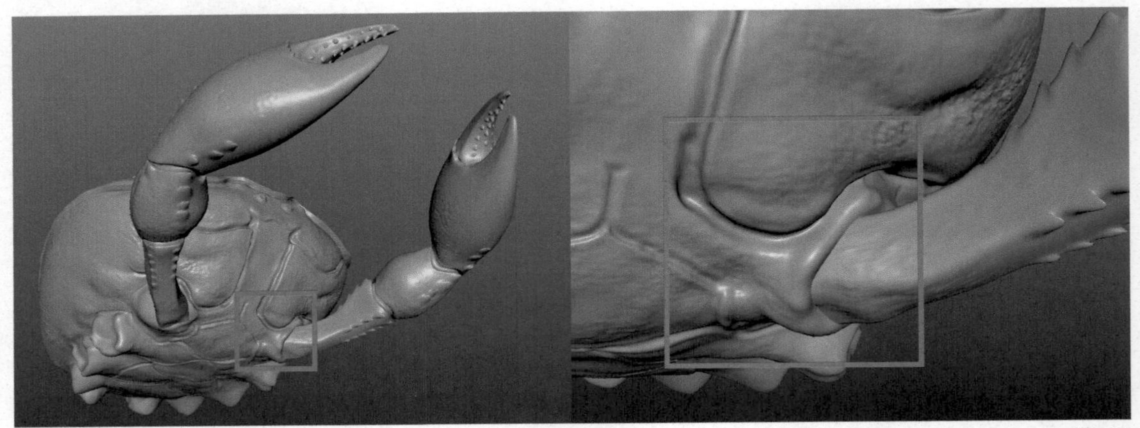

图5-85

胸足与躯干的连接也需要优化，避免胸足与躯干之间有缝隙。使用抓取工具拖曳顶点，制作出胸足是从躯干长出来的效果，如图5-86所示。

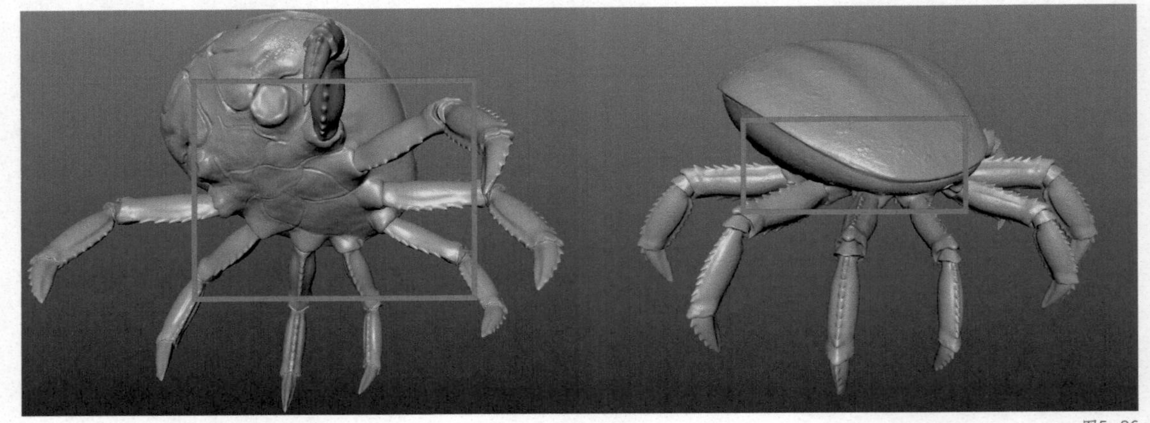

图5-86

眼睛与触角部分同样需要强化连接部位，同时需要细分眼睛与触角的模型，制作出一些细小的凹凸纹理，如图5-87所示。

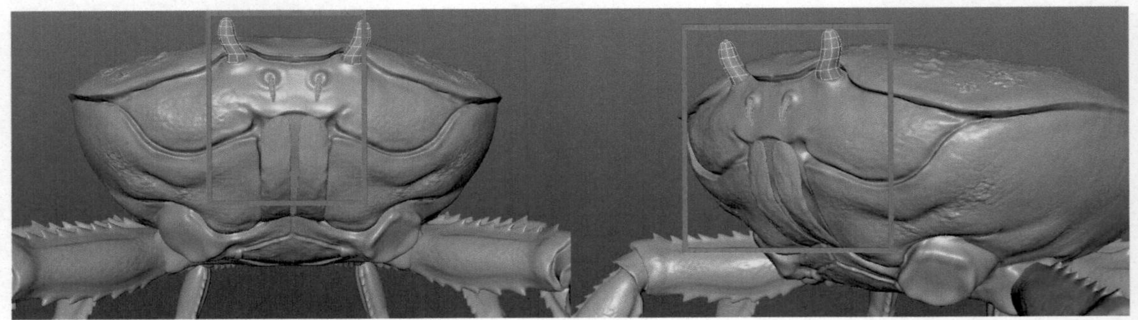

图5-87

最终效果如图5-88所示。

图5-88

本课练习题

选择题

（1）进行模型雕刻前需要满足哪几个要求？（ ）

A. 模型的网格精度要适当提高

B. 要保证多边形布线均匀且为标准循环边或环形边

C. 模型要放置在网格中心

D. 模型必须是NURBS模型

（2）使用哪个工具可以实现顶点之间的距离均匀的效果？（ ）

A. 雕刻工具　　B. 平滑工具

C. 抓取工具　　D. 收缩工具

（3）以下关于雕刻的制作流程描述正确的是（ ）。

A. 网格低精度制作大体形状，中精度制作大块结构，高精度制作细节

B. 网格精度越高越好

C. 网格精度不影响雕刻细节

D. 一个角色不可以分成几个部分制作

（4）在制作铆钉等复杂凹凸的效果时，使用哪种工具制作效率最高？（ ）

A. 雕刻工具　　B. 平滑工具

C. 重复工具　　D. 收缩工具

参考答案

（1）A、B、C；（2）B；（3）A；（4）C。

第 6 课

UV系统

纹理贴图的坐标信息简称为UV，UV定义的是纹理上每个像素的位置信息，这些信息能够决定纹理贴图在三维模型上的位置。模型如果没有UV信息则无法创建贴图，更无法制作质感细腻且真实的材质，为模型创建UV是制作材质贴图前非常重要的一步。

本课将讲解UV的基本原理、UV创建与编辑技巧等知识。通过本课的学习，读者将掌握UV编辑的方法与制作规范，并能完成道具模型UV的制作。

本课知识要点

- UV基本概念
- UV编辑器显示工具组
- UV工具包面板
- UV系统综合案例

第1节 认识UV

本节将讲解UV的基本概念、UV的制作流程、UV的制作标准等知识。

知识点 1 UV 的基本概念

UV会记录三维模型上的点在二维平面上的坐标信息。制作材质时需要给三维模型贴上二维纹理，三维模型有x轴、y轴、z轴3个轴上的坐标信息，二维纹理只有x轴、y轴两个轴上的坐标信息。这就需要将三维模型的点平铺到一个二维平面，根据点在平面上的位置信息确定二维的纹理，如图6-1所示。

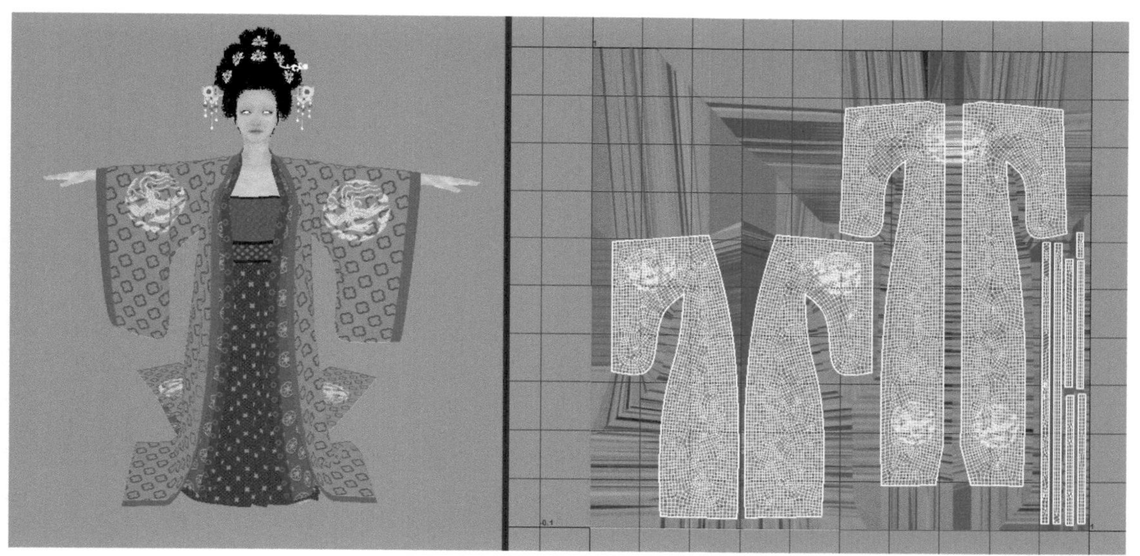

图6-1

在上图中，右图为三维模型在二维平面展平的效果，这个平面效果也就是模型的UV，基于UV就可以绘制平面的纹理图了。把模型展平的过程称为“展UV”。右图编辑和摆放UV的区域称为“UV编辑器”，每一块独立的UV称为“UV壳”。

知识点 2 UV 的制作流程

模型制作完毕后需要有正确的UV才能绘制贴图，但是默认模型的UV往往是重叠拉伸的，使用这种错误的UV无法绘制贴图纹理，如图6-2所示。

根据UV与贴图的基本原理可知，完全铺开展平模型的UV才能正确绘制或者映射二维纹理。将Maya 2020界面右上角的“工作区”按钮设置为“UV编辑”，打开UV编辑器。视图右侧UV工具包面板中提供了功能强大的UV编辑工具，利用这些工具能为模型创建正确的UV，如图6-3所示。

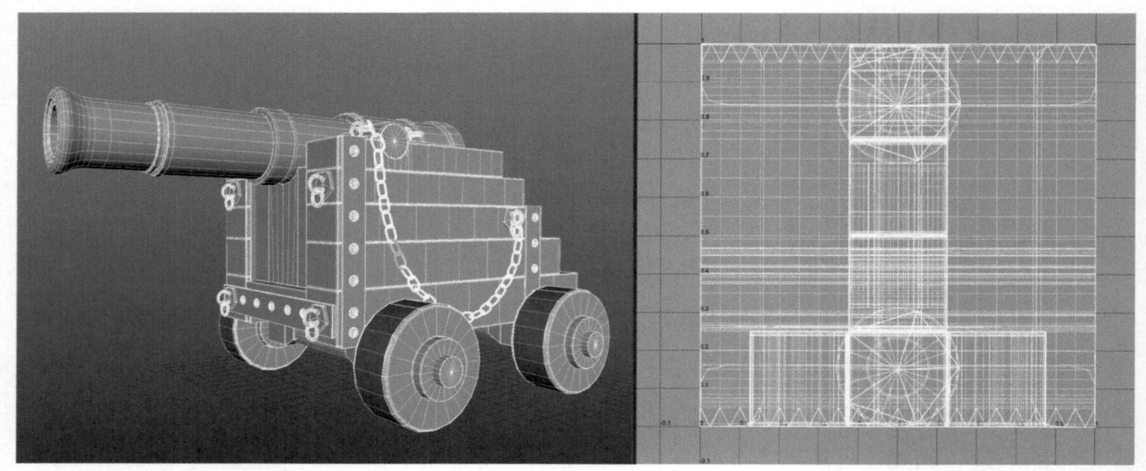

图6-2

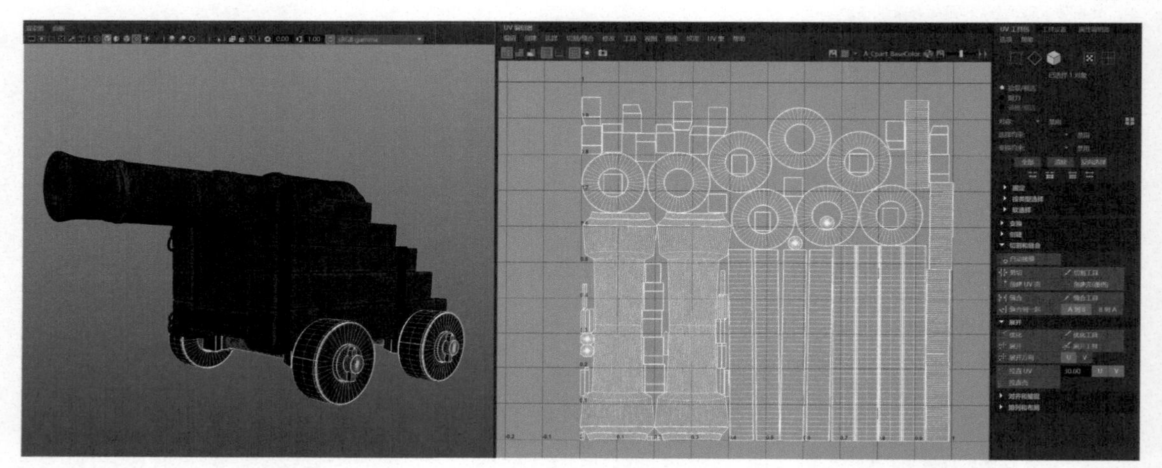

图6-3

在Maya 2020中制作UV的流程如下。

首先打开本小节案例模型文件“modeA.mb”，当前炮架模型的纹理拉伸严重，可见UV是不正确的，如图6-4所示。

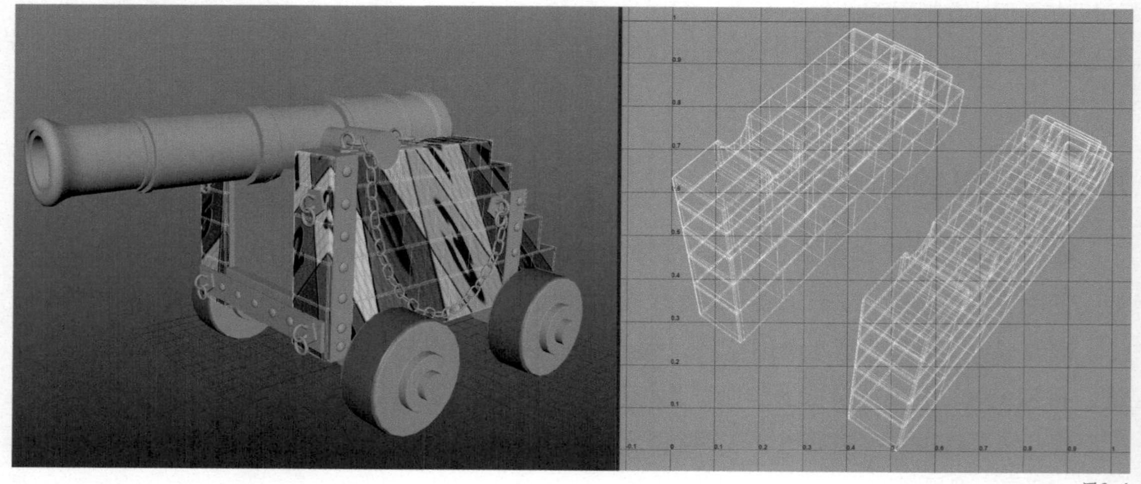

图6-4

选择炮架模型并在UV工具包面板中单击创建属性栏中的“自动”按钮，这时模型UV就完全展开了，并且模型上的纹理无任何拉伸，如图6-5所示。

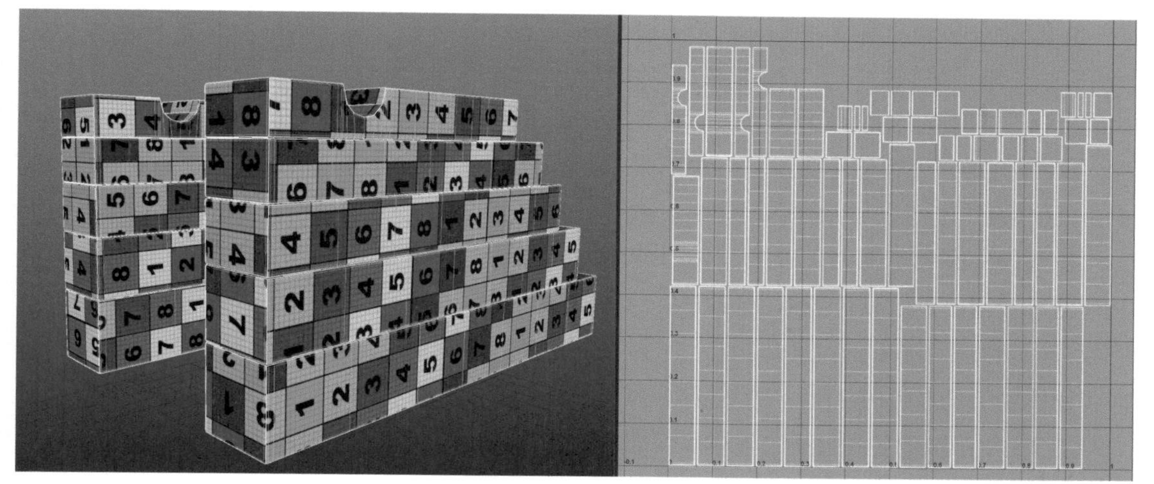

图6-5

以上是一个基础的UV编辑流程，在实际制作中模型的造型各异，UV有不同的制作标准和编辑技巧，在后续课程里将详细介绍。

知识点 3 UV 的制作标准

模型拥有规范的UV信息才能更好地绘制或映射纹理贴图。在展UV时需要遵循以下原则。

（1）UV不能有重叠。

UV重叠时一个纹理会映射到模型的多个面上，不便于绘制贴图，如图6-6所示。

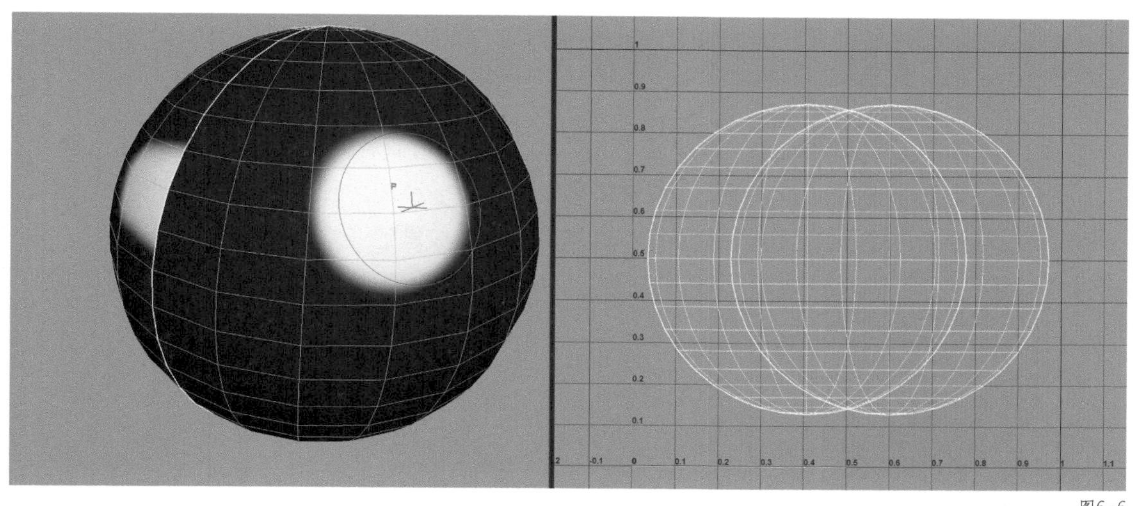

图6-6

上图中圆球模型的UV有局部重叠，在绘制纹理时前面的颜色会同时绘制在其他面上，导致不能准确绘制纹理。在使用Substance Painter等软件绘制贴图时，重叠的UV还不便于烘焙贴图等操作，所以在展UV时要避免重叠。

（2）UV不能有太大拉伸。

在三维空间里，模型点与点之间的距离是固定的，在展UV时为了将模型展平，会导致点与点在平面上的距离与在三维空间之间的距离发生变化，这就是UV的拉伸。UV的拉伸是不可避免的，一定程度的拉伸还可以接受，但严重的拉伸会导致纹理贴图变形，如图6-7所示。

在图6-7中，下面为正确的UV，纹理贴图完整地映射到了模型上，且没有任何拉伸变形；上面则为错误的UV，可以看到纹理贴图在模型上发生了扭曲变形。为了正确地绘制或映射贴图，UV应尽量减少拉伸。

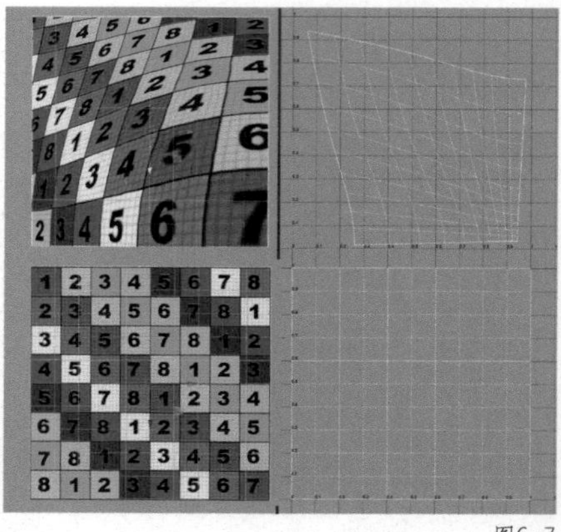
图6-7

（3）UV摆放的位置要保持在UV坐标系的0~1的范围。

Maya 2020在读取纹理贴图时，会将纹理贴图对应在UV坐标系的0~1的范围，模型UV只有在0~1的范围才能获取纹理信息，超出0~1的范围只能重复读取纹理。所以一个模型的UV并不能无限大，需要保持在0~1的范围（多象限UV除外），如图6-8所示。

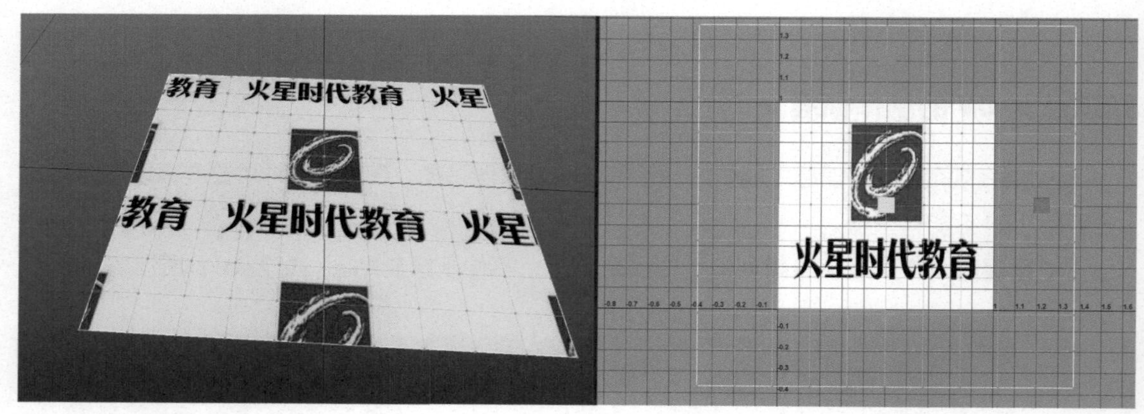

图6-8

（4）UV接缝位置隐蔽。

在编辑UV时，为了让UV展开，需要将完整的面沿一条边切开，这个边就是UV的接缝。UV的接缝需要尽量位于模型隐蔽的位置，这样可以保持纹理的连贯，如图6-9所示。

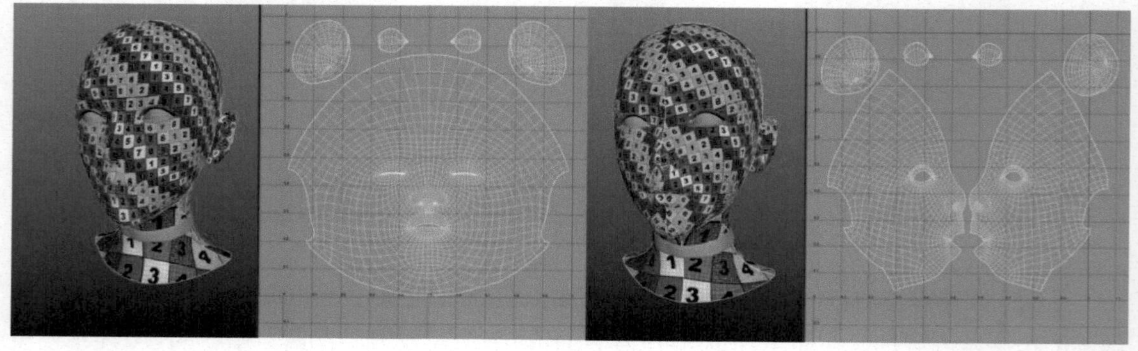
图6-9

在图6-9中，左图的UV接缝比较隐蔽，角色面部的UV为一个整体，可以保证在绘制贴图时纹理的连贯性；右图的UV接缝在角色面部中央，导致纹理显示时中间是断裂的，这种UV的拆分不利于后期的纹理绘制，要尽量避免。

第2节 UV编辑器显示工具组

UV编辑器是创建和编辑UV的面板，所有UV相关的命令都是在UV编辑器里执行的。本节将讲解打开UV编辑器、UV编辑器的显示工具组的相关知识。

知识点 1 打开 UV 编辑器

在菜单栏中执行“UV-UV编辑器”命令，或在界面左上角将“工作区”切换至“UV编辑”，就可以打开UV编辑器，如图6-10所示。

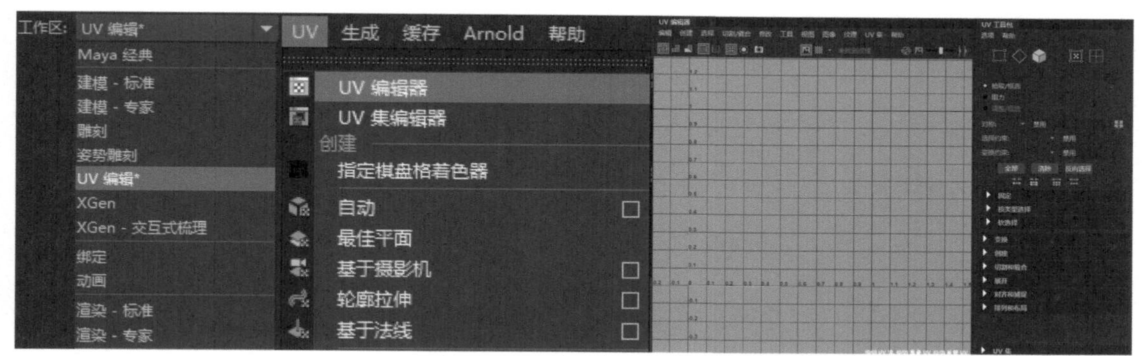

图6-10

UV编辑器的第一栏为菜单栏，菜单栏里包含所有编辑UV的命令。第二栏为显示工具组，右侧的UV工具包面板中则是编辑UV时的常用和重要的工具。中间的网格区域是显示和编辑UV的工作区域，如图6-11所示。

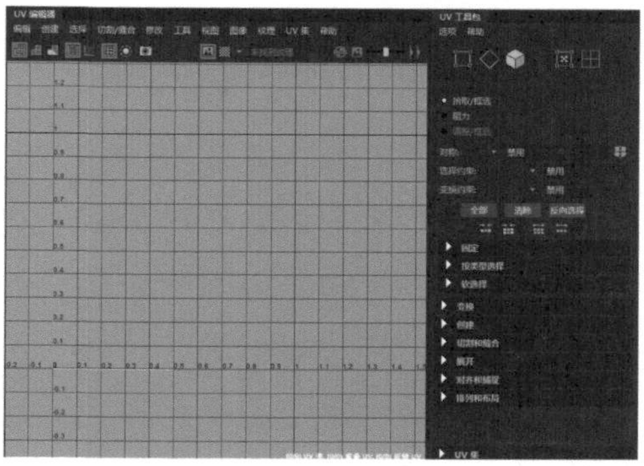

图6-11

知识点 2 UV 编辑器显示工具组详解

UV编辑器的显示工具组如图6-12所示。

图6-12

当模型处于选择状态时，UV工具包面板则会显示当前模型的UV。使用UV显示工具组可以更改UV和背景图像等的显示状态，常用的显示工具及显示效果有以下几种。

- 显示线框工具。默认为开启状态，按住Shift键并单击该按钮，可以在打开的浮动面板里更改UV线框的颜色，如图6-13所示。

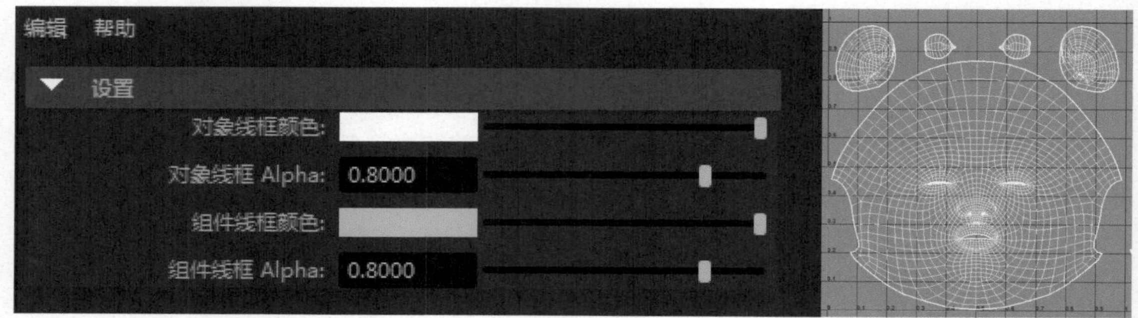

图6-13

- 显示着色工具。开启显示着色工具时，每一块独立的UV壳内部会填充颜色，右击该按钮，每一个UV壳会填充不同的颜色，效果如图6-14所示。
- 显示UV扭曲工具。开启显示UV扭曲工具可以检测当前UV拉伸与压缩的情况，紫色代表UV拉伸，红色代表UV压缩，如图6-15所示。

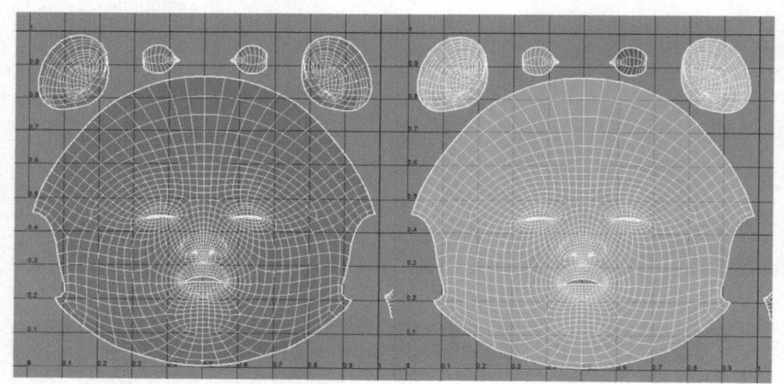
图6-14

图6-15

- 显示纹理边界工具。开启显示纹理边界工具时，UV壳的边界线会高亮显示。按住Shift键并单击该按钮，可以打开该工具的属性面板。在属性面板里可以设置UV壳边界的“颜色”与“边宽度”，如将“颜色”设置为红色，“边宽度”设置为5，效果如图6-16所示。

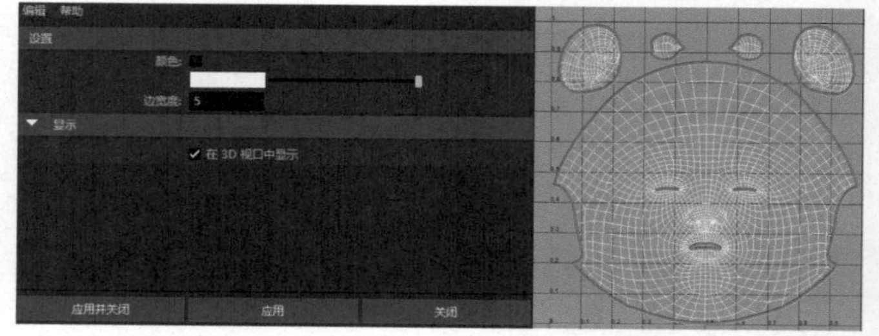

图6-16

- 显示UV壳边界工具。开启显示UV壳边界工具可以将共边的UV边界以同一种颜色显示，如图6-17所示。

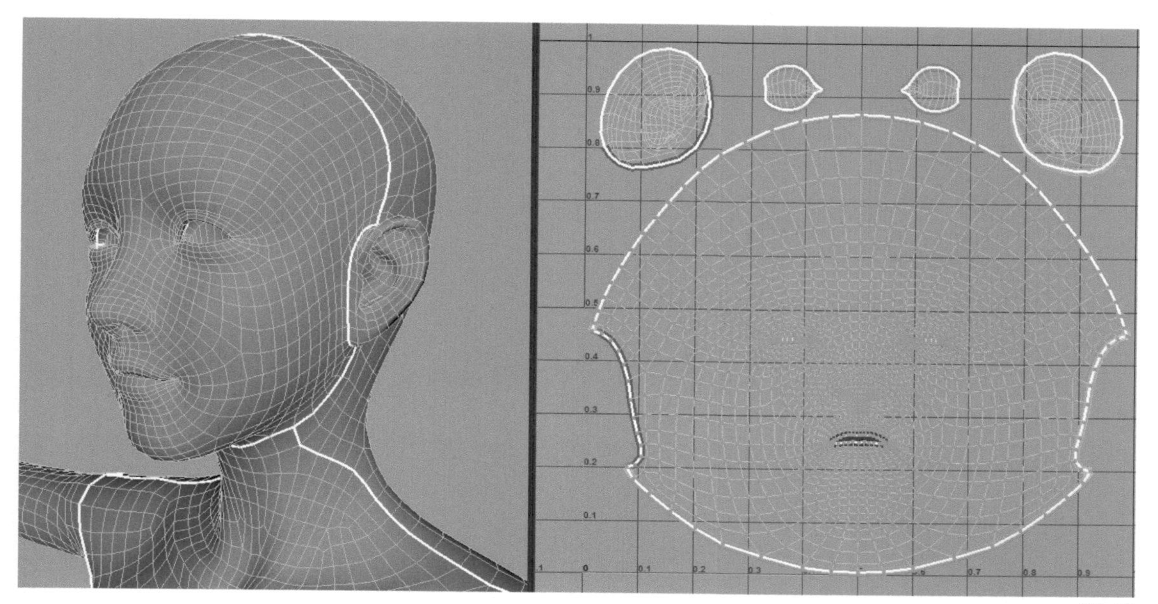

图6-17

- 显示栅格工具。显示栅格工具可以开启与关闭UV编辑器里的网格，开启与关闭的效果如图6-18所示。
- 独立显示工具。在UV模式单独选择一块UV壳，再单击该按钮可以开启独立显示，效果如图6-19所示。

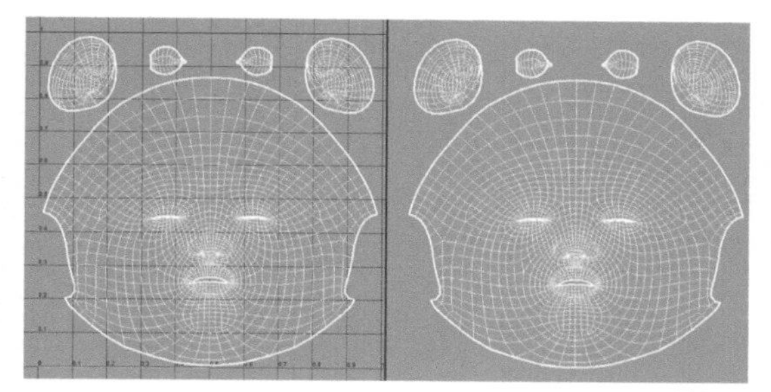

图6-18

图6-19

- UV快照工具。使用UV快照工具可以将当前的UV以纹理贴图的方式导出，导出的文件可以作为绘制二维纹理的参照图，如图6-20所示。
- 显示背景图工具。如果模型的材质上有纹理贴图，该工具可以在UV编辑器里开启或关闭纹理的显示，如图6-21所示。

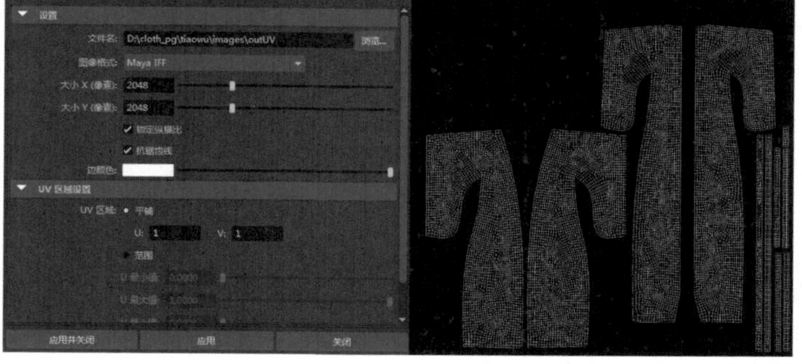

图6-20

- 显示棋盘格纹理。开启该功能时模型和UV编辑器会自动填充棋盘格纹理，效果如图6-22所示。

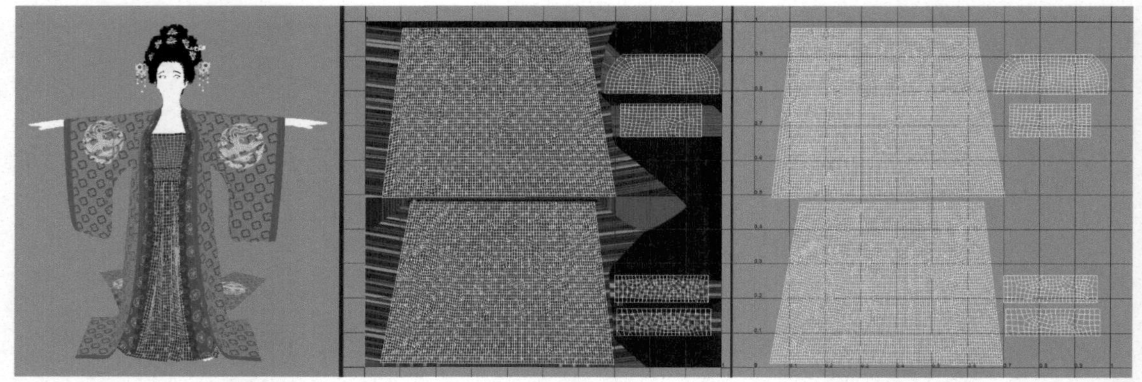

图6-21

图6-22

第3节 UV工具包面板

UV编辑的常用工具集成在UV工具包面板内，本节将讲解UV工具包面板里的常用工具。

知识点 1 选择模式

UV工具包面板的第一栏为选择模式，单击不同的按钮会切换至不同的选择模式，如图6-23所示。

图6-23

5个按钮从左往右依次为点模式、线模式、面模式、UV点模式、UV壳模式，选择不同的模式效果如图6-24所示。

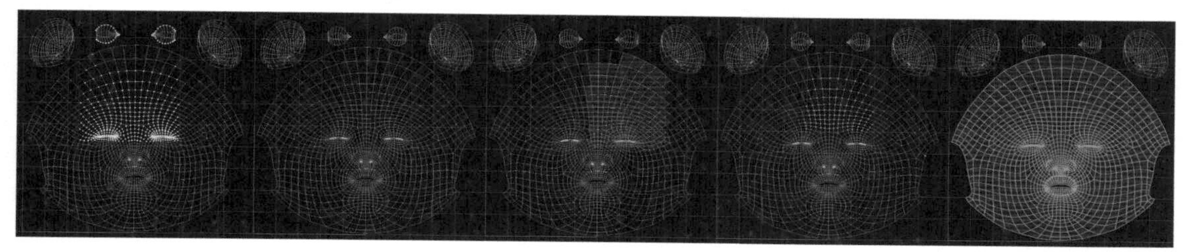

图6-24

在选择元素时，有3种不同的选择模式，分别为“拾取/框选”“阻力”“调整/框选”。在“拾取/框选”模式下可以单击或框选当前元素，在“阻力”模式下将以类似于绘制的模式来选择元素，在“调整/框选”模式下只能单击或按住Shift键并单击来加选元素。

对称功能开启时，可以沿对象或世界坐标系的x轴线、y轴线、z轴线对称选择，如图6-25所示。

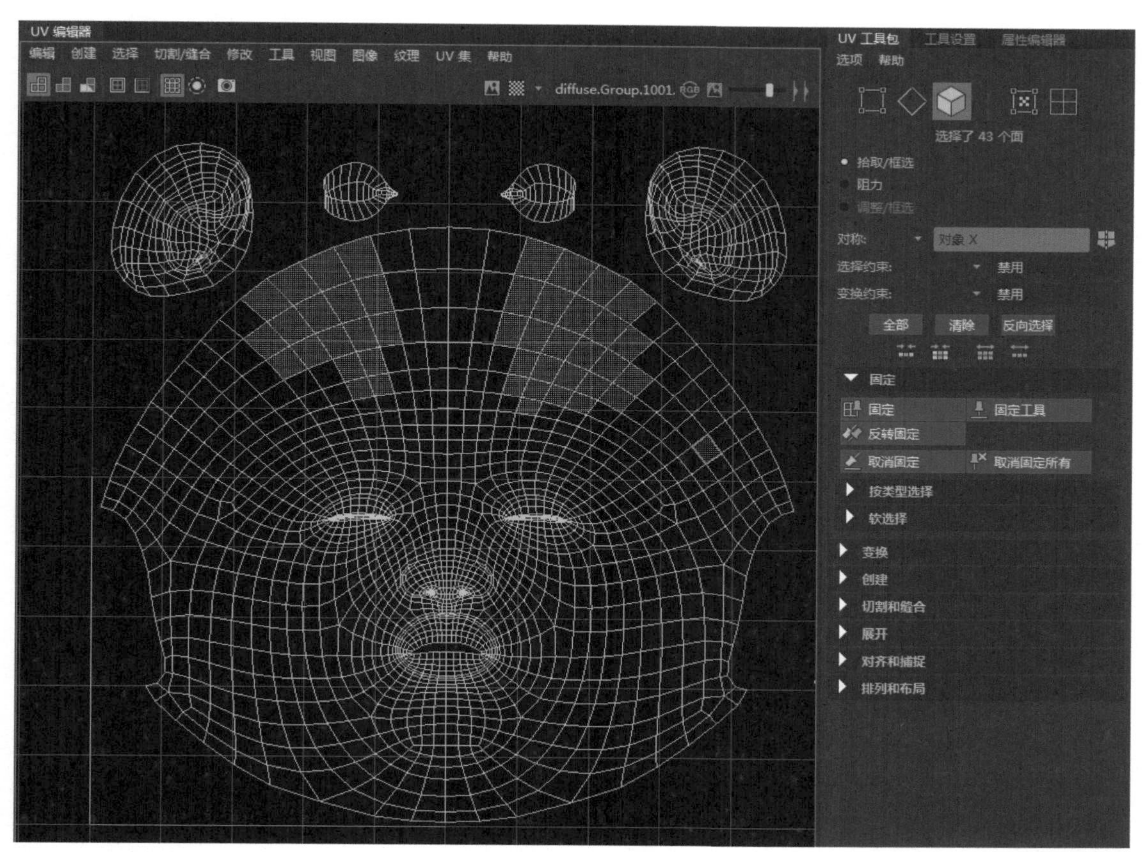

图6-25

“选择约束”用于设置不同的优先模式，如将其设置为“UV循环边”可以自动识别循环的边等。

“变换约束”限定网格边的变换，按住快捷键Shift+Ctrl的同时移动、旋转、缩放UV，可以将UV约束在边界以内。

单击“全部”按钮可以快速选择所有的元素；单击“清除”按钮可以快速取消选择；单击“反向选择”按钮可以选择之前未选择的部分，之前被选择的部分则取消选择，如图6-26所示。

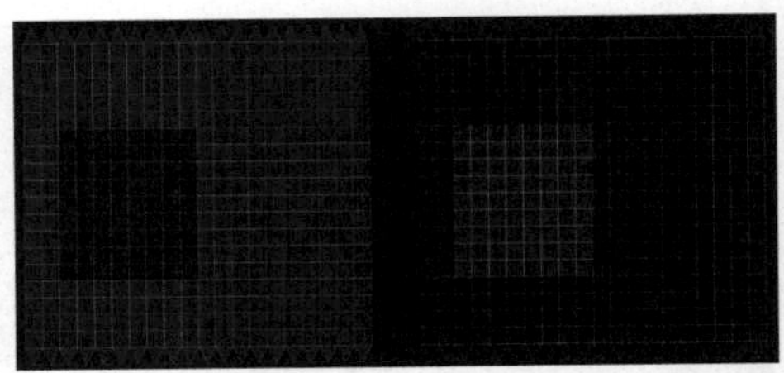
图6-26

使选择区域沿循环边方向收缩，使选择区域向中心收缩。

使选择区域向四周扩张，使选择区域沿循环边方向扩张。

知识点 2 固定属性栏

在编辑UV时可以将局部的UV点固定，以便于更灵活地进行编辑。固定属性栏内主要是关于固定的工具，如图6-27所示。

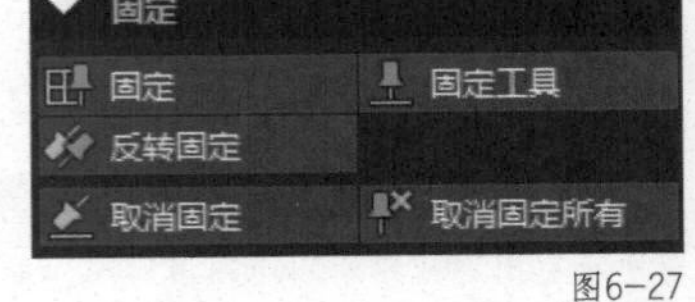

图6-27

选择UV点，在固定属性栏中选择固定工具，这部分UV点就被锁定，并且颜色呈蓝色，如图6-28所示。

使用固定工具可以用笔刷涂抹需要锁定的UV点，将它们固定，如图6-29所示。

使用反转固定工具可以反转当前锁定区域，效果如图6-30所示。

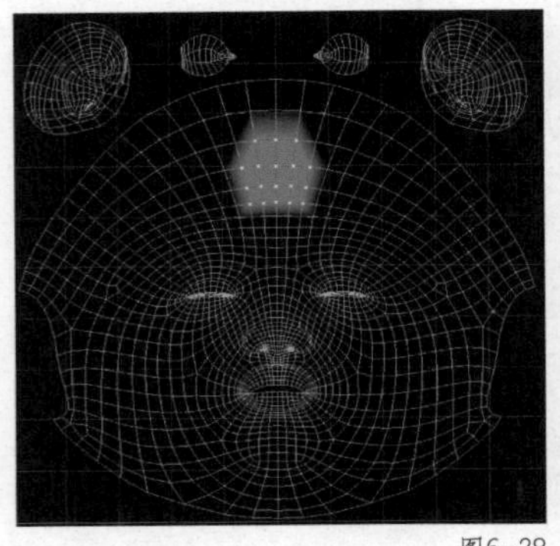
图6-28

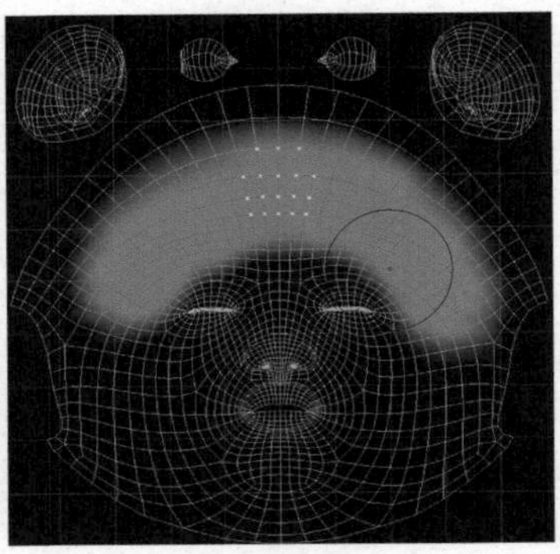
图6-29

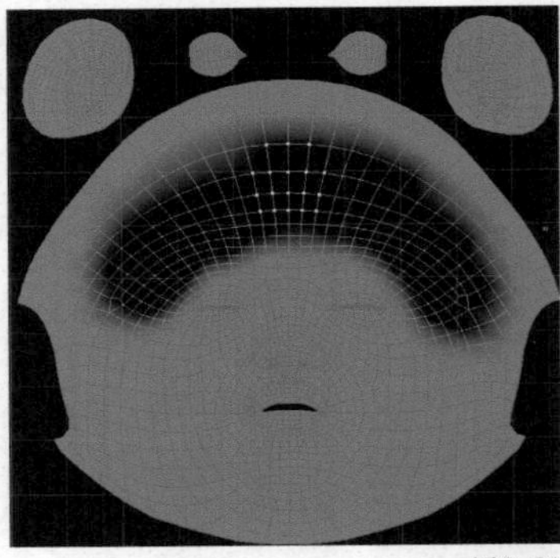
图6-30

使用取消固定工具可以将选择的UV点取消锁定。选择模型上已固定的部分UV点，选择“取消固定”工具，可以看到选择的UV点取消了蓝色固定状态，效果如图6-31所示。

使用取消所有固定工具可以将所有的锁定全部取消，效果如图6-32所示。

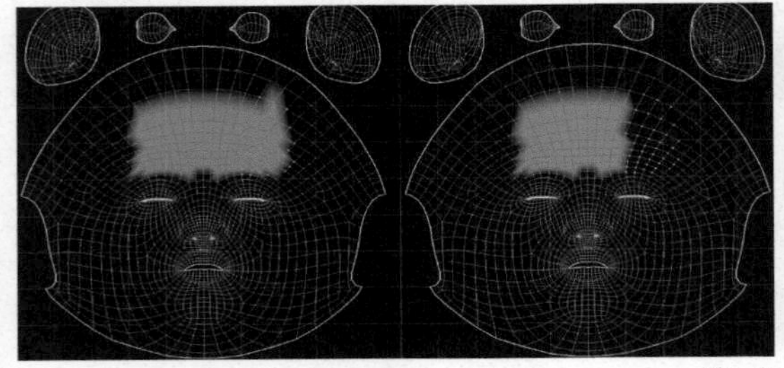
图6-31

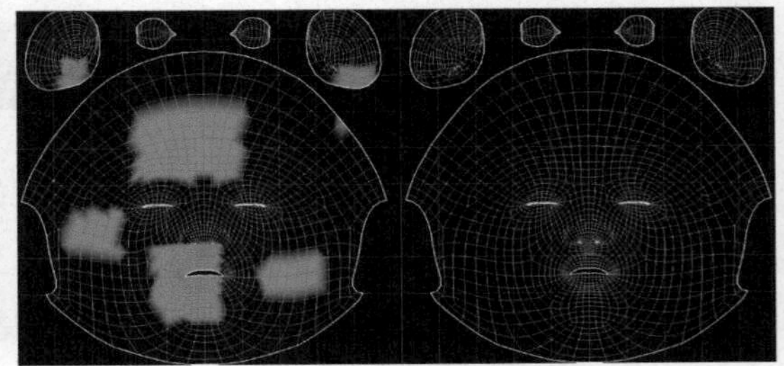
图6-32

知识点 3 按类型选择属性栏

在编辑UV时，如果模型和UV的结构比较复杂，按类型选择属性栏中的工具提供了便捷的选择方式，如图6-33所示。

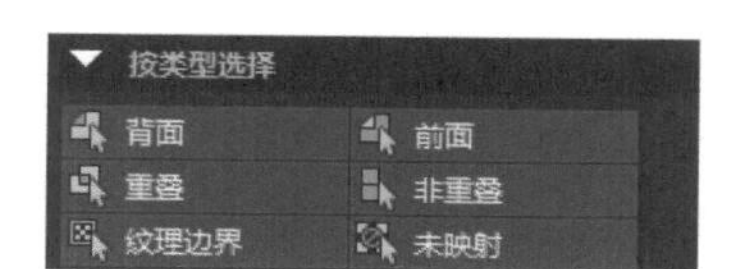

图6-33

使用背面工具可以快速选择与法线相反的面上的UV，如图6-34所示。

使用前面工具可以快速选择法线正面上的UV，过滤掉与法线相反的面上的UV，如图6-35所示。

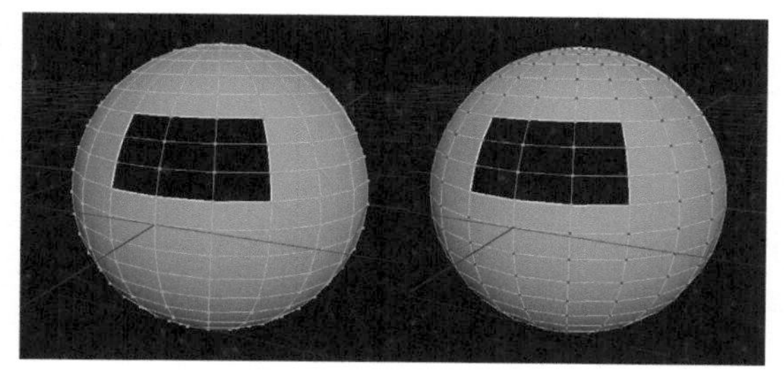
图6-34

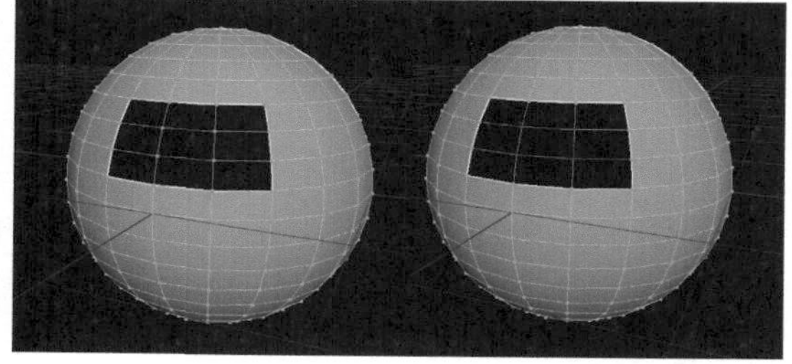
图6-35

使用重叠工具可以快速选择叠加在一起的UV点。例如相同的两个球体模型，左边的球体的UV由两个UV壳重叠在一起构成，右边的UV则是由两个独立的UV壳构成，选择所有的UV点，使用重叠工具，重叠部分的UV就自动被选择了，如图6-36所示。

使用非重叠工具可以快速选择未叠加在一起的UV点，如图6-37所示。

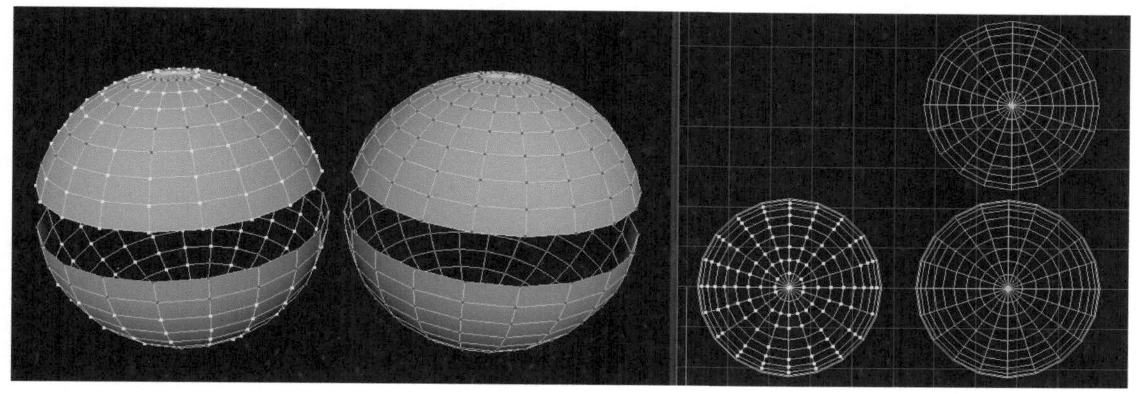
图6-36

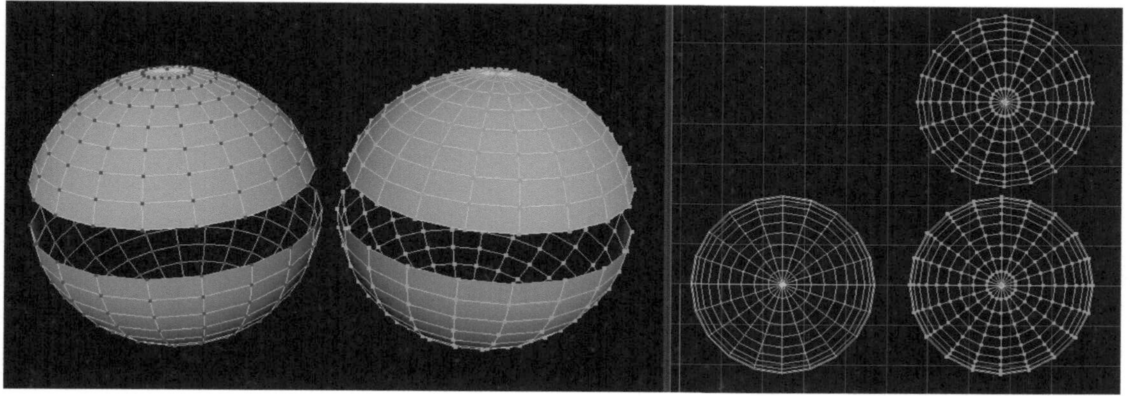
图6-37

使用纹理边界工具可以快速选择UV壳边界的UV点，如图6-38所示。

使用未映射工具可以快速选择没有创建UV的面。

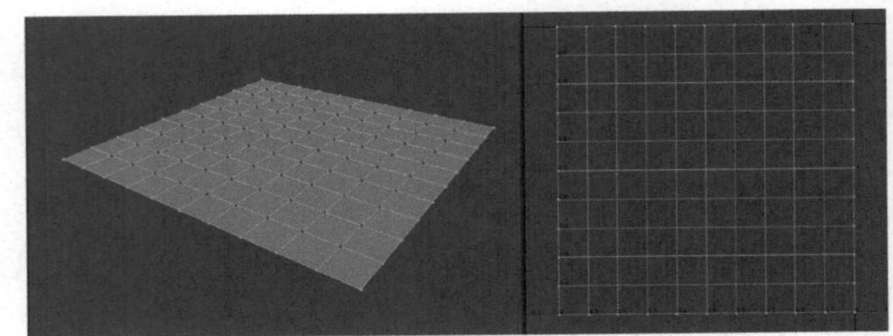

图6-38

知识点 4 软选择属性栏

使用软选择属性栏中的工具可以在编辑UV时，以选择的UV点为中心，以一定的半径画出圆形来控制更多的UV点，离中心点越远控制强度越弱。勾选“软选择”或按B键可以开启软选择，设置“体积”属性，或按住B键并配合鼠标左键可以调节软选择区域的大小，曲线可以设置中心到边缘衰减的强度，如图6-39所示。

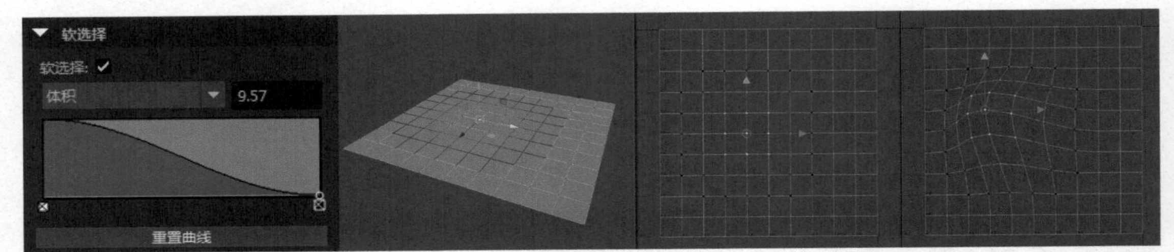

图6-39

知识点 5 变换属性栏

变换属性栏中的属性控制当前UV的轴中心、位移、旋转、缩放、适配UV等功能，如图6-40所示。

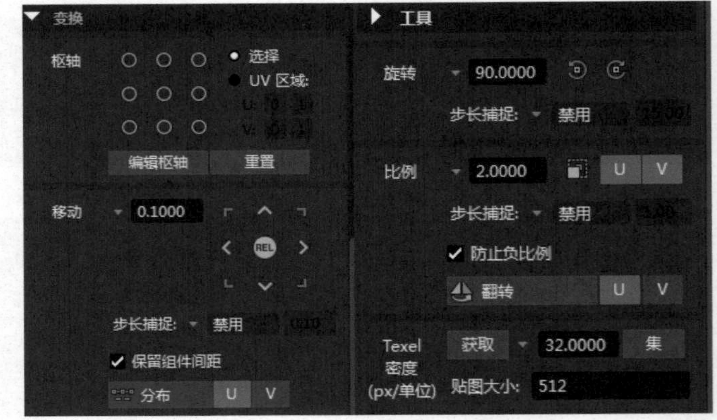

图6-40

- “枢轴”属性控制UV的轴中心的位置，9个圆圈代表轴中心在UV空间0~1范围的位置。
- “移动”属性控制UV移动的单位和方向。
- “旋转”属性控制当前UV旋转的角度与旋转的方向。
- “比例”属性控制当前UV缩放的比例与反转方向。
- “获取”属性可以获取当前UV的纹理密度。
- “集”属性可以指定当前UV的纹理密度。

知识点 6 创建属性栏

模型的结构形态万千，为了适应复杂结构UV的制作，创建属性栏中提供了丰富的展UV的工具，如图6-41所示。

图6-41

使用自动工具可以沿前、后、左、右、上、下6个方向投影来创建UV纹理坐标，适合于立方体结构的模型，如图6-42所示。

使用基于法线工具可以根据面的法线方向投影来创建UV纹理坐标。如模型中间部位为倾斜的面，该面对应的UV会有明显拉伸，对中间倾斜部位的面使用基于法线工具，该面的UV就完全展开了，如图6-43所示。

使用圆柱形工具可以为柱状模型投影来创建UV纹理坐标，如图6-44所示。当前模型为圆柱状，选择模型，使用圆柱形工具创建UV纹理坐标。在属性编辑器里，“投影水平扫描”控制圆柱的范围，“投影高度”控制圆柱投影的长度，“旋转角度”可以控制投影工具匹配模型的角度，效果如图6-45所示。

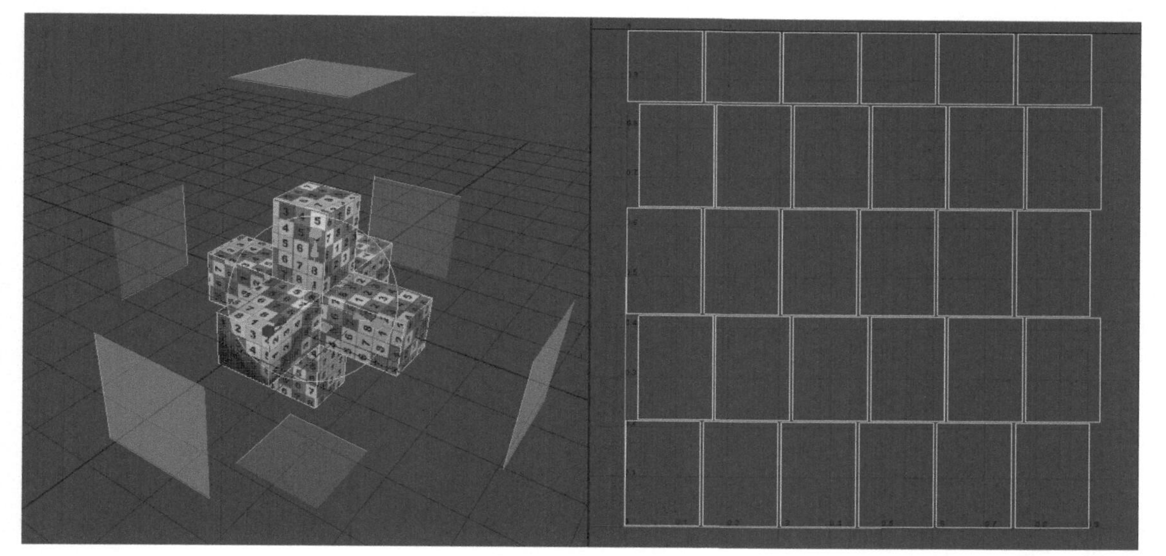

图6-42

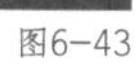

图6-43

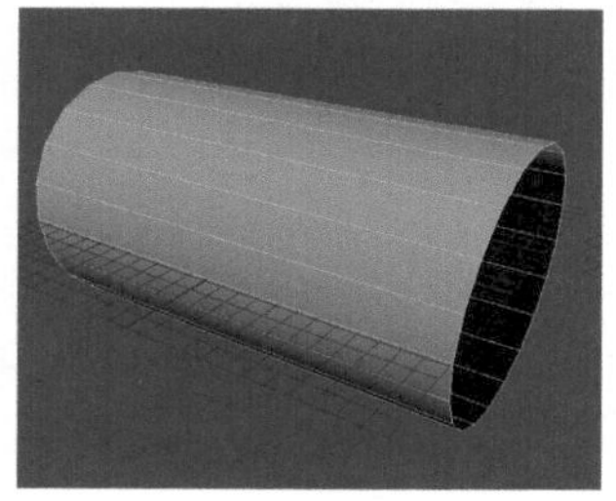

图6-44

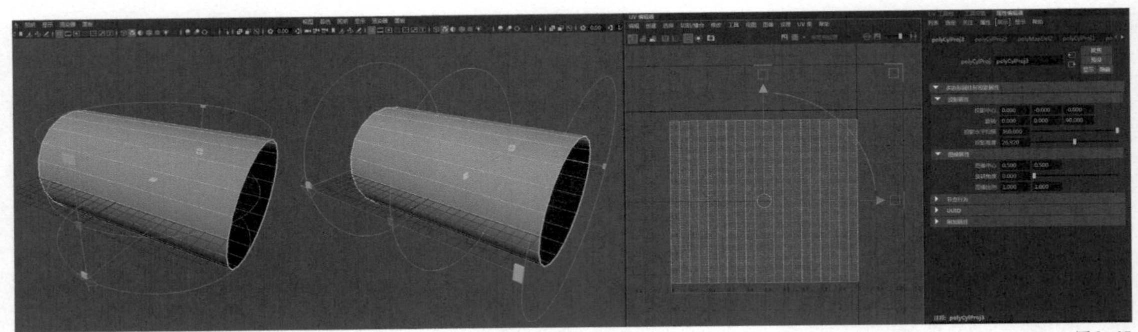

图6-45

使用平面工具可以垂直于x轴、y轴、z轴进行投影，单击为默认设置，单击鼠标中键为基于y轴进行投影，右击为基于z轴进行投影，按Shift键可以打开其属性栏进行设置，如图6-46所示。

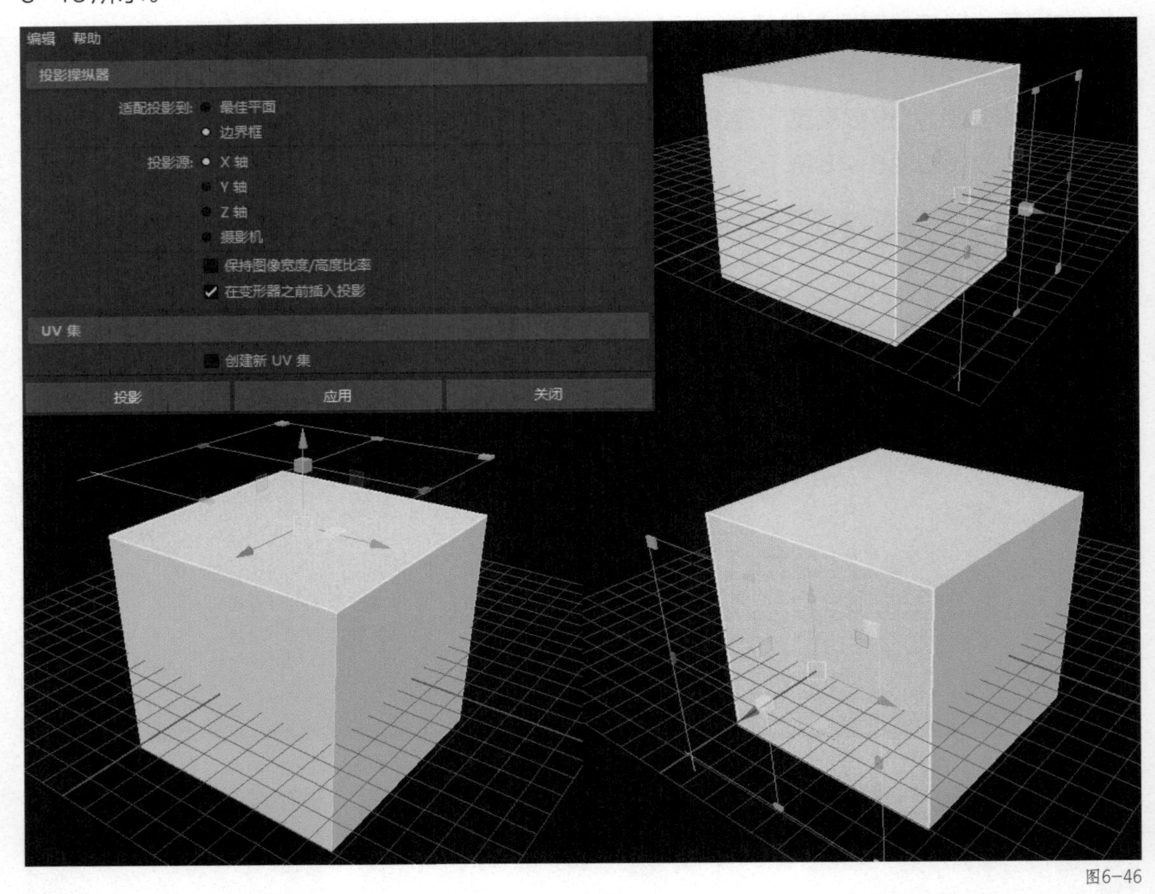

图6-46

使用球形工具可以为球体模型创建UV纹理坐标。例如当前模型为球体模型，选择模型，使用球形工具创建UV纹理坐标，在属性编辑器里，“水平扫描”和“垂直扫描”控制投影球面的范围，如图6-47所示。

使用最佳平面工具可以选定的面、顶点、CV点的平面投影来创建UV纹理坐标。对需要展UV的面使用最佳平面工具，选择某一个面、点或CV点，按Enter键，效果如图6-48所示。

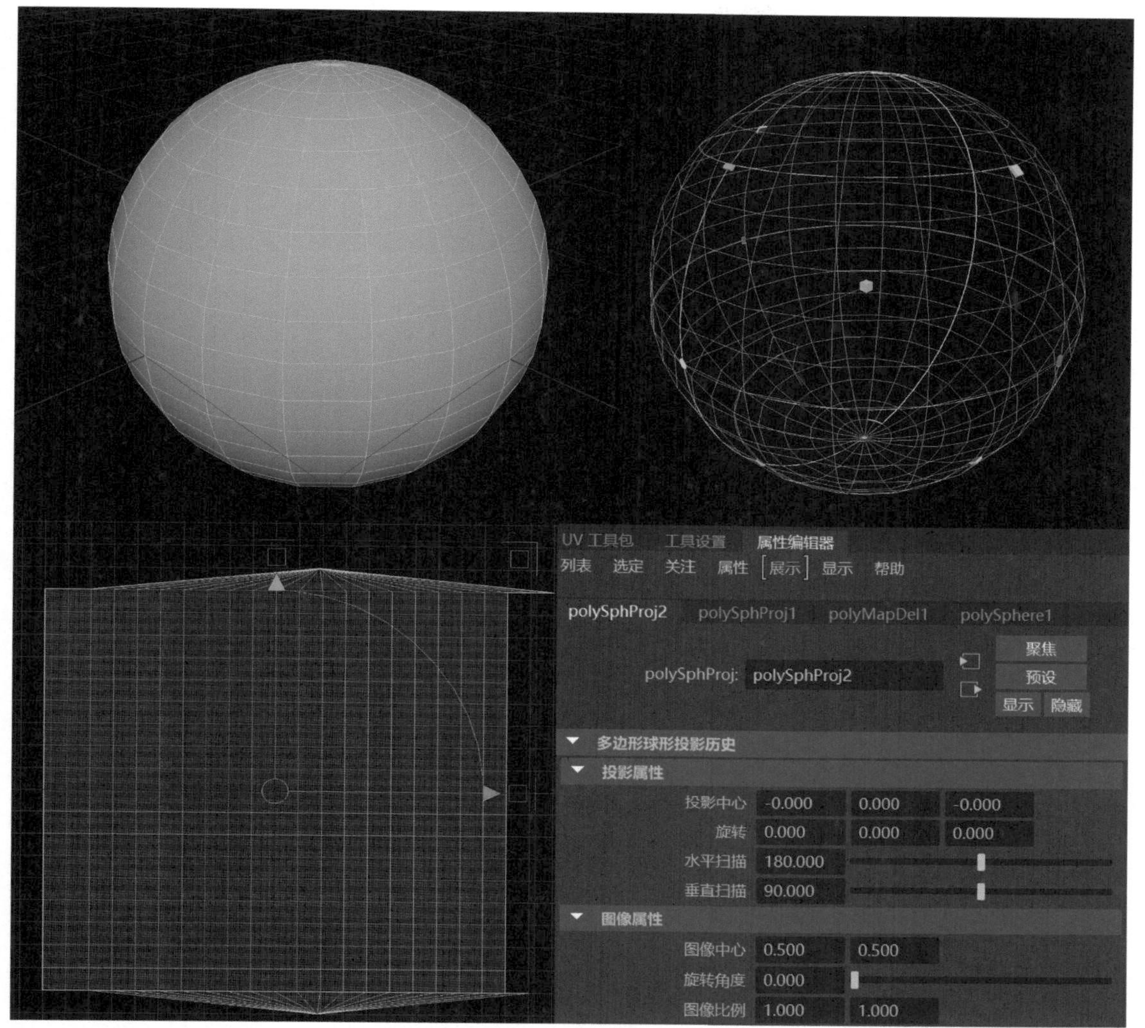

图6-47

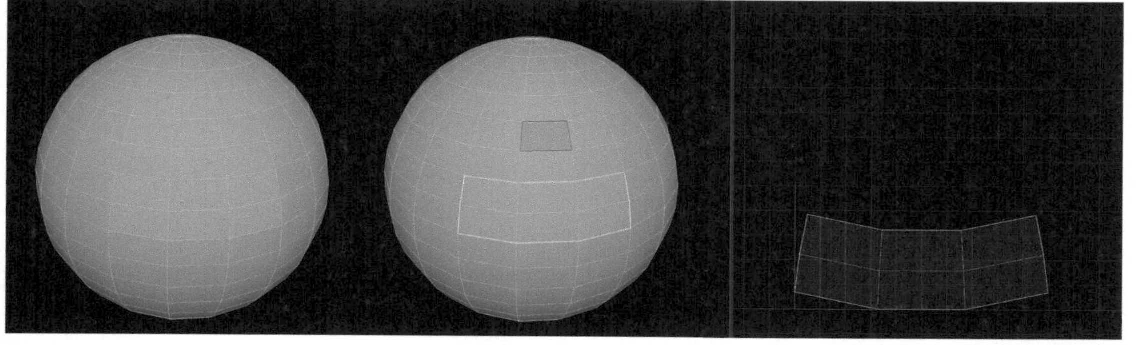

图6-48

使用基于摄影机工具可以使用当前摄影机视图作为投影平面创建UV纹理坐标，效果如图6-49所示。当前球体模型的UV以左上角的摄影机视图作为投影，得到的效果如图6-49中的右图。

使用轮廓拉伸工具可以当前模型边界为UV轮廓来创建纹理坐标，效果如图6-50所示。当前模型为半球，使用轮廓拉伸工具后，球体边界拉直作为UV轮廓。

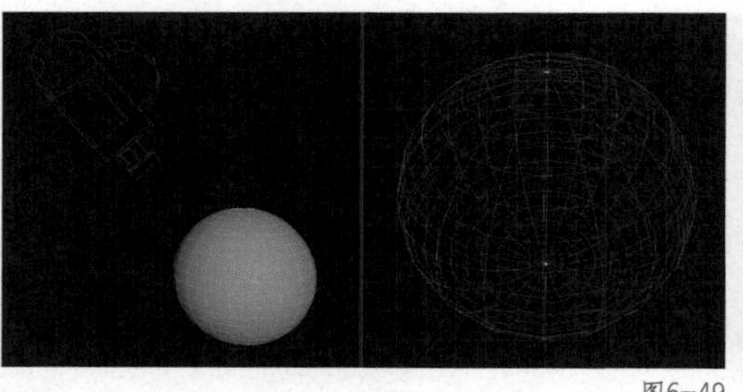
图6-49

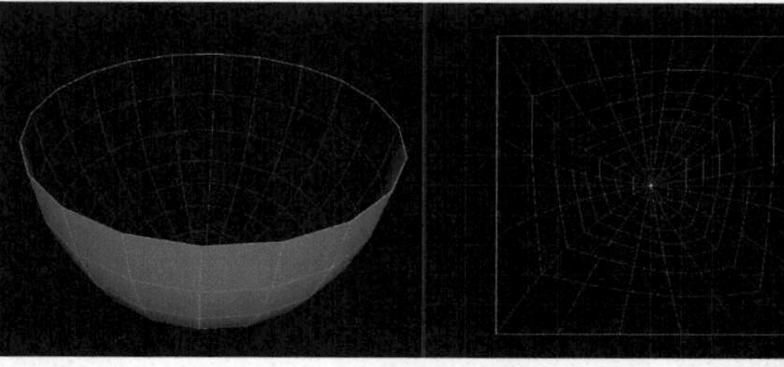
图6-50

知识点 7 切割和缝合属性栏

切割和缝合属性栏中的工具的主要功能是设置每一个UV壳的边界，该属性栏中的工具在创建UV时使用频率较高，也是创建UV时需要重点掌握的知识。切割和缝合属性栏如图6-51所示。

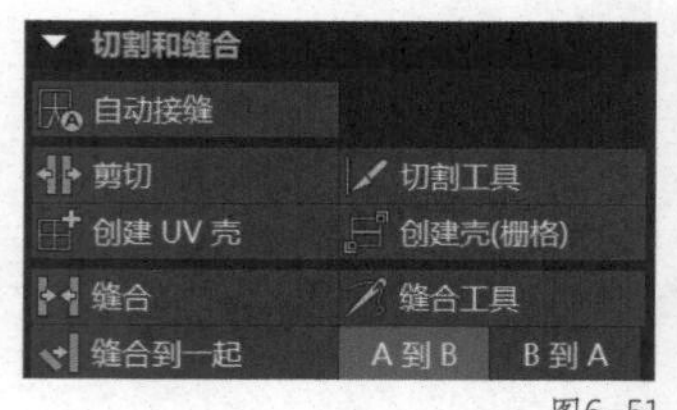

图6-51

使用自动接缝工具可将选择的元素（面、UV壳、UV点）自动创建接缝。

使用剪切工具可分离当前UV并创建边界，如图6-52所示。

使用切割工具时，鼠标指针会变成圆圈状，此时在模型的边上拖曳鼠标指针可以将当前的UV拆开，如图6-53所示。

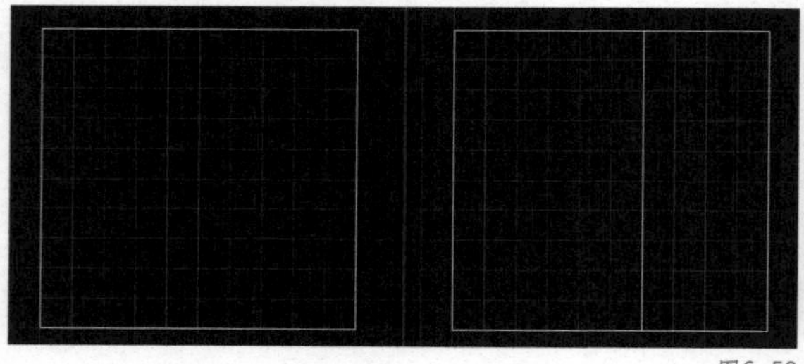
图6-52

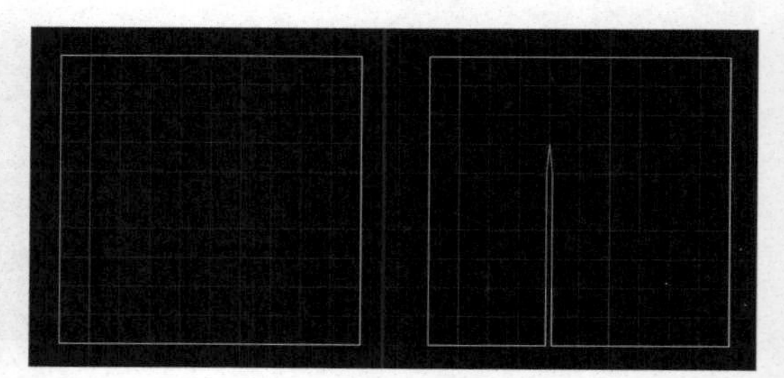
图6-53

使用创建UV壳工具可将当前选择的面或边裁切为UV边界，如图6-54所示。

使用创建壳（栅格）工具可以将选择的UV壳的边界平铺在UV左边0~1的范围。

使用缝合工具可以将拆分的UV合并在一起，如图6-55所示。使用缝合工具时，鼠标指针会变成圆圈状，此时在需要缝合的边上面拖曳鼠标指针，对应的UV就会自动焊接在一起，如图6-56所示。

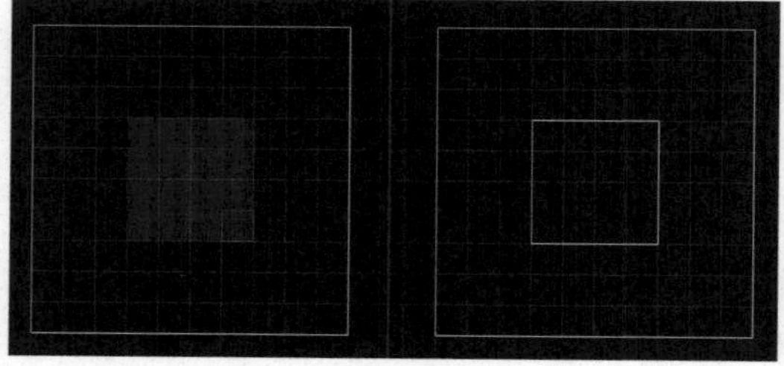
图6-54

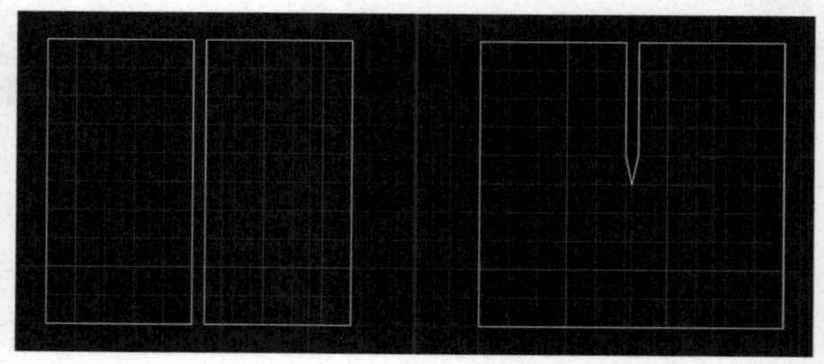
图6-55

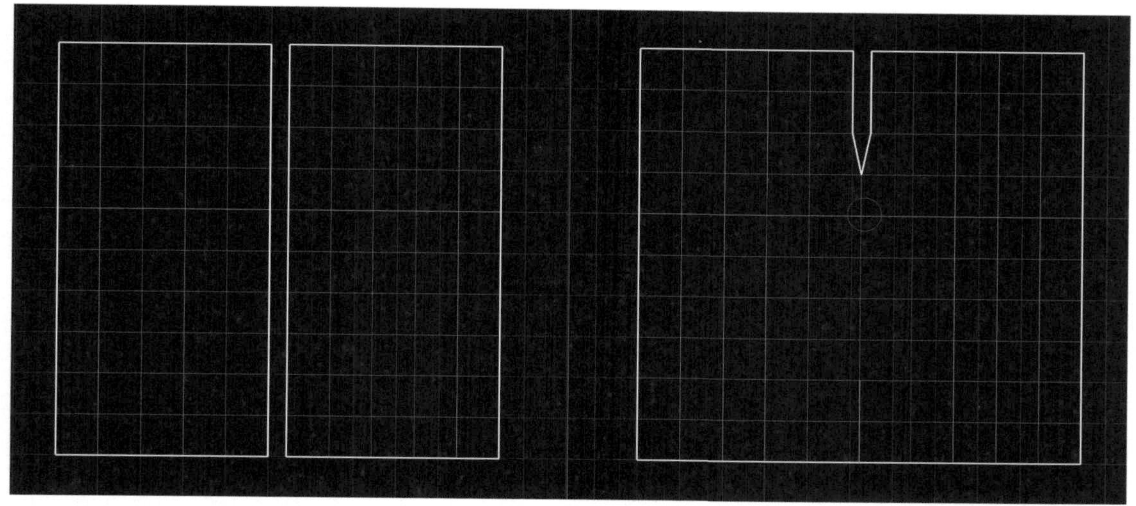

图6-56

使用缝合到一起工具可将共享边的UV自动匹配并焊接到一起，如图6-57所示。“A到B”和“B到A”按钮用于确定在焊接时，是将A的UV对齐B的UV，还是将B的UV对齐A的UV。

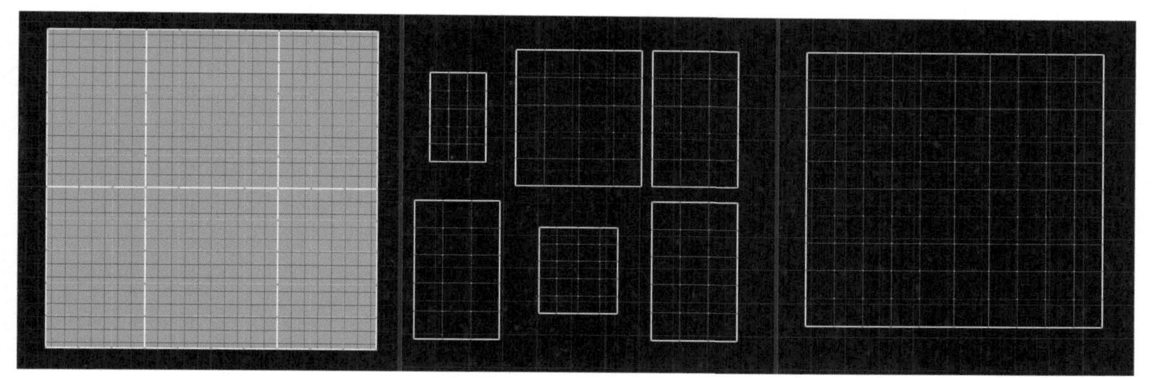

图6-57

知识点 8 展开属性栏

使用创建属性栏、切割和缝合属性栏中的工具创建出基本的UV后，还需要进一步优化UV。展开属性栏中的工具主要负责将拉伸严重或压缩严重的UV进行优化，如图6-58所示。

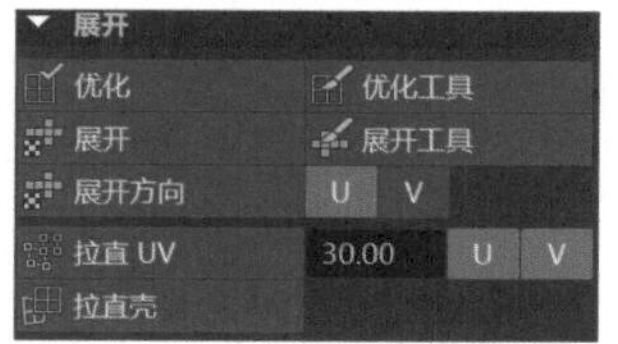

图6-58

使用优化工具，在模型UV有拉伸与重叠时，可以更合理地分配UV的纹理坐标。如当模型的UV有明显压缩时，选择模型使用优化工具，可以看到UV的分配更加均匀和合理，如图6-59所示。

使用优化工具时，鼠标指针会变成圆圈状，按住B+鼠标左键并拖曳鼠标指针可以控制圆圈半径的大小。在需要优化的UV点上拖曳鼠标指针，这部分的UV点会进一步优化，如图6-60所示。

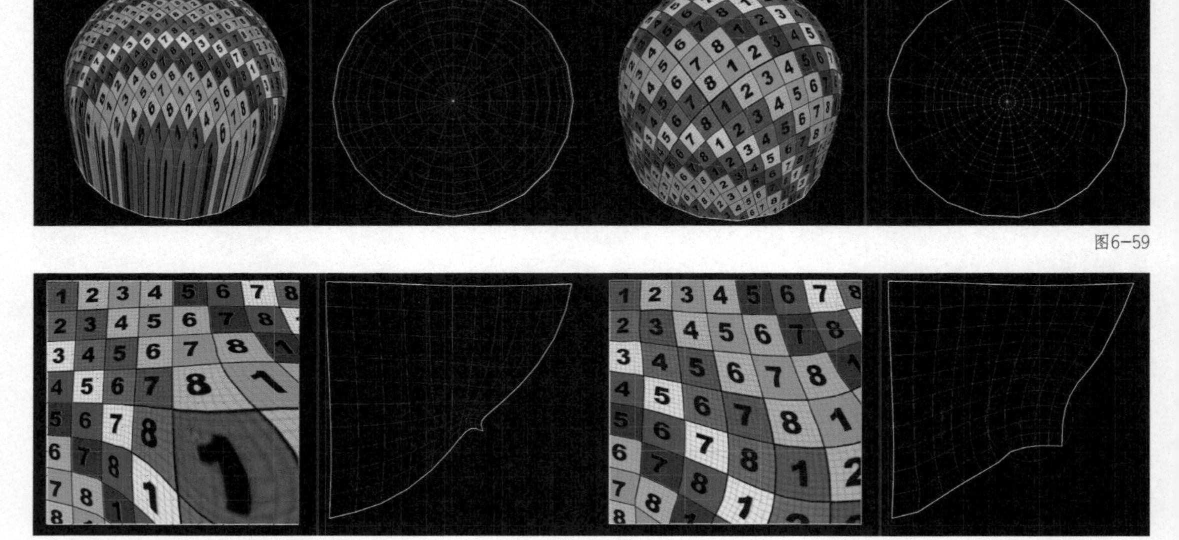

图6-59

图6-60

使用展开工具可以将“切割”后的模型的UV完全铺开，是制作UV时最常用的工具之一。首先选择模型的边设置UV边界，再选择模型使用展开工具，这时模型的UV就完全展开了，如图6-61所示。

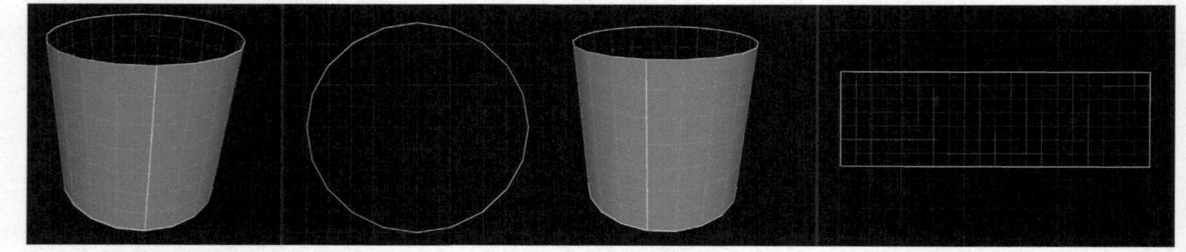

图6-61

展开工具与优化工具的使用方法一样，将鼠标指针切换至圆圈状，在需要展开的UV点进行拖曳，可以进一步将压缩的点UV展开，如图6-62所示。

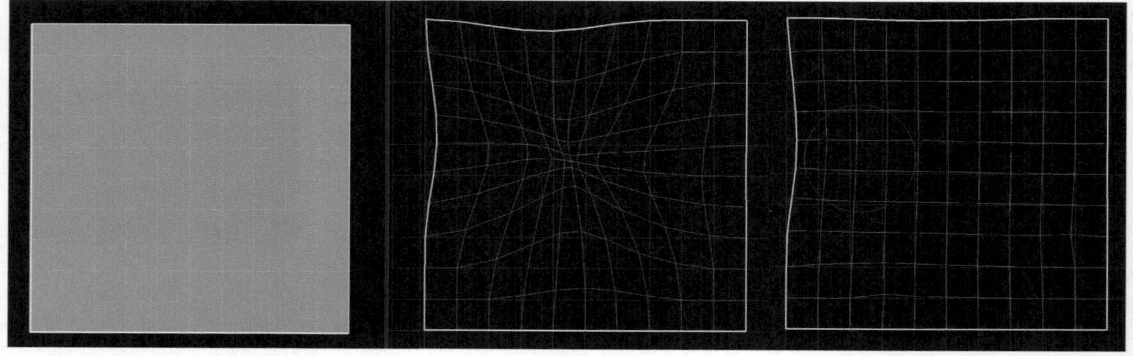

图6-62

使用展开方向工具的“U”按钮和“V”按钮，可以选择垂直或水平方向展UV。

使用拉直UV工具可以将弯曲的UV快速沿着垂直或水平方向拉直，“30.00”文本框可以设置最大拉直角度，“U”“V”代表可拉直的方向，默认是开启状态，如图6-63所示。

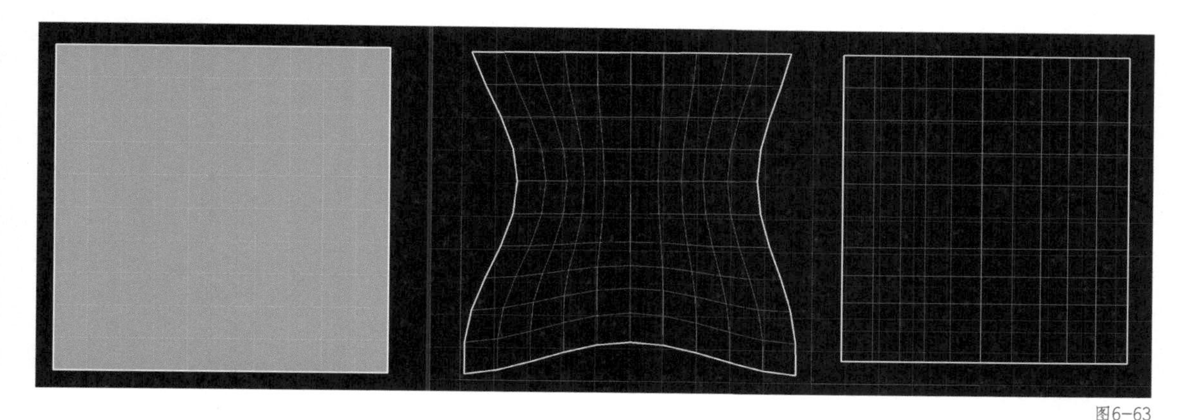

图6-63

使用拉直壳工具可以拉直循环边，如图6-64所示。

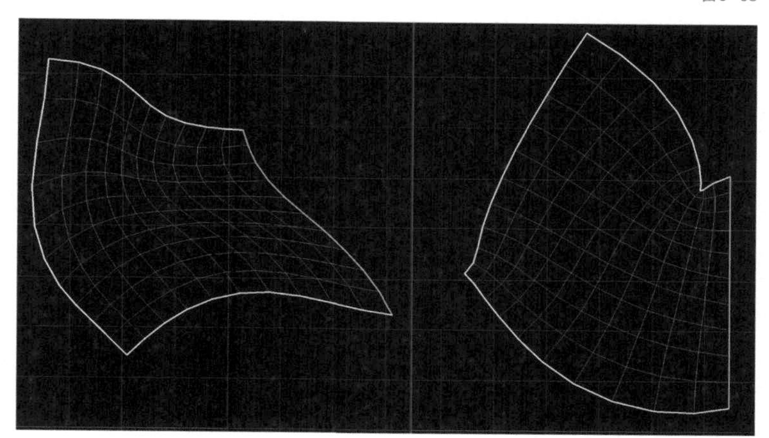

图6-64

知识点 9 对齐和捕捉属性栏

对齐和捕捉属性栏中是用于辅助摆放UV的工具，如图6-65所示。

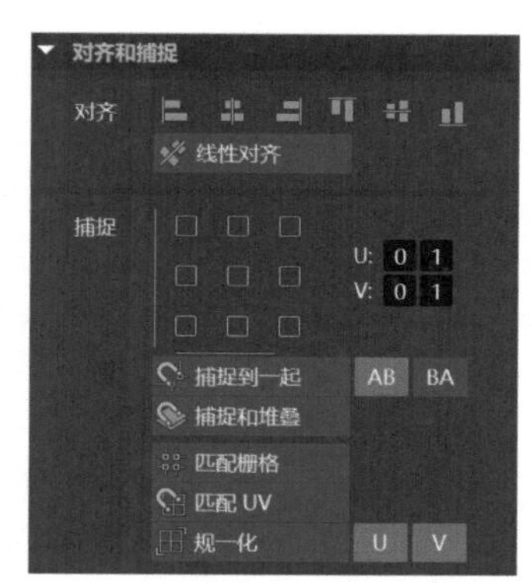

图6-65

对齐选项组中的图标分别代表左对齐、垂直中心对齐、右对齐、顶部对齐、水平中心对齐、下部对齐和线性对齐。

捕捉选项组的四方格子代表UV的坐标空间（0 ~ 1），代表对齐左上角、中上部、右上角、左中部、中心、右中部、左下角、中下部、右下角。

使用捕捉到一起工具可以将选择的不同UV壳上的点相互对齐。

使用捕捉和堆叠工具可以快速将选择的UV壳堆叠在一起。

使用匹配栅格工具可以将选择的UV点捕捉到就近的栅格上。

使用匹配UV工具可以将选择的UV移动到相邻的元素。

使用规一化工具可以将选择的UV自动适配0~1的UV坐标空间。

知识点 10 排列和布局属性栏

制作UV时，一个模型会有很多个UV壳，这些UV壳经常需要摆放在UV坐标系0~1的范围(多象限UV除外)。使用排列和布局属性栏中的工具可以实现快速摆放多个UV壳，如图6-66所示。

图6-66

使用定向壳工具可以使UV壳与相邻的U轴或V轴平行。

使用定向到边工具可以使UV壳的边界与U轴或V轴平行。

使用堆叠壳工具可以将选定的UV壳堆叠在一起。

使用取消堆叠壳工具可以快速取消堆叠在一起的UV壳。

使用堆叠和定向工具可以将选定的UV壳堆叠，并且与U轴或V轴平行。

使用堆叠类似工具可以堆叠拓扑相似的UV壳。

使用聚集壳工具可以将UV坐标0~1范围以外的UV壳恢复至默认。

使用随机化壳工具可以随机化UV壳的变换信息。

使用测量工具可以测量两个元素之间的距离。

使用排布工具可以自动排列UV壳，使之最大化利用0~1的UV坐标空间。

使用排布方向工具可以设置沿U轴或V轴收缩UV壳。

第4节 综合案例——大炮模型的UV制作

本节将通过案例的制作，帮助读者理解UV的制作流程，掌握道具类UV的制作标准与技巧。打开本节案例模型文件“UV_pg\scenes: modeA.mb”。

本案例的知识点分为6个部分：案例分析、制作炮管的UV、制作炮架的UV、制作轮子的UV、制作金属配件的UV和整理场景UV。案例的最终效果如图6-67所示。

图6-67

知识点 1 案例分析

UV的制作没有唯一的标准，在实际制作中需要根据项目的需求、模型的特点、材质纹理的标准等选择合适的UV制作方案。例如影视级别的项目需要极细腻的纹理，UV则需要尽可能细分，以便模型获取高分辨率的贴图。在图6-68中可以看到，为了表现角色面部细腻的纹理效果，模型的UV被拆分成很多块，每一块UV对应一张4096像素 × 4096像素的贴图。

对于游戏类，或对画面质量要求不高的剧场版动画项目，纹理应尽可能统一在一个UV集里，以压缩贴图的数据来保证游戏的流畅度。图6-69所示的一张贴图包括角色面部、服饰等所有的纹理信息。一个角色对应一张贴图，这样管理起来比较方便，但是纹理的精度不高，无法表现特写时精细的纹理效果。

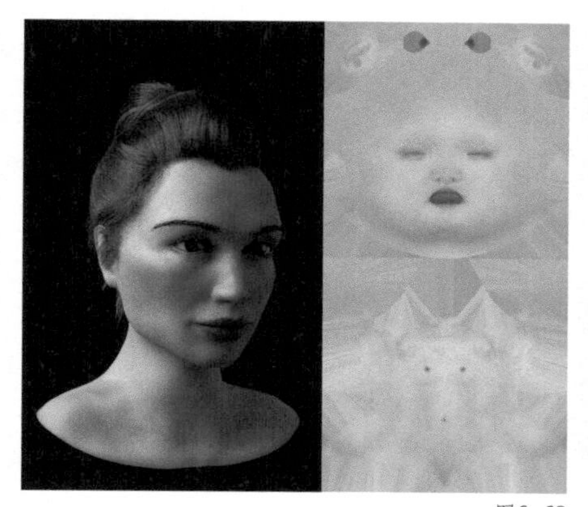

图6-68

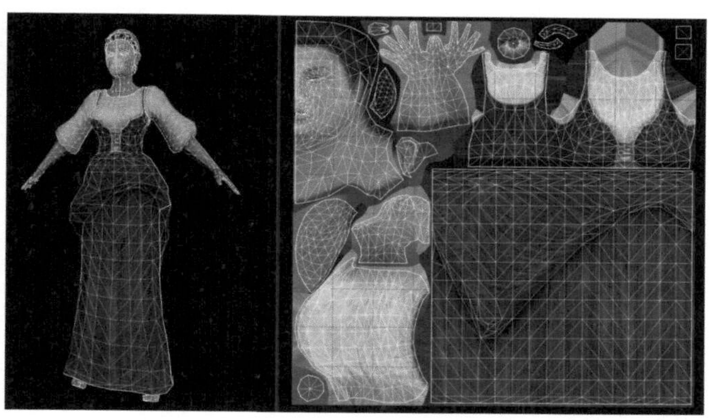

图6-69

本案例的模型结构复杂且材质丰富，UV既要便于绘制精细的纹理，也要满足不同模型部件的材质效果。根据模型结构可以将不同部件集合到一个UV集，例如炮管、支架、轮子、金属配件各单独一个UV集。根据材质的不同，可以将金属类模型结合到一个UV集，木质类模型集合到一个UV集，例如将金属的炮管与金属配件创建一个UV集，支架与轮子创建一个UV集。

知识点 2 制作炮管的 UV

当前模型为中空圆柱状，默认UV并不正确，导致纹理有明显的拉伸与重叠，如图6-70所示。

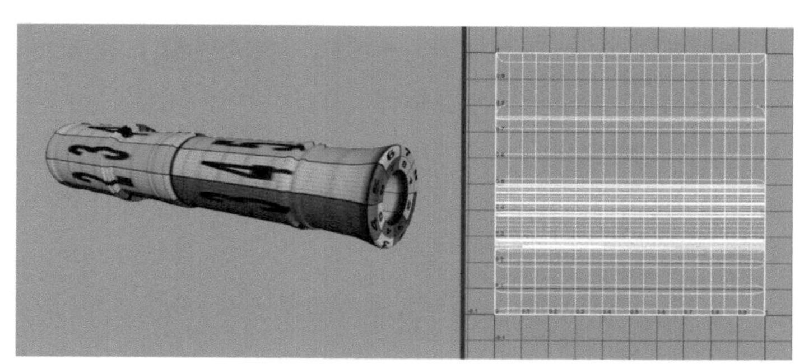

图6-70

首先选择模型，在UV工具包属性栏中单击“创建-平面”按钮，替代之前错误的UV。然后选择模型上的边作为拆分UV的边界。例如选择模型前后端口和中心位置的边，在UV工具包属性栏中单击“切割和缝合-剪切”按钮，如图6-71所示。

UV边界制作好之后，选择模型，在UV工具包属性栏里单击“展开-展开”按钮，这时模型的UV将会被展开，如图6-72所示。

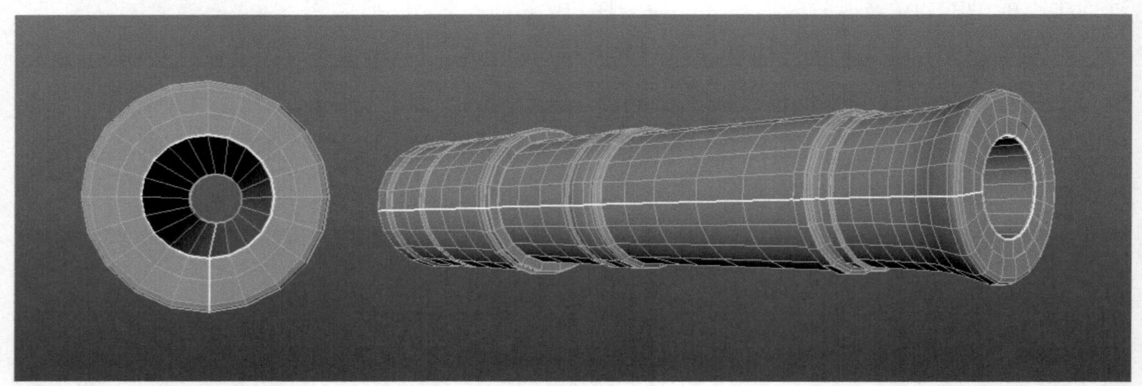

图6-71

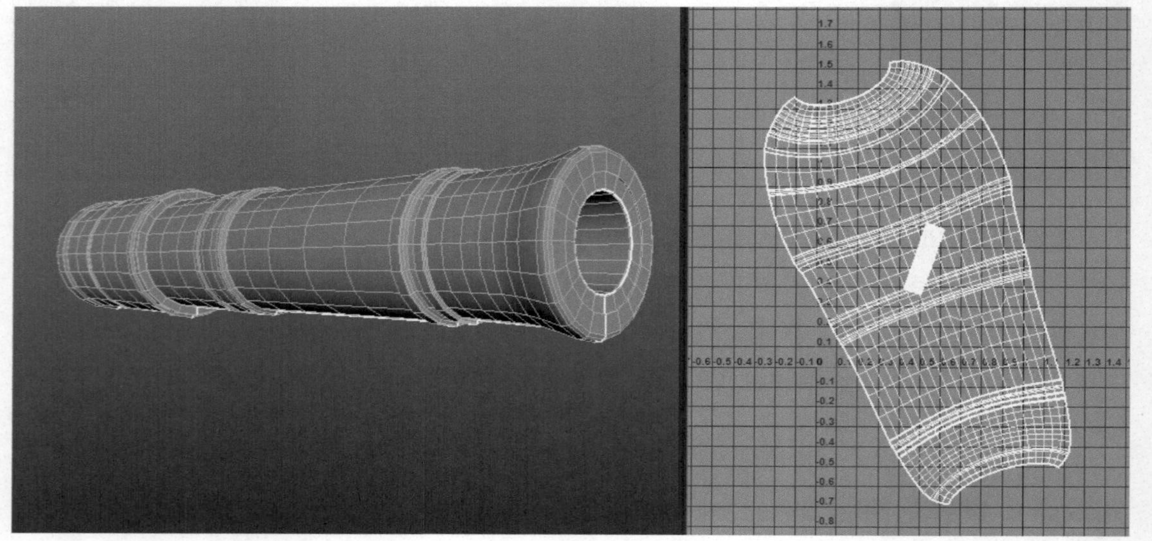

图6-72

此时的UV虽然被展开，但是UV并不合理，例如UV有明显拉伸变形，摆放超出UV坐标系0~1的范围，UV有重叠等问题，下一步需要对当前UV进行优化。

首先选择模型，在UV编辑器里右击进入UV模式，分别选择这两个UV块旋转至与网格线垂直。然后选择右侧的UV块，在UV工具包属性栏中单击“展开-拉直UV”按钮，如图6-73所示。

这时UV绝大部分已经展平，但是还有局部UV是错误的，需要进一步优化。在模型上右击进入UV模式，选择错误的UV点，在UV工具包属性栏中单击“展开-优化”按钮，如图6-74所示。

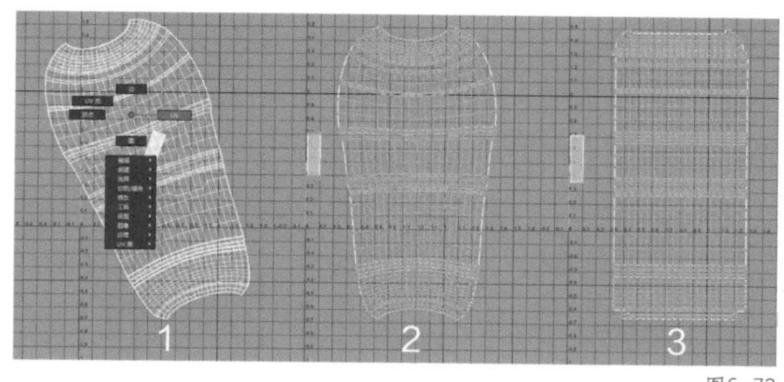

图6-73

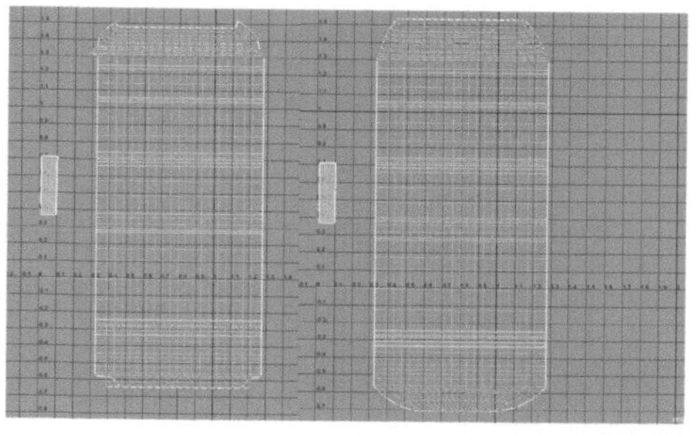
图6-74

此时模型的UV完全展平，但是UV块的摆放超出了UV坐标系0~1的范围，并且不同UV块的比例不统一。首先选择左边的UV块上的UV点，在UV工具包属性栏中单击“变换-Texel获取”按钮，再选择右边的UV块单击“变换-Texel集”按钮，将两块UV的纹理密度统一。最后将两块UV摆放至左边坐标系0~1的范围，如图6-75所示。

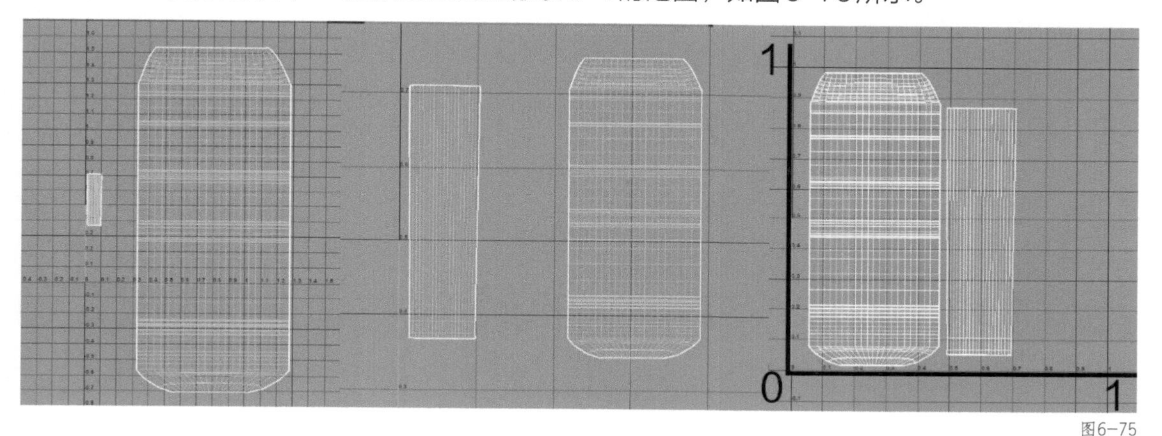

图6-75

知识点 3 制作炮架的 UV

炮架默认的UV并不合理，有比较严重的UV重叠与UV拉伸，不能满足纹理贴图的绘制要求，如图6-76所示。

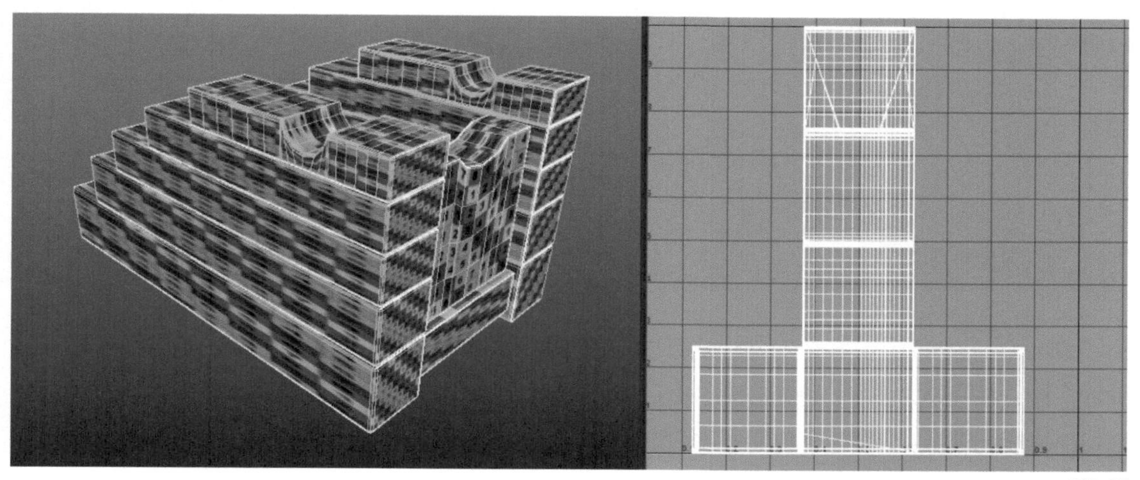
图6-76

观察可知，炮架是由不同的立方体堆砌而来的，比较适合采用“自动UV投射”快速展UV。首先选择模型，再在UV工具包属性栏里单击“创建-自动”按钮，Maya 2020会在上、下、左、右、前、后6个方向投射UV，效果如图6-77所示。

虽然自动投射的方式会将模型的UV拆分得过于零碎，导致过多的UV接缝，但是当前模型是由不同纹理的木头拼接而成的，不必担心纹理的连贯性。这种UV制作方案可以满足制作的需求并且比较高效。

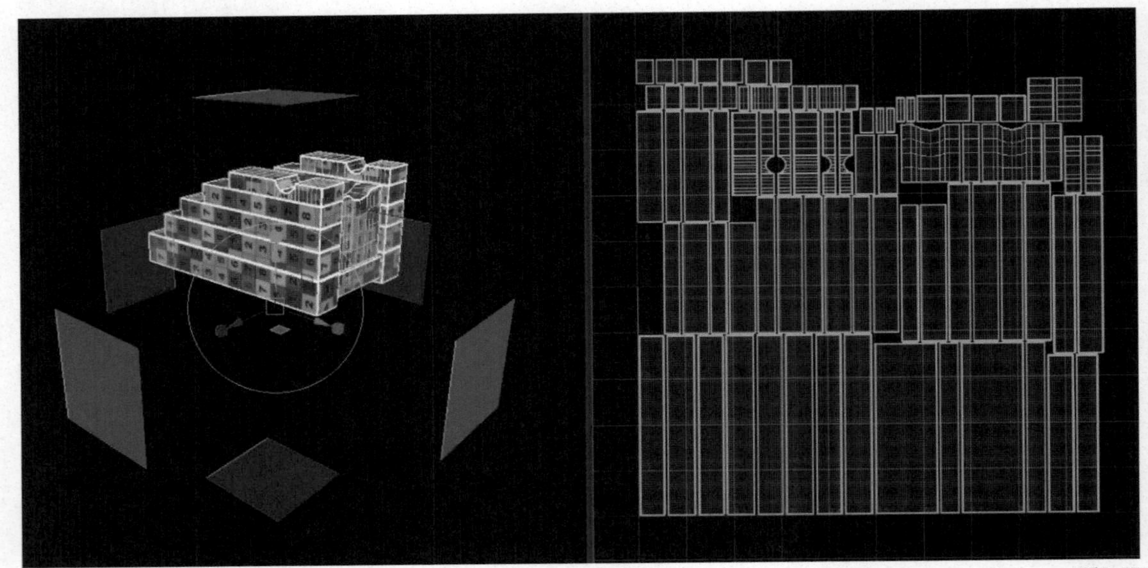

图6-77

知识点 4 制作轮子的 UV

轮子默认的UV重叠严重，需要重新编辑。同时4个轮子的模型是一样的，可以将四分之一的UV制作完毕后，再复制出其他3个部分，这样可以提高UV的制作效率，如图6-78所示。

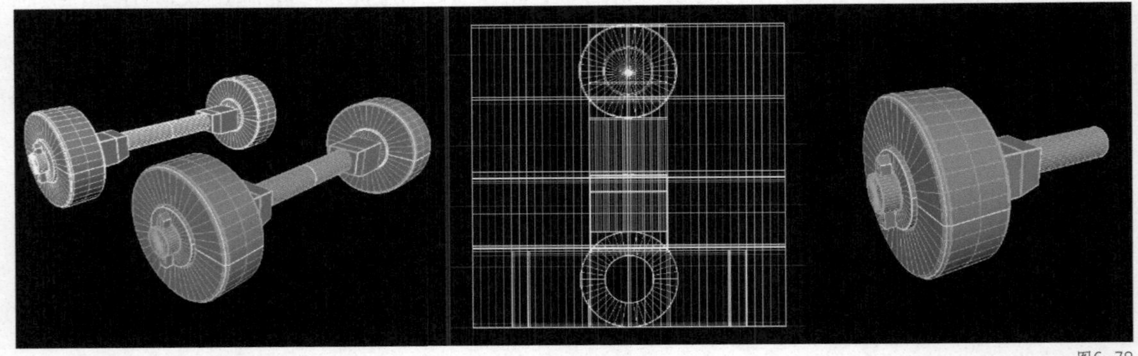

图6-78

单个轮子的模型由多个部件组合而成，可以将每个部件的UV单独展开。首先制作轮子主体的UV。轮子的主体为中空的圆柱体，选择模型，在UV工具包属性栏中单击“创建-平面”按钮，将默认的UV替代。然后选择模型上的转折边作为UV的接缝处，单击“切割和缝合-剪切”按钮，最后选择模型，单击“展开-展开”按钮，如图6-79所示。

轴的主体为圆柱体，选择模型，在UV工具包属性栏中单击“创建-平面”按钮，将默认的UV替代。然后选择模型上的转折边作为UV的接缝处，单击“切割和缝合-剪切”按钮，最后选择模型，单击“展开-展开”按钮，如图6-80所示。

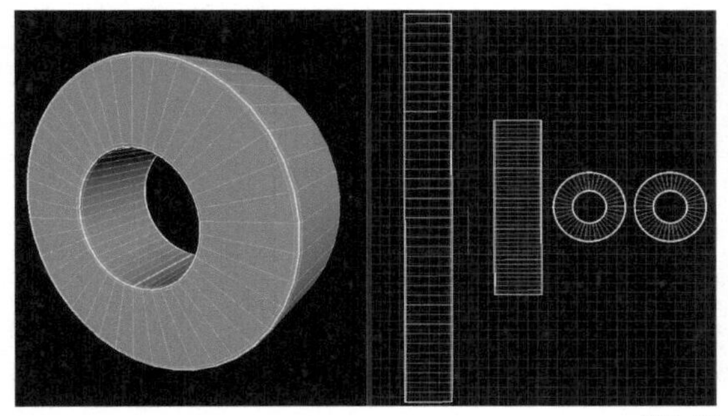

图6-79

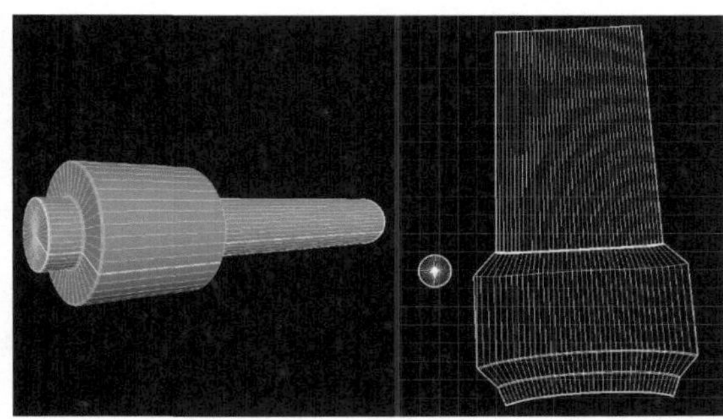

图6-80

车轴模型的UV局部有拉伸，UV摆放倾斜，并且不同UV块的大小不匹配。在模型UV上右击进入UV点模式，首先选择左边的UV块上的UV点，在UV工具包属性栏中单击“变换-Texel获取”按钮，再选择右边的UV块单击“变换-Texel集”按钮，将两块UV的纹理密度统一。选择所有的UV点并将UV块旋转至与网格垂直。选择侧面的UV点，单击“展开-拉直UV”按钮，选择部分拉伸的UV点，再单击“展开-优化”按钮，完成车轴部件UV的制作，如图6-81所示。

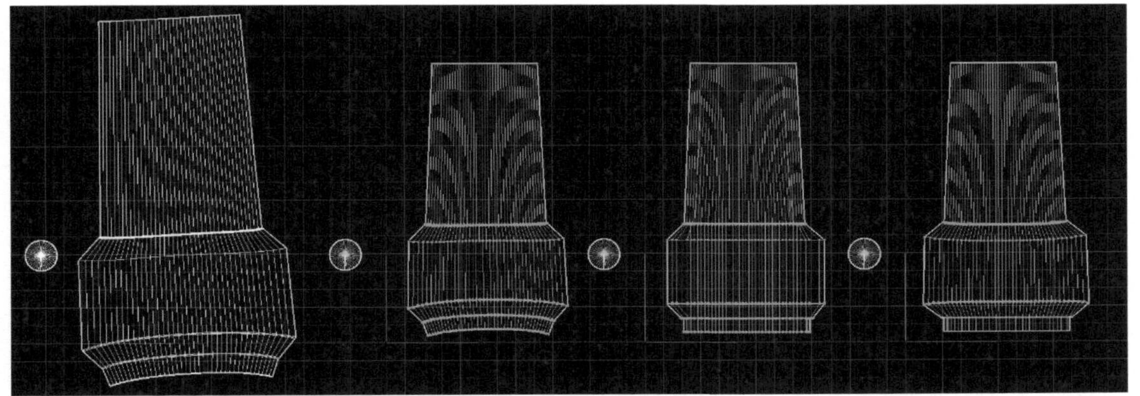

图6-81

其他部件模型大体为立方体结构，选择模型，在UV工具包属性栏中单击“创建-平面”按钮，将默认的UV替代。再选择模型上的转折边作为UV的接缝处，单击“切割和缝合-剪切”按钮，最后选择模型，单击“展开-展开”按钮，如图6-82所示。

复制出轮子剩余部分的结构，将轮子所有的UV排列在UV坐标系0~1范围内，最终效果如图6-83所示。

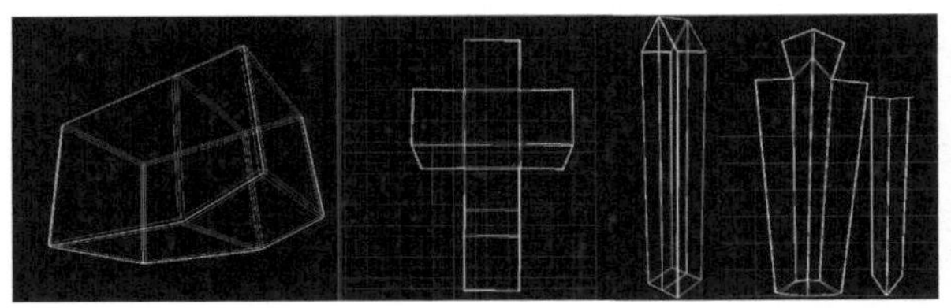

图6-82

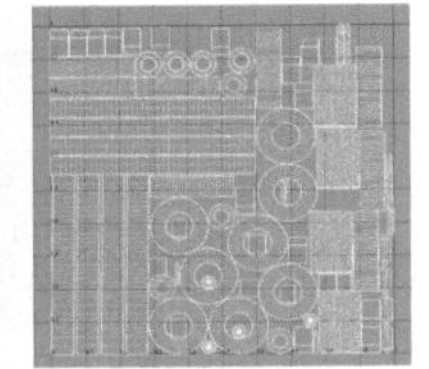

图6-83

知识点 5 制作金属配件的 UV

金属配件要创建的模型比较多，但是大部分结构都是由基础模型拼接而来的，基础模型的UV都很规范，无须重新制作，如图6-84所示。

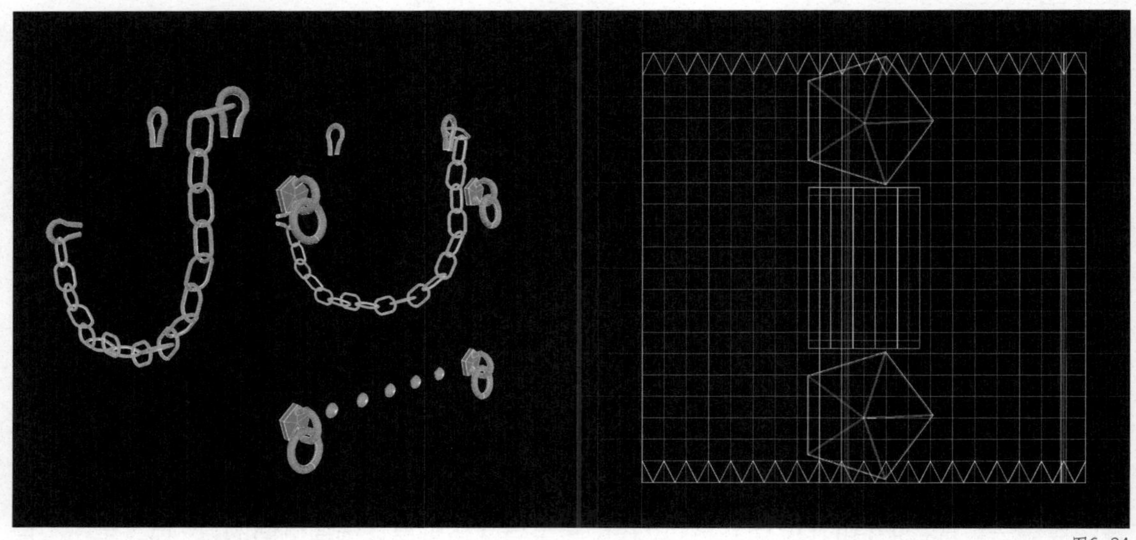

图6-84

但是众多结构拼接在一起会造成UV叠加，不便于后期绘制贴图，需要重新分布UV壳。选择所有UV壳，在UV工具包属性栏中单击“展开-优化”按钮，再单击“排列和布局-排布”按钮，就完成了金属配件部分的UV制作，效果如图6-85所示。

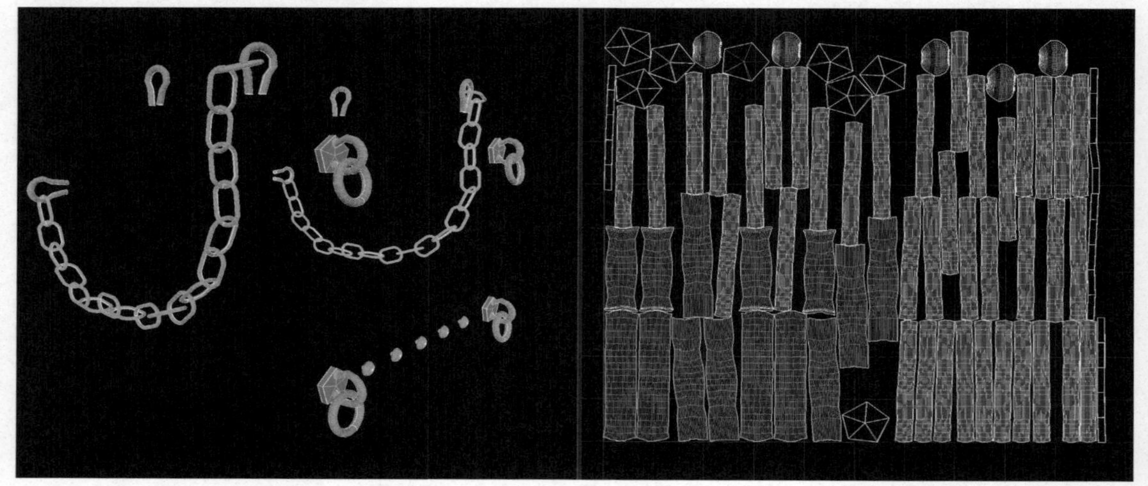

图6-85

知识点 6 整理场景 UV

至此，模型每个部件的UV都已制作完毕，需要将场景UV整理规范才能提交给下游环节绘制贴图，整理场景UV有以下几个步骤。

■ 步骤1 模型移动至网格中心位置

例如在下游环节绘制贴图时，经常需要沿网格中心左右或上下对称绘制纹理，角色模型还需要左右对称创建骨骼等。

■ 步骤2 清除模型历史并冻结坐标信息

模型在编辑时会有很多历史信息，这些历史信息可能会导致下游环节出错，清除历史可以为下游环节提供信息干净的模型；模型是由每个部件进行移动旋转等操作拼合而成的，需要把最终效果作为每个部件的原点坐标，所以需要将模型的坐标冻结。

■ 步骤3 清理节点和图层

删除大纲内无效节点，清除无用图层，清除材质编辑器的无效材质节点。向下游提供的场景文件必须干净整洁，这样便于提高制作效率和降低文件的错误率。

■ 步骤4 给每个部件赋予新的材质，并根据每个模型部件给材质命名

例如给炮管模型赋予lambert材质并命名为A，给炮架模型赋予一个lambert材质并命名为B等。分类命名的目的是便于快速识别不同的UV壳，也便于后续绘制贴图，最终效果如图6-86所示。

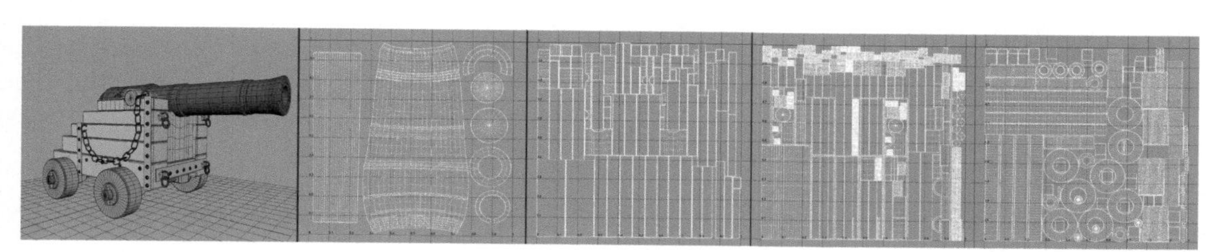

图6-86

本课练习题

填空题

（1）UV定义的是____________的位置信息。

（2）使用哪个工具可以获取当前UV的纹理密度？____________。

（3）使用哪个工具可以指定当前UV的纹理密度？____________。

（4）____________属性栏中工具的主要功能是设置每一个UV壳的边界。

（5）UV有严重的压缩或拉伸时，需要使用____________属性栏中工具进行优化。

参考答案

（1）纹理上每个像素。

（2）捕获。

（3）集。

（4）切割和缝合。

（5）展开。

第 7 课

灯光系统

光照射在物体上产生明暗变化，眼睛就能看到物体的形态。光在物体上产生漫反射、折射等现象，使眼睛分辨出物体的材质。在三维软件中同样需要光来照亮模型，需要光来塑造质感，需要光来创造梦幻中的世界！

Maya 2020为用户提供了丰富的灯光类型，还有基于物理算法的Arnold灯光系统，能轻松实现真实的光影效果，为影视制作的高品质画质提供了保证。

本课将讲解灯光的编辑方法、类型与属性等知识。通过本课的学习，读者将掌握灯光的控制方法与布光技巧，并能完成复杂场景照明的制作。

本课知识要点

- 认识CG世界的光
- 灯光的通用属性
- 灯光的编辑
- 灯光系统综合案例

第1节 认识CG世界的光

本节将讲解在三维软件中创建灯光的原理，以及制作灯光的流程和特点等知识。

真实世界的光有千万种，有金色的阳光、皎洁的月光，也有微弱的烛光、璀璨的星光等。这些光的形态不同，颜色不同，照明特点也不同。

在三维软件中不可能提供千万种灯光任用户选择，而是根据现实世界中光的基本特点，如光的方向、颜色、衰减、强弱等，设计了几种类型的灯光来供用户搭配使用。比较常见的灯光有聚光灯、区域光、点光源、平行光等。

制作动画时选择合适的灯光类型，可以实现想要的照明效果。如要模拟台灯锥形的照明效果，在三维软件中可以使用聚光灯实现，如图7-1所示。

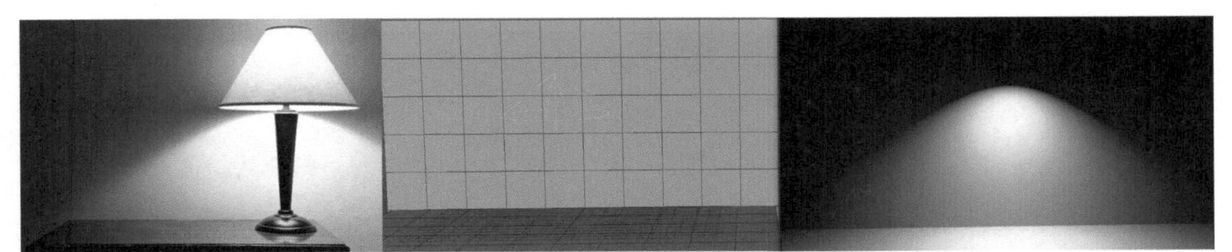

图7-1

使用CG灯光照明时，既需要遵循真实世界里灯光照明的规律，又要根据软件自身的特点，选择合理的灯光和参数设置来模拟照明效果。

知识点 1 CG 制作灯光的流程

制作灯光一般是在动画、特效制作完毕后进行。动画生产流程中的灯光并不是随意布置的，设计师需要根据设计稿的要求布置光线，还需要根据镜头变化采取合理的布光方案，如图7-2所示。

图7-2

在图7-2中，左图为设计稿，右图为CG渲染图。设计师需要根据设计稿的光影关系，使用Maya 2020提供的各种灯光，按照一定的布光原则来模拟图中的效果，同时还需要考虑到镜头运动时的光影变化。

用三维软件制作的灯光的照明效果与真实世界光的照明效果有共同点也有区别。

共同之处为Maya 2020的灯光可以按照物理算法进行照明，能够很好地模拟灯光的颜色、衰减、阴影等效果。如果按照真实世界光线的传递方式来布光，就能得到很真实的照明效果。

区别是动画制作中为了画面的艺术效果或弥补画面灯光不足，需要人为进行补光或暂时隐藏灯光的照明，而在真实世界是很难实现的。此外使用CG制作灯光还涉及软件与硬件，对于相同的模型，渲染器不同，灯光照明的画面效果不同，硬件性能不同，渲染效率也不同。

知识点 2 渲染的基础知识

在场景中创建出灯光后，并不能在视图区域预览到最终的光影效果，需要单击工具架上的渲染按钮，通过CPU的运算才能在渲染窗口呈现出最终的光影效果，如图7-3所示，其中左图为工作区域中的场景，右图为渲染效果图，计算画面光影关系的过程就是渲染。

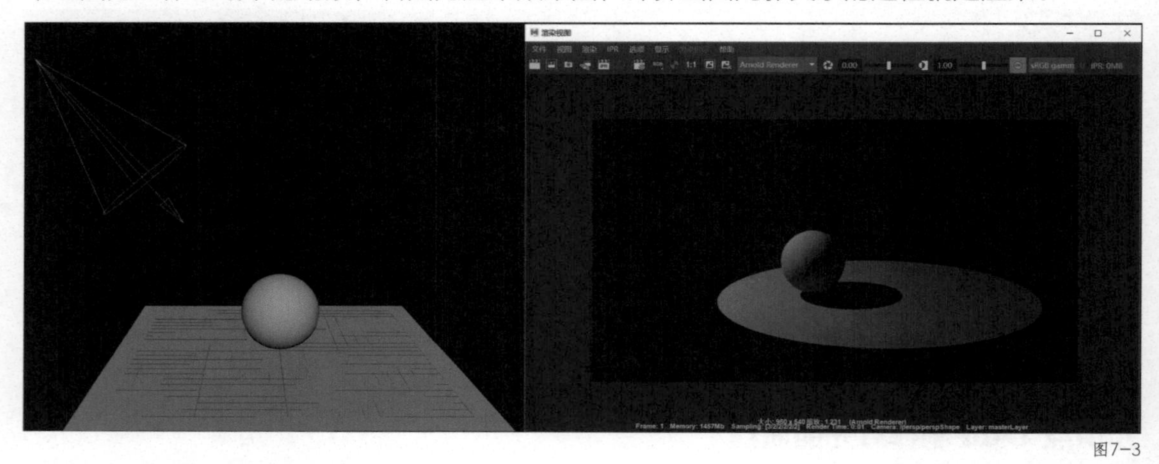

图7-3

渲染器是计算场景模型、材质、灯光的程序，不同的渲染器拥有不同的算法。使用不同的渲染器会得到不同的渲染结果，例如使用Arnold渲染器和软件渲染器渲染相同的场景，得到的灯光照明效果是不同的，如图7-4所示。

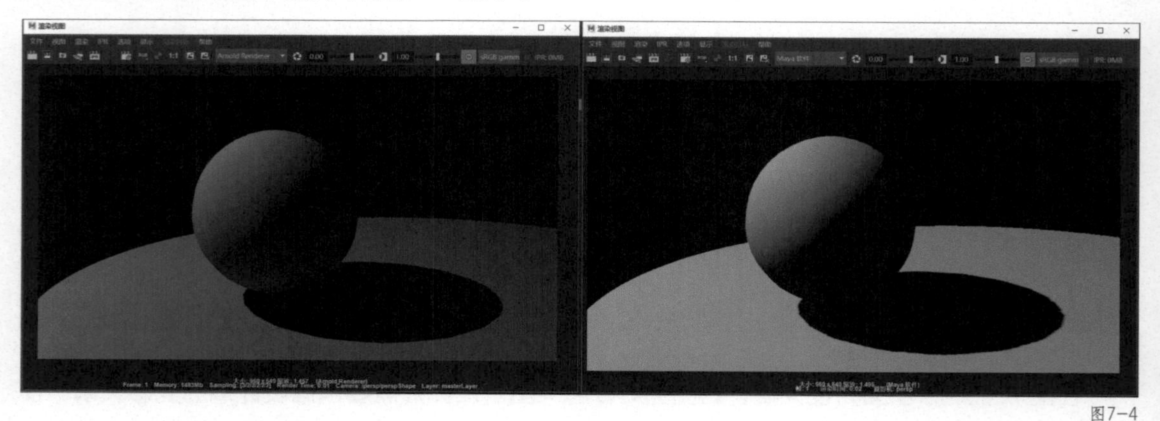

图7-4

在测试灯光时，要注意是否采用了正确的渲染器。单击工具架上的渲染窗口按钮，打开渲染视图窗口，在渲染视图窗口的工具架上可以切换不同的渲染器，如图7-5所示。

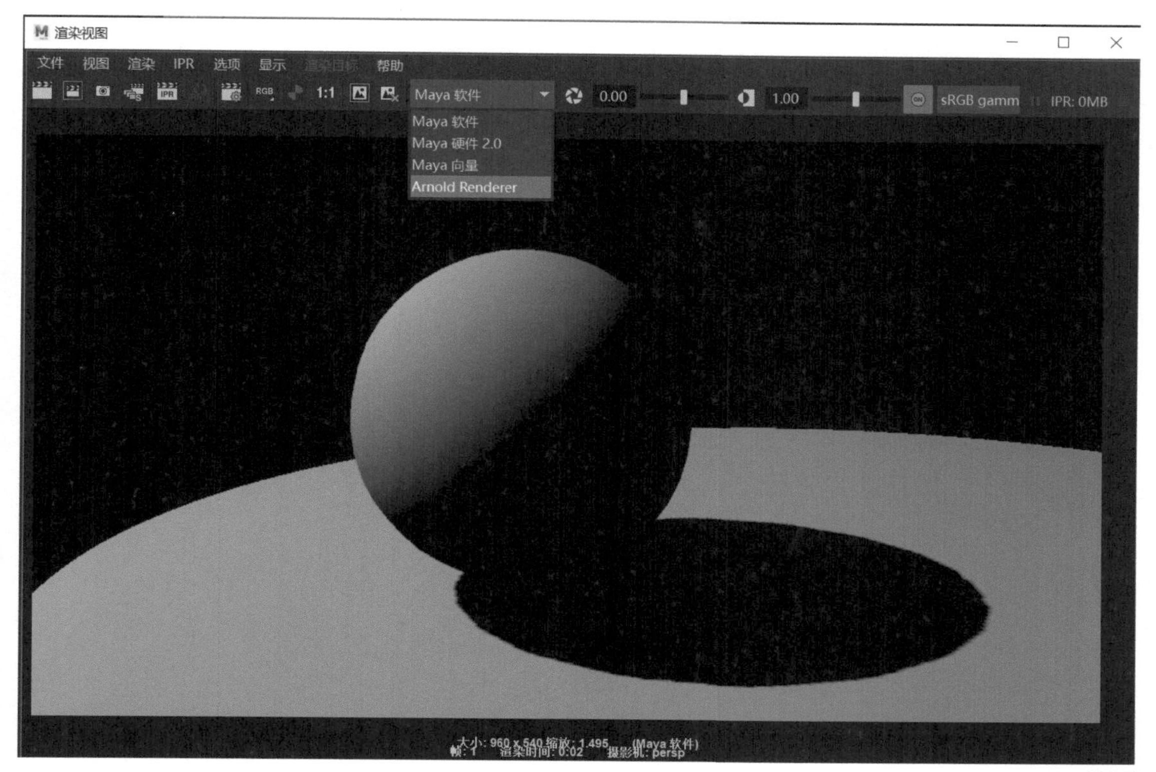

图7-5

在计算机里，一张图是由很多像素组合而成的，像素越多，画面的细节就越丰富，画质就越高，如图7-6所示，第一张图为128像素 × 72像素，第二张图为1280像素 × 720像素。

Maya 2020渲染时默认为960像素 × 540像素，这可能满足不了高画质的需求。单击工具架上的渲染设置按钮，在渲染设置面板的图像大小属性栏里，可以设置画面尺寸，如图7-7所示。

图7-6

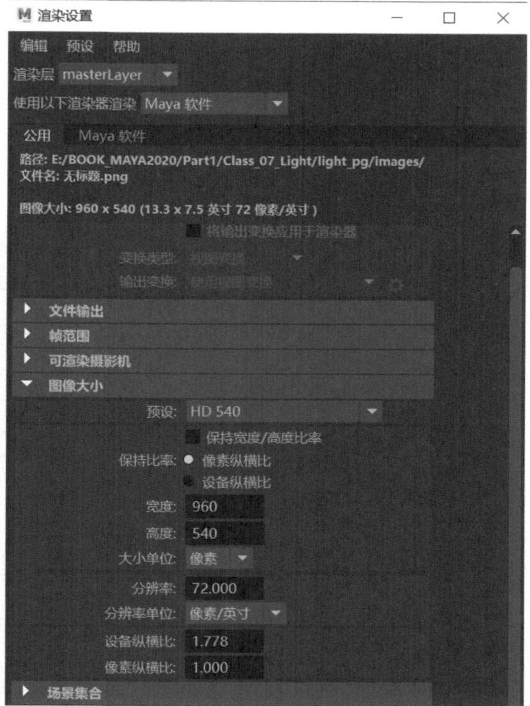

图7-7

第2节 灯光的基础知识

本节将讲解灯光的创建、编辑、类型、照明特点等知识。

知识点 1 灯光的创建

在Maya 2020中创建灯光有以下3种方法。

（1）在菜单栏中执行“创建-灯光”命令下的子命令可以在网格中心创建灯光，如图7-8所示。

图7-8

注意 Arnold灯光需要在菜单栏中执行“Arnold-Lights”命令来创建。

（2）在工具架上单击灯光按钮，如图7-9所示，可以快速在网格中心创建相应的灯光。

图7-9

（3）在工作区域按空格键打开快捷菜单，在快捷菜单中执行“创建-灯光”命令，可以快速创建灯光，如图7-10所示。

图7-10

知识点 2 灯光的编辑

灯光创建时初始位置都在网格中，使用选择、移动、旋转、缩放工具可以编辑灯光的位置和角度，如图7-11所示。

图7-11

编辑灯光位置时还有一个非常棒的工具——显示操纵工具，快捷键为T。使用显示操纵工具时，会出现两个操纵杆，一个用于移动灯光位置，另一个用于照射目标物体，如图7-12所示。

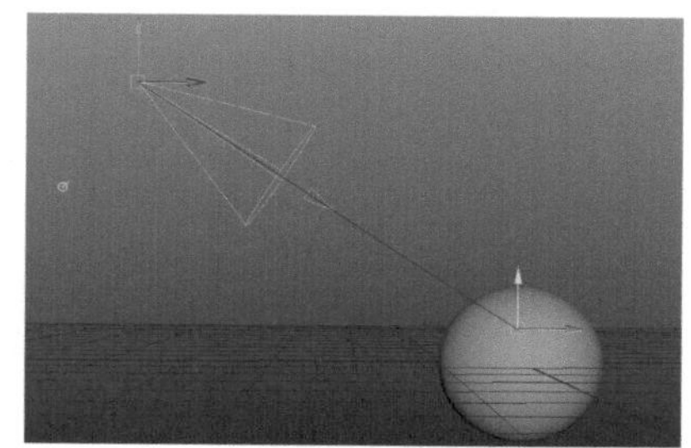

图7-12

注意 环境光、点光源旋转与缩放后并不会有任何变化，区域光缩放后会改变灯光的强度。

知识点 3 灯光类型与照明特点

Maya 2020提供了丰富的灯光类型，可以模拟各种光源效果。电影中真实细腻的CG画面，都是用这些灯光制作的，下面一起来认识一下这些灯光吧！

- 环境光。环境光可用于提亮整个场景的亮度，当环境光的“明暗处理”属性值为0时，没有明暗过渡；“明暗处理”属性值为1时，有明暗过渡，如图7-13所示。

图7-13

注意 灯光的照明效果不能在工作区域直接预览，需要单击渲染按钮，通过CPU的计算才能观察到最后的光影效果。环境光只能使用软件渲染器进行渲染，不支持Arnold渲染器。

- 平行光 。平行光的光源特点是每一束光都是平行的，可用于模拟太阳光、月光等，如图7-14所示。

图7-14

- 点光源 。点光源的特点是从中心向外照明，可用于模拟烛光、路灯等光源，如图7-15所示。

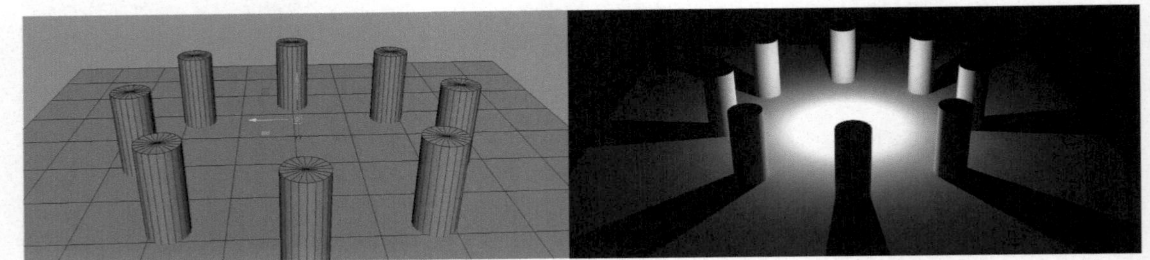

图7-15

- 聚光灯 。聚光灯光源为圆锥形，可用于模拟手电筒、路灯等光源效果，如图7-16所示。聚光灯有3个比较特殊的属性，“圆锥体角度”“半影角度”“衰减”，如图7-17所示。

图7-16

✓ “圆锥体角度”属性可以控制聚光灯照射区域的大小，例如将“圆锥体角度”分别设置为40和60，效果如图7-18所示。

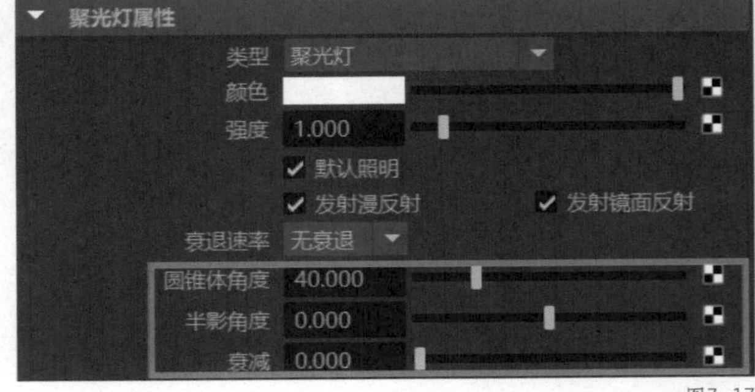

图7-17

图7-18

✓“半影角度”属性可以控制聚光灯照射区域向外扩散的大小，例如将“半影角度”分别设置为0和10，效果如图7-19所示。

图7-19

✓“衰减”属性可以控制聚光灯照射区域中心向边界衰减的强度，例如将“衰减”分别设置为0和10，效果如图7-20所示。

图7-20

- 区域光。区域光的光源是一个方形区域，可用于模拟透过窗户投射的光源或显示器等有区域亮度的光源，如图7-21所示。

图7-21

- 体积光。体积光只照亮体积区域内的物体，缩放体积光的大小可以控制照亮区域的范围，如图7-22所示。

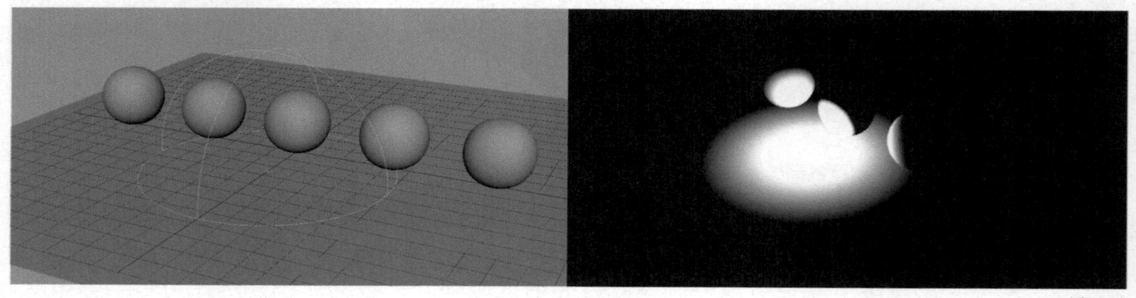

图7-22

注意 体积光只支持软件渲染器，不支持Arnold渲染器。

以上为Maya 2020默认的灯光，还有一组基于物理算法的灯光在Arnold工具架上，如图7-23所示。

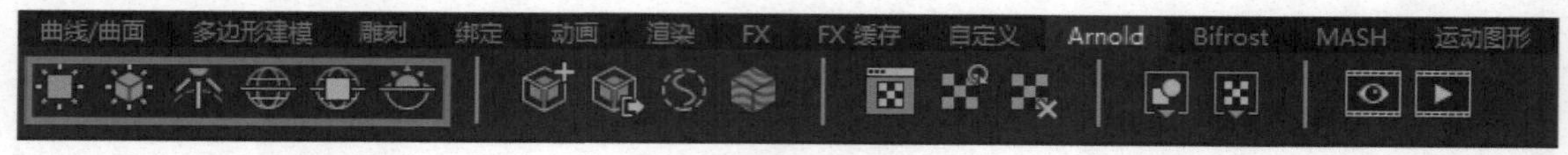

图7-23

- Arnold区域光。该区域光是专属于Arnold渲染器的灯光，效果与默认的区域光功能一样，可以模拟方形区域发光向四周照明，如图7-24所示。

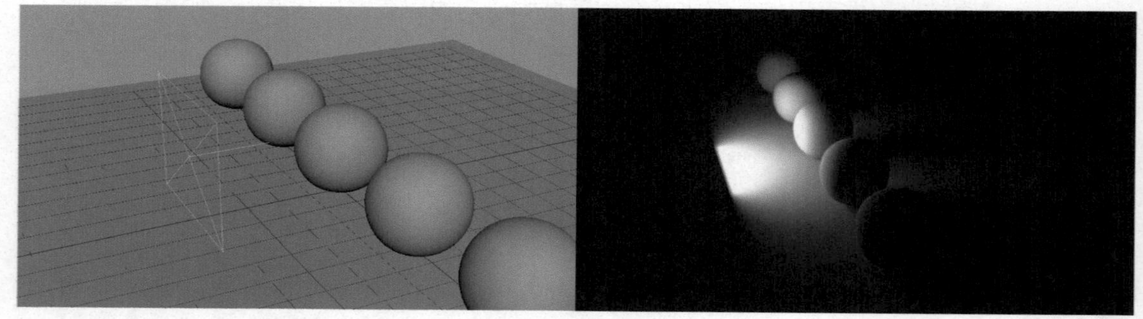

图7-24

- Arnold网格光。它可以将模型转化为可以发光的光源，可用于模拟霓虹灯等效果，如图7-25所示。如果需要看到发光体的轮廓，需要勾选Light Attributes属性栏中的“Light Visible”（灯光可见），如图7-26所示。

图7-25

- 光域网 。光域网是一种基于贴图照明的光源，可以模拟各种人造光源的效果，使用该灯光时需要在“Photometry File”的文本框中添加IES光源文件，如图7-27所示。

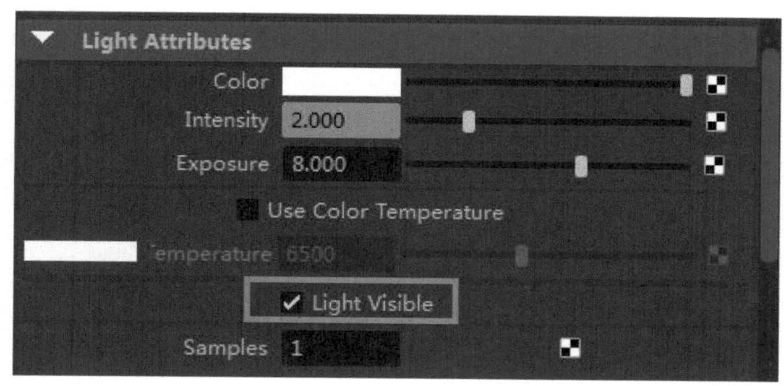

图7-26

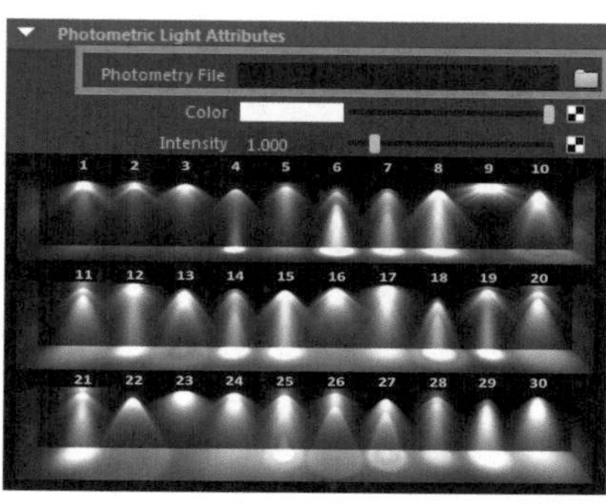

图7-27

- 天光 。也称为环境球或环境光，可以实现360°光源照明的效果，用于模拟在复杂环境中受到来自四面八方的光源照射的效果，使用该灯光时需要在“Color”（颜色）属性中连接HDR贴图，效果如图7-28所示。

图7-28

- Skydome灯 。首先创建天光，然后才能创建该灯光，其效果与区域光相似，主要用于模拟室内照明时，通过窗户或天井投射的光源，如图7-29所示。

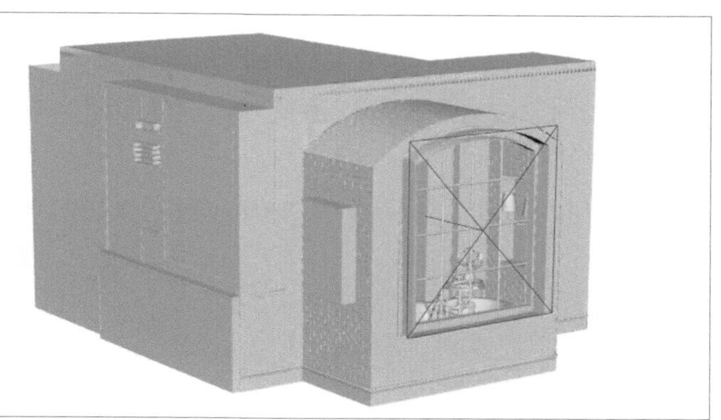

图7-29

- 物理天光。物理天光的本质是在环境光的颜色属性上添加了一个程序纹理节点，通过调节程序纹理的变化来模拟天空的颜色与太阳的角度，效果如图7-30所示。

图7-30

第3节 灯光的通用属性

灯光的主要功能是照明，照明的效果除了受到灯光类型的影响外，还受到灯光强度、颜色等因素的影响。本节将讲解强度、颜色、阴影模糊、阴影采样、阴影透明等灯光通用属性的知识。

知识点 1 强度

灯光的强度即亮度，在灯光的属性编辑器里，增加“强度”和“Exposure”（曝光度）的值都可以提高灯光的亮度，也是其他光源通用的属性，如图7-31所示。

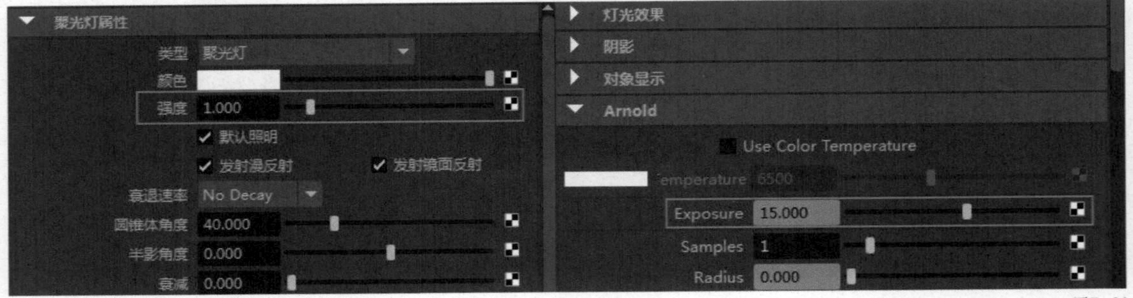

图7-31

使用Arnold渲染时建议使用“Exposure”来调节亮度。在场景中使用区域光照明，将“Exposure”设置为8和12后的照明效果如图7-32所示，可以看到“Exposure”的值越大光源越亮。

图7-32

注意 Arnold光源也有“Intensity”（强度）和“Exposure”（曝光度）属性，命令排列位置会有所变化，但功能是一样的。

知识点 2 颜色

在现实生活中灯光的颜色是五彩斑斓的，Maya 2020在灯光的属性编辑器里提供了两个可调颜色的属性，分别是“颜色”和“Use Color Temperature”（色温），如图7-33所示。

场景中使用区域光照明，在灯光的“颜色”属性上单击，可以打开灯光颜色的色彩盘，分别设置为红色和绿色，照明效果如图7-34所示。

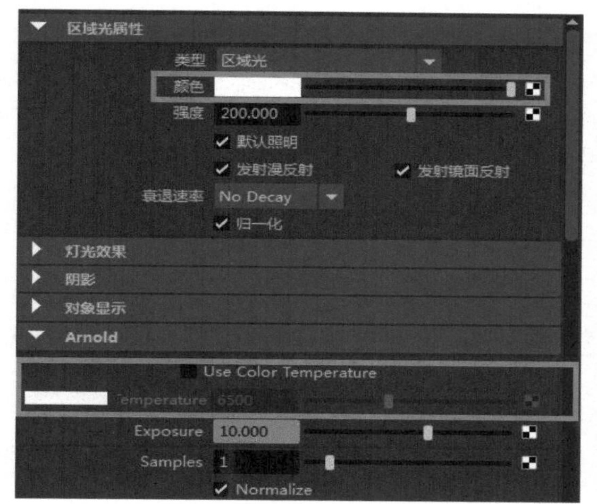

图7-33

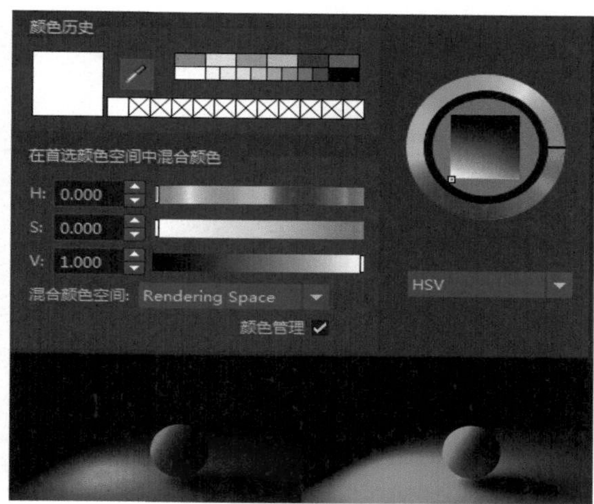

图7-34

在灯光属性编辑器中勾选“Use Color Temperature”，这时灯光的颜色就由“色温”属性来控制。“Temperature”是以数值的方式来改变灯光的颜色，数值越小灯光颜色越偏红，数值越大灯光颜色越偏蓝。例如将“Temperature”分别设置为2000和12000，渲染效果如图7-35所示。

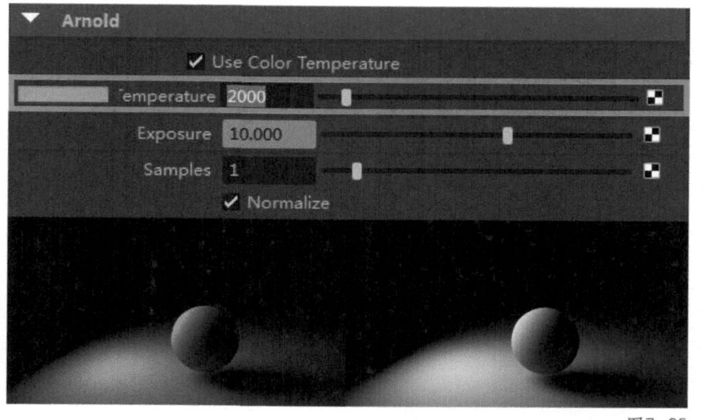

图7-35

注意 色温是一个物理概念，是光学中用于定义光源颜色的一个物理量，低色温光源的特征是能量分布中，红辐射相对来说要多些，通常称为“暖光”；色温提高后，能量分布中，蓝辐射的比例增加，通常称为“冷光”。在Maya 2020中调节色温只能控制灯光颜色偏红或偏蓝，并不能改变灯光的亮度。“色温”属性只有在使用Arnold渲染时才有用。

知识点 3 阴影

灯光在射向物体时，物体迎光的部位会被照亮，背光的部位则会产生阴影。阴影是现实生活中常见的现象，根据光照不同，阴影会有深浅虚实的变化。为了模拟复杂的阴影变化，Maya 2020提供了很多阴影控制的功能，本书以Arnold渲染为主，主要讲解Arnold灯光控制阴影的技巧。

Maya 2020灯光照明时，处于暗部的阴影为纯黑色，调节“Shadow Density”（阴影密度）属性可以控制阴影的透明度，将该属性分别设置为1和0.2，效果如图7-36所示。

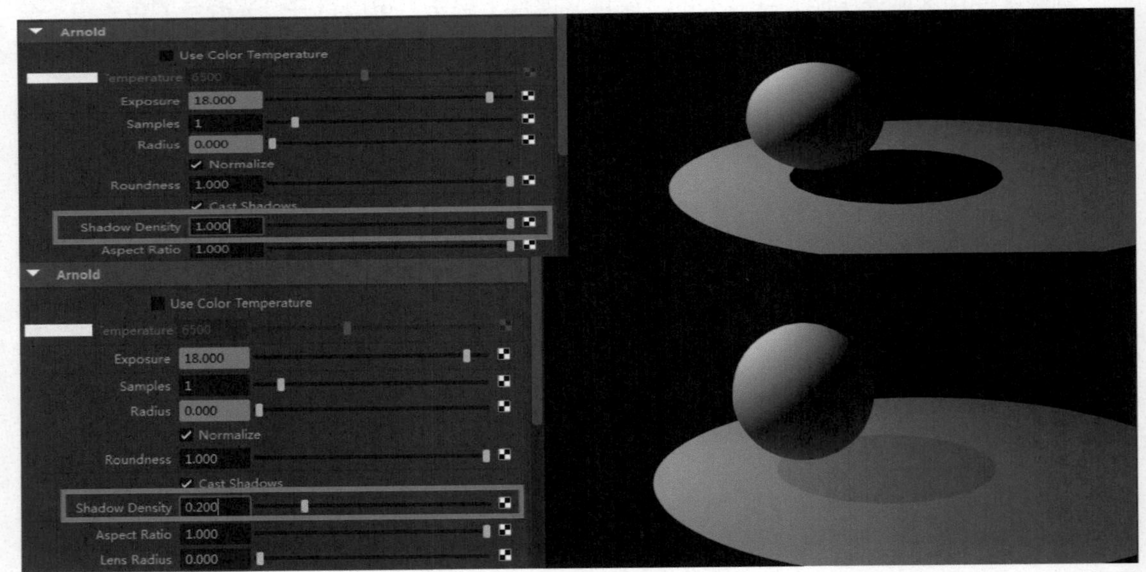

图7-36

在现实生活中，多重灯光照明或光源比较柔和时，阴影会出现模糊的现象。Maya 2020部分灯光照明时产生的阴影边界是清晰锐利的，可以通过调节阴影模糊的属性来实现模糊的效果。点光源、聚光灯、光域网控制阴影模糊的属性为“Radius”，平行光控制阴影模糊的属性为“Angle”。以聚光灯为例，将聚光灯的“Radius”属性分别设置为1和10，效果如图7-37所示。

图7-37

注意 阴影模糊后会出现很多噪点，可以提高灯光属性编辑器里的“Samples”（采样）值来减少噪点。

知识点 4 灯光链接

在三维软件里，为了更加灵活地控制灯光的照明效果，可以让灯光的照明具有选择性，即灯光可以照亮某些物体，也可以排除照亮某些物体。例如当前场景有两个区域光，照明效果如图7-38所示。

图7-38

将菜单栏切换到渲染模块，在菜单栏中执行“照明/着色-灯光链接编辑器-以灯光为中心”命令，打开关系编辑器，如图7-39所示。

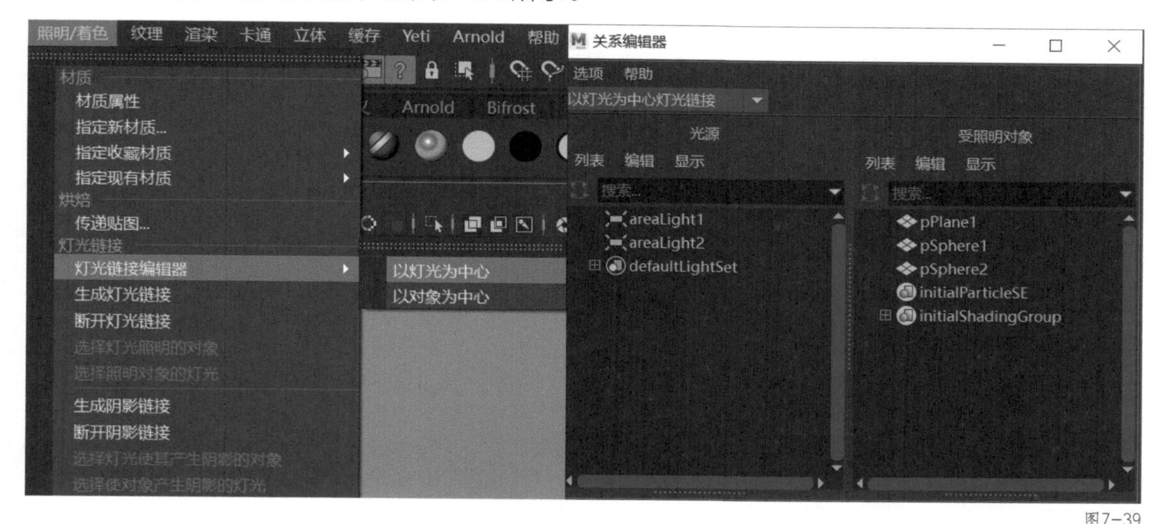

图7-39

在关系编辑器里，“光源”一栏罗列的是场景中所有的光源节点，“受照明对象”一栏罗列的是场景中所有的物体节点。选择“光源”一栏中的一盏灯，右边所有的物体会同时显示蓝色，代表这盏灯会照亮右边显示蓝色的物体，如图7-40所示。

在“受照明对象”一栏里单击某一个物体，使之不再显示蓝色，代表该物体断开了与灯光的链接，则该物体不受左边选择的灯光的照明，效果如图7-41所示。

图7-40

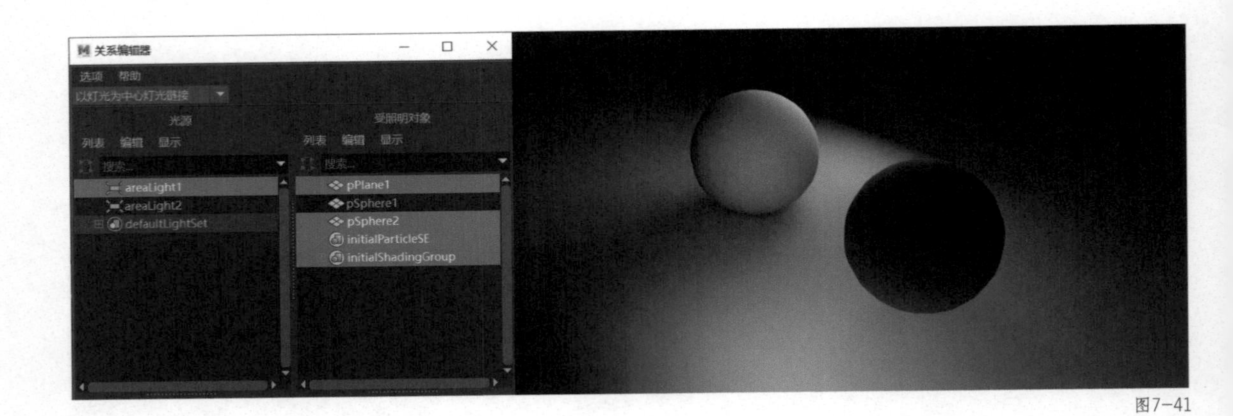

图7-41

知识点 5 灯光雾

在现实世界里空气中的颗粒物（雾、烟、灰尘等）在光照区域会被灯光照亮，能显示光照区域的雾化效果，简称灯光雾。例如浓雾中开启的车灯，会显出一个灯柱的效果。在三维软件中，灯光有特定的功能来模拟灯光雾的效果。

单击渲染设置按钮打开渲染设置面板，单击“Arnold Renderer”选项卡，在Environment属性栏的“Atmosphere”属性里添加aiAtmosphereVolume（灯光雾）节点，如图7-42所示。

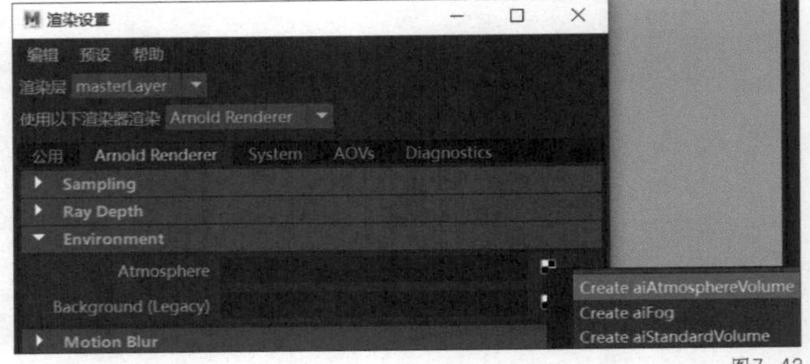

图7-42

在aiAtmosphereVolume节点的属性里可以设置灯光雾的Density（密度）、Color（颜色）等属性，例如将“Density”设置为0.2，渲染效果如图7-43所示。

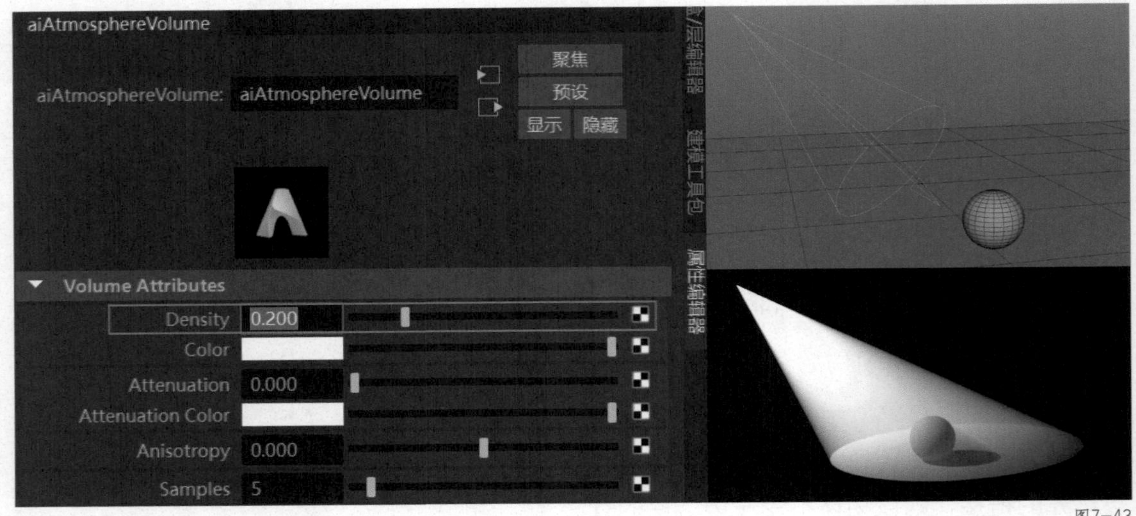

图7-43

知识点 6 灯光间接照明

在现实世界中，光线照射到物体表面会发生反弹，进而间接照亮直射区域以外的物体，非直射区域的部分称为间接照明区域。Maya 2020内置渲染器Arnold是一款基于物理算法的渲染器，能够准确计算光线的反弹，模拟出接近真实的间接照明效果。如图7-44所示，场景中虽然只有一个区域光透过门口，但是依然能观察到光线反弹间接照亮了内部的墙壁。

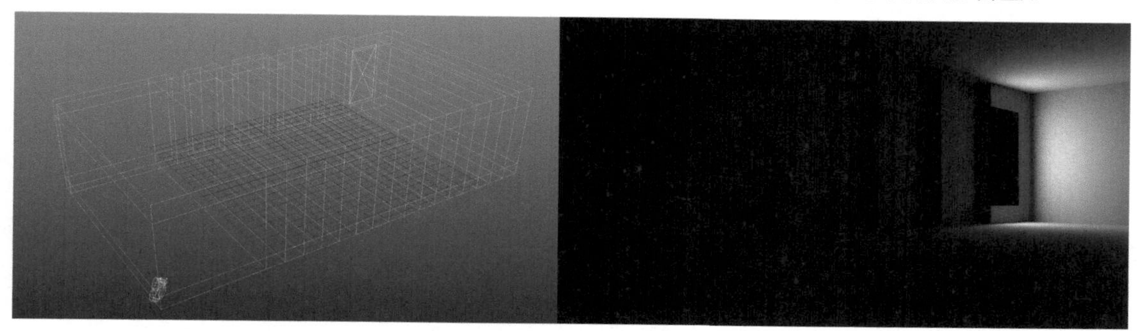

图7-44

如果想在不提高灯光亮度的前提下，使间接照明更亮一点，可以提高Visibility（能见度）属性栏下面的“Indirect”（间接亮度）属性，例如将“Indirect”设置为8，效果如图7-45所示。

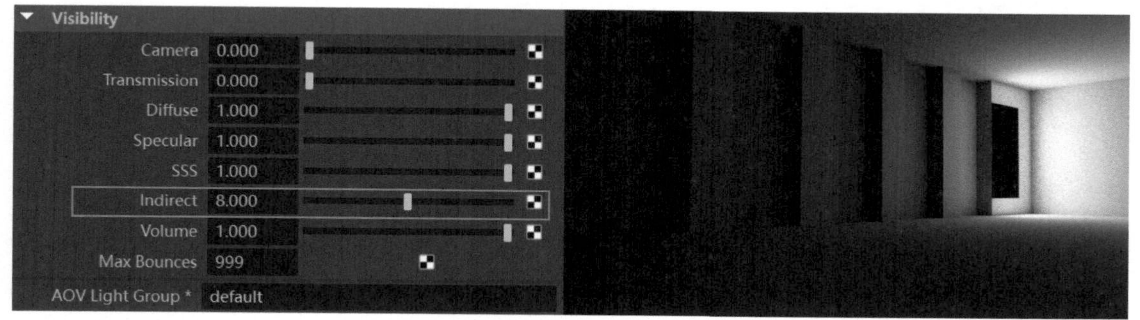

图7-45

知识点 7 灯光使用的技巧

本小节将讲解4种灯光使用的技巧。

（1）减少干扰。灯光的亮度会相互叠加，例如当前场景中有一个点光源，再创建一个区域光，最终的画面亮度效果是两个光源叠加的效果，如图7-46所示。

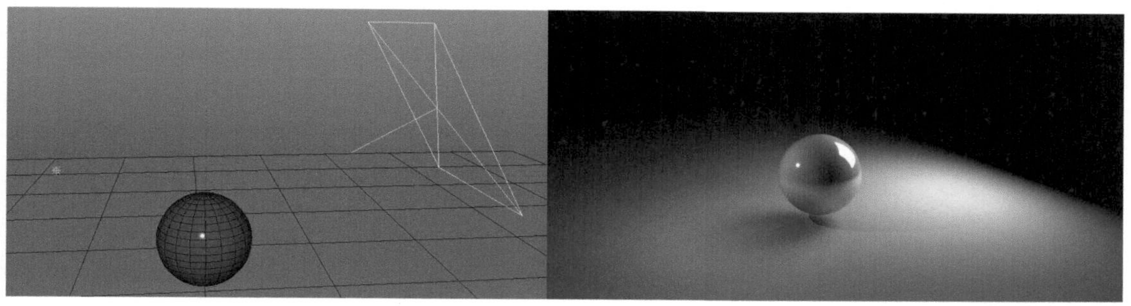

图7-46

渲染测试灯光时，同时创建多盏灯光，亮度会相互叠加干扰，初学者很难把控画面的明暗关系。正确的做法应该是创建并测试好亮度后再创建下一盏灯光。

（2）为了得到精确、真实的光影效果，建议使用基于物理算法的Arnold渲染器进行渲染。在使用Arnold渲染器进行渲染时，不建议使用默认的环境光与体积光，因为它们不支持Arnold渲染。同时，Arnold的灯光也不支持软件渲染器的渲染，因此不要将灯光混淆使用。

（3）使用材质模拟发光。有些物体的发光并不使用灯光模拟，而是使用材质模拟，例如透光的窗户、开启的显示器、霓虹灯等。可以给模型赋予一个不受光照影响的Utility材质，在Utility材质的颜色属性上贴一张贴图。

例如在材质编辑器里创建一个Utility材质，将“Shade Mode”改为“flat”模式，再在“Color”属性中连接一张“窗花.jpg”图片，将该材质赋予场景中垂直的面片模型，如图7-47所示。

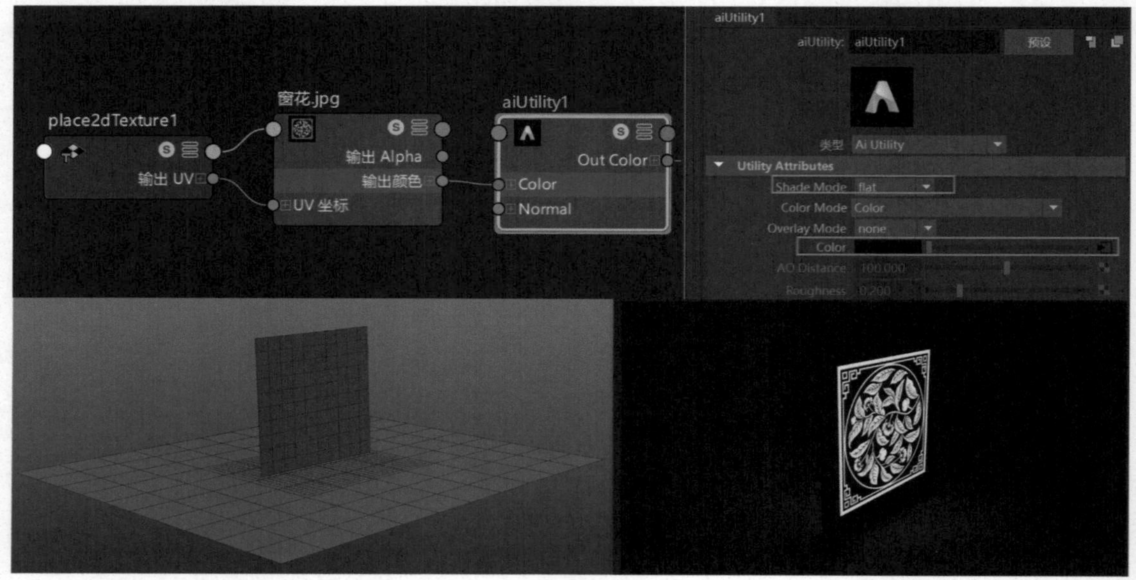

图7-47

（4）先制作明暗关系，再提高采样去噪点。使用Arnold渲染器会有大量的噪点，消除噪点的方法只有提高灯光的采样值，但是提高采样值会消耗非常多的时间，对于初学者来说，长时间的等待是一件很难熬的事情。为了快速地看到画面的明暗对比，建议刚开始布光时不要开启采样，待整体画面的明暗关系确定之后，再提高灯光的采样值来消除噪点。

第4节 综合案例——朋克夜都

本节将通过一个灯光的综合案例“朋克夜都”的制作，系统讲解灯光解析、灯光冷暖搭配、灯光雾效等技巧，帮助读者掌握Maya 2020灯光的使用技巧，案例效果如图7-48所示。

图7-48

知识点 1 灯光解析

在生产制作时，灯光的制作并不能完全随心所欲，需要遵循一定的规则。例如在制作纯三维动画时，需要根据前期设定的概念图进行布光。在图7-49中，左图为二维概念图，右图为三维渲染图。

图7-49

CG与实拍相结合时，为了保证虚拟的角色完美融入实拍的画面，更需要根据实拍的光源效果来进行布光。在图7-50中，左图为实拍画面，右图为CG制作的虚拟的熊。在三维软件中给“熊”角色布光时，必须考虑实拍的环境光源情况，保证CG的光源与实拍一致。

图7-50

在制作本案例时，首先需要分析参考图，了解案例的光源特点与种类，这样才能制定出合理的布光方案。

本案例为一个城市的夜景，有路灯、窗户、月光等丰富的光源，同时画面还有冷暖对比、虚实结合等效果，如图7-51所示。使用三维软件模拟时，需要制作大量的灯光，还需要进行烦琐的亮度、色彩等设置，而使用一套规范的布光方法，可以提高制作效率。

图7-51

布光同素描一样，也需要讲究主次关系、明暗对比。

第一种布光的方法是从明暗对比出发，首先制作出画面亮度最高的区域，再逐步制作亮度低的区域。例如该画面亮度最高区域为有月光照射进来的右侧大门和远处的楼顶。可以首先使用天光和平行光模拟天空与月光，再使用点光源模拟路灯，最后使用区域光或材质发光的方式制作出窗户，这样比较好把控每个光源的亮度。

第二种布光的方法是从发光顺序出发，首先制作出主动发光的光源，再制作出间接照明的光源，最后制作修饰画面的光源。例如该画面主动照明的为右侧大门的月光、路灯、透过窗户的灯光，首先可以使用平行光模拟月光，使用点光源模拟路灯，使用区域光和材质发光模拟透过窗户的灯光。其次使用区域光或聚光灯模拟墙角处反弹的光，也可以提高灯光的间接照明属性。最后调节光源的颜色制作冷暖对比，再使用天光弥补未被照亮的区域。

本案例选择第一种布光的方法，当然读者也可以根据自己的理解选择第二种布光的方法。

知识点 2 工程整理

本案例有大量模型与贴图素材，为了能够正确读取文件，建议将整个工程文件复制到路径中没有中文的文件夹里，并且在菜单栏中执行“文件-设置项目”命令，将本案例工程

“light_pg”设置为项目工程，如图7-52所示。

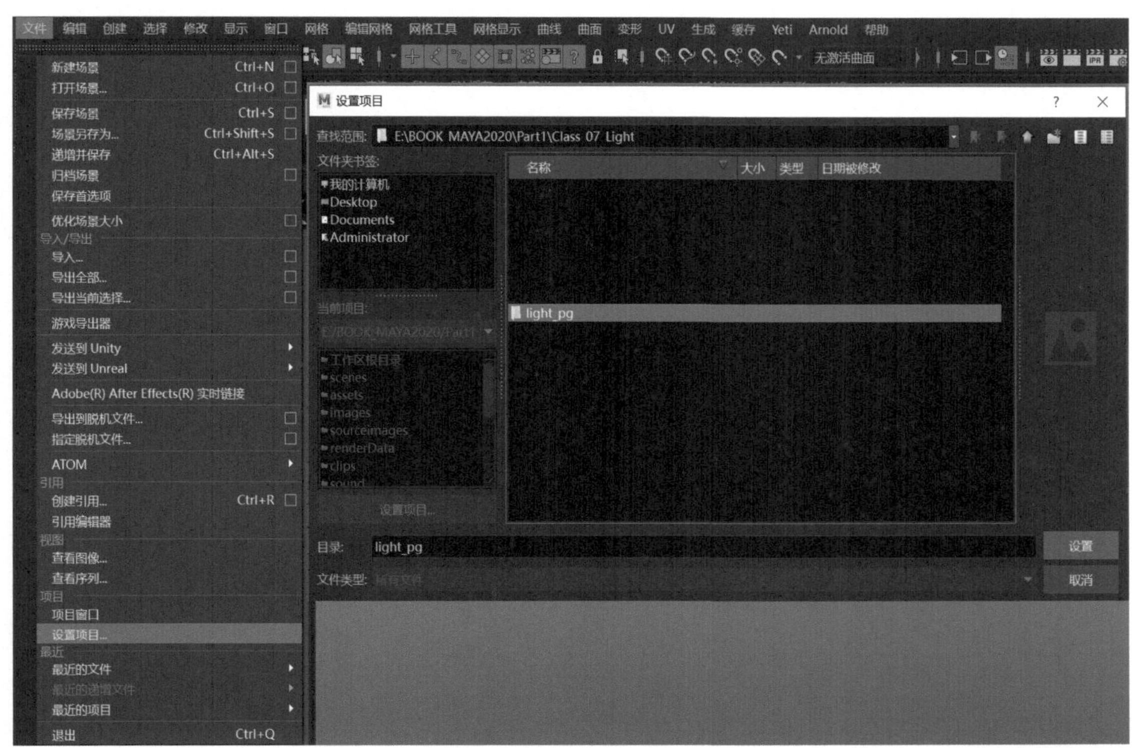

图7-52

注意 本案例素材文件在BOOK_MAYA2020\Part1\Class_07_Light\light_pg。

在工程的场景文件夹里有“no_shader.mb”“shader.mb”“light.mb”3个文件。“no_shader.mb”为不带材质的场景文件，效果如图7-53所示。

图7-53

“shader.mb”为已制作好材质的场景文件，按6键可以预览材质效果，如图7-54所示。

图7-54

"light.mb"为制作灯光的文件，场景中只有窗户模型，如图7-55所示。

图7-55

为了管理复杂的场景，制作灯光在"light.mb"文件里进行，"no_shader.mb"和"shader.mb"文件以创建引用的方式导入灯光场景里，并且使用引用编辑器管理这两个文件。

注意 在初步制作灯光时使用"no_shader.mb"文件，因为不带材质的文件渲染效率更高，同时没有纹理的干扰，也能更准确地反馈灯光的明暗效果。

灯光制作完毕后，再引用带材质的文件"shader.mb"渲染最终的效果。

知识点 3 天光制作

在"light.mb"文件里使用引用的方式导入"no_shader.mb"文件，如图7-56所示。

图7-56

首先制作画面亮度最高的区域，也就是月光照亮的区域。月光光源的特点是巨大且遥远，对于被照明对象而言光线是平行的，可以使用平行光模拟。单击工具架上的按钮创建平行光，旋转平行光的角度，使光源从画面右侧进入。设置平行光的“颜色”为白色，“强度”为

0.2，在已设置好的camera1摄影机角度进行渲染，效果如图7-57所示。

图7-57

当前画面背光部分太暗，模型的细节没有呈现出来时，需要添加光源进行补光，同时天空为纯黑色，也需要添加一些颜色来丰富画面。根据这些照明需求，可以添加天光来进行照明。单击工具架上的按钮创建天光，并在天光的"颜色"属性中添加一张HDR环境贴图，设置天光的"强度"为0.06，如图7-58所示。

图7-58

此时画面有了初步的月光与天空的颜色，但是月光照明的部分亮度层次还不够，可以添加更多的光线来制造明暗对比，例如将右侧大门处的月光亮度提高，给中间部位的建筑添加更多明暗的变化，远处的建筑也添加更多明暗过渡等效果。

单击工具架上的按钮创建聚光灯，将聚光灯移至右侧大门处，将灯光的"曝光度"设置为17，用于模拟穿过门洞的月光，如图7-59所示。

单击渲染设置按钮打开渲染设置面板，单击"Arnold Rendere"选项卡，在Environment属性栏的"Atmosphere"属性里添加灯光雾节点，将灯光雾节点的"Density"（密度）设置为0.002，渲染器效果如图7-60所示。

注意 灯光的亮度是靠对比来调试的，为了凸显门洞处月光的亮度，可以适当调暗天空的亮度。

图7-59

图7-60

单击工具架上的▣按钮创建聚光灯，将聚光灯移动至建筑物中部，用于塑造中部建筑的明暗对比，如图7-61所示。

设置灯光的“曝光度”为18，“半影角度”为20，“衰减”为1，“体积可见性”为0，“阴影模糊”为20，效果如图7-62所示。

此时天光的部分已经制作完毕，下一小节制作路灯的照明效果。

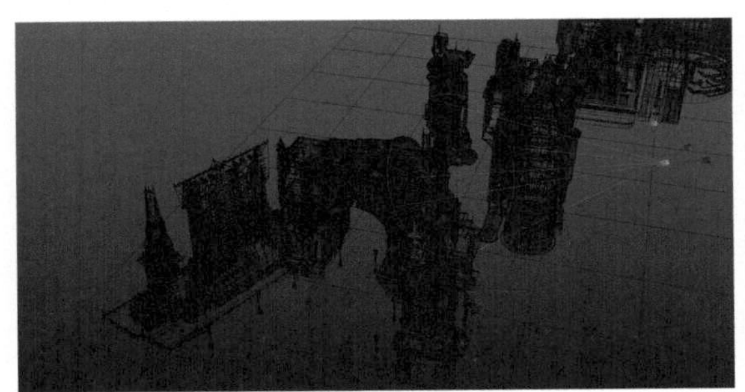
图7-61

图7-62

知识点 4 路灯制作

本场景的路灯光是向四周散射的，可以使用点光源模拟。单击工具架上的▣按钮创建点光源，将点光源移动至每个路灯模型的灯罩内，如图7-63所示。

将点光源的“曝光度”设置为10，“阴影模糊”设置为5，渲染效果如图7-64所示。

此时已完成路灯的制作，下一小节制作透过窗户的光源。

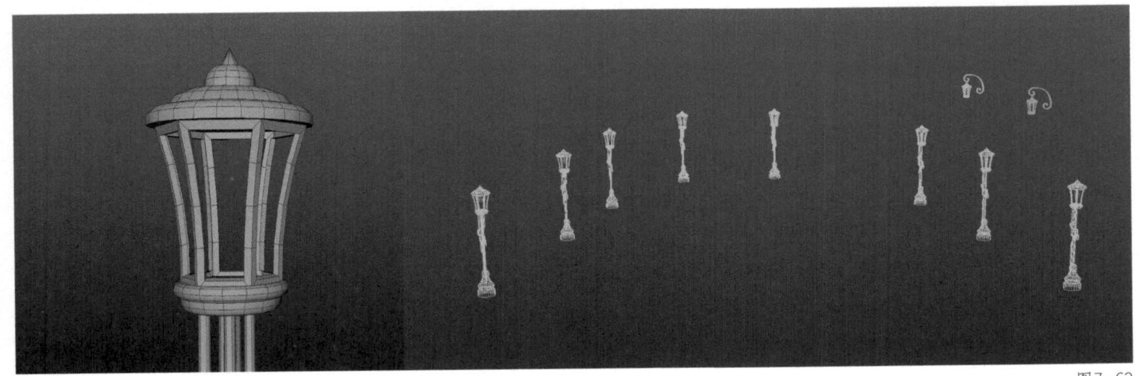
图7-63

图7-64

知识点 5 透过窗户的光源的制作

本场景中的窗户非常多，如果使用区域光模拟则需要创建大量区域光，这个方案效率太低，使用材质模拟发光的方案更方便快捷。

单击工具架上的按钮打开材质编辑器，在材质编辑器里创建一个Utility材质，将“Shade Mode”改为“flat”模式，再在“Color”属性中连接一张“window1.jpg”图片，如图7-65所示。

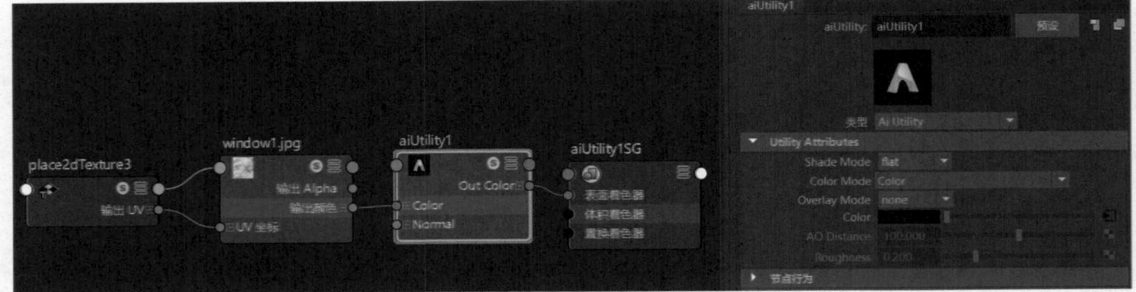

图7-65

将该材质赋予场景中的窗户模型，渲染效果如图7-66所示。

图7-66

知识点 6 建筑物的修饰灯光

本案例中有些灯光并不是主动发光的光源，只是为了画面的协调、美观而添加的光源，例如中间的建筑模型虽然丰富，但是大部分并未被灯光照亮，画面缺少细节。可以使用区域光与聚光灯产生的亮度衰减效果，使画面产生丰富的明暗变化。

单击工具架上的按钮创建聚光灯，将聚光灯移至中间建筑的底部，如图7-67所示。

将“曝光度”设置为18，“半影角度”设置为30，“衰减”设置为5，“体积可见性”设置为0，“阴影模糊”设置为10，渲染效果如图7-68所示。

图7-67

图7-68

为了更好地体现建筑的结构，可以在建筑的底部布置灯光，使用灯光的明暗变化来丰富画面。例如在建筑底部放置区域光，将区域光的“曝光度”设置为18，“体积可见性”设置为0，渲染效果如图7-69所示。

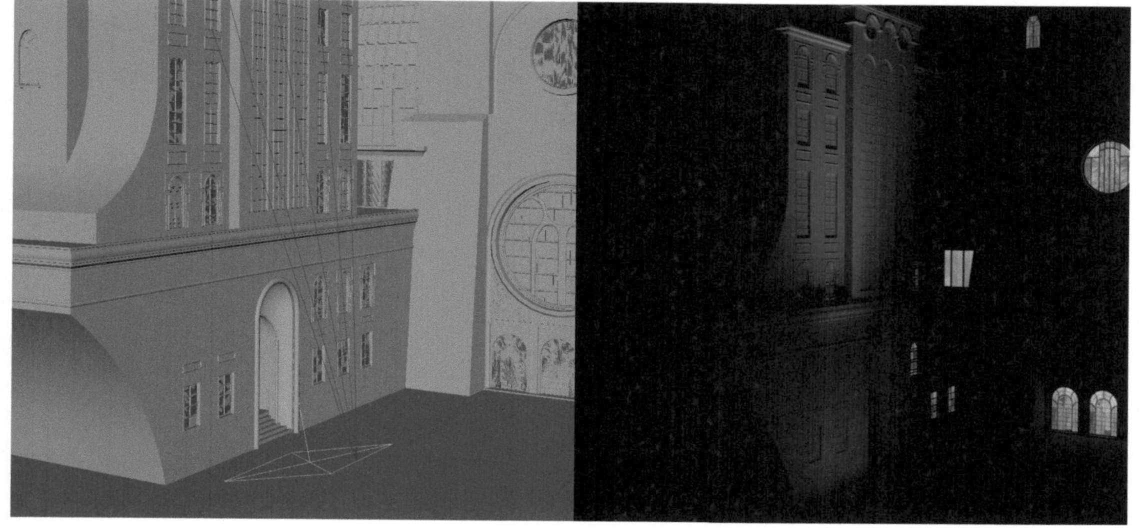

图7-69

通过以上两个步骤使建筑的墙面有了丰富的明暗变化，建筑的结构感更强了。使用同样的技巧可以在建筑的底部添加更多的灯光，使更多的建筑物细节被照亮，如图7-70所示。渲染画面得到的效果如图7-71所示。

图7-70

图7-71

知识点 7 灯光冷暖对比

此时灯光亮度已经调节完毕，可以通过灯光颜色的冷暖变化来丰富画面的层次。天空与月光可以设置为冷色系，路灯可以设置为暖色系。例如将模拟月光的聚光灯与平行光的色温设置为15000，将模拟路灯的点光源的颜色设置为橘黄色，渲染效果如图7-72所示。

图7-72

注意 为了快捷地调整多个光源的颜色，可以同时选择所有需要调节的光源，在右侧通道盒的形状栏里设置光源的颜色属性。

知识点 8 优化输出

灯光制作完毕后，可在引用编辑器里关闭“no_shader.mb”场景文件，加载带有材质的“shader.mb”场景文件，渲染效果如图7-73所示。

此时画面的光影关系与冷暖对比基本合理，可以将灯光的采样值提高，减少画面噪点，例如将灯光的“采样”设置为4。为了使画面更加美观，可以将渲染的图片导出，并用后期软件优化，例如使用Photoshop的亮度/对比度工具，将画面的亮度提高，对比加强。使用色相/饱和度工具，为天空与月光部分添加更多蓝色，为路灯部分添加更多暖色。最终效果如图7-74所示。

图7-73

图7-74

本课练习题

填空题

（1）这些按钮代表的光源分别是________、________、________、________、________、________。

（2）使用Arnold渲染器的哪个属性可以提高灯光的亮度？________。

（3）打断灯光与物体的照明应使用什么窗口进行编辑？________。

（4）使用灯光的哪个属性可以提高间接照明的亮度？________。

（5）在Environment属性栏的“Atmosphere”属性里添加________节点可以制作灯光雾效果。

参考答案

（1）环境光、平行光、点光源、聚光灯、区域光、体积光。

（2）“Exposure”（曝光度）。

（3）灯光链接编辑器。

（4）“Visibility”（能见度）属性下面的“Indirect”（间接亮度）。

（5）aiAtmosphereVolume（灯光雾）节点。

第 8 课

材质系统

每个物体的构成元素各不相同，对光的反射能力也各不相同。光照到物体上后发生反射、散射、透光等现象时，物体就呈现出漫反射、高光、反射、折射等质感效果。Maya 2020提供了功能丰富的材质系统，利用这些材质，我们可以创造出质感真实的CG世界。

本课将学习材质的创建与编辑、万能材质的各个属性、金属/玻璃等质感的表现技巧等知识。通过本课的学习，读者可以掌握Maya 2020材质的使用技巧，并能完成产品级别的质感表现。

本课知识要点

- 材质与质感
- 创建与编辑材质
- Ai Standard Surface材质
- Bump贴图与置换贴图
- Ai Standard Hair材质
- Ai Ambient Occlusion材质
- Ai Utility材质
- 材质系统综合案例

第1节 材质与质感

三维软件中，物体的质感是通过材质系统来模拟的。一套材质系统由着色器（Shader）、纹理（Texture）、灯光（Light）等节点组构成。每一个节点拥有多个功能，每一个功能又可以模拟一种质感效果，例如有的属性模拟颜色，有的属性模拟透明，有的属性模拟高光等。通过各种参数的配比与组合，我们最终可以得到一个复杂的材质效果。

知识点 1 三维软件表现质感的原理

材质系统命令繁杂，知识点众多，很多初学者感到难以掌握，其实只要从材质表现的基本原理去理解，就能全面地掌握材质系统的体系。

我们之所以能够分辨各种物体的质感，是因为光照射到物体上，物体将光反射到我们的眼睛里。不同的物体对光的反射能力各不相同，也就产生了丰富的质感变化。光照射到物体上会发生3类情况。

（1）光线会被物体反弹出去。物体表面凹凸不平时会发生漫反射，例如粗糙的岩石，模拟该材质需要调整粗糙度的值。物体表面相对光滑时会产生高光与反射，例如新鲜的水果、光滑的地板，模拟这些材质需要调整高光与反射值。物体表面绝对光滑时会产生镜面反射，例如光滑的金属球、平静的水面，模拟这些材质需要将粗糙度调小，将反射效果调大。

（2）光线直接穿透物体。物体绝对透明时会发生折射，例如纯净的水、透明的玻璃，模拟这些材质需要调整透明度、折射率等值。

（3）光线部分穿透物体。有些物体的背光部位会发生透光的现象，例如蜡烛、皮肤，模拟这些材质需要调整次表面散射等值。

在使用材质节点表现某一质感的时候，首先要根据该物体的特点选择对应的参数，切忌盲目地调试参数。

知识点 2 质感的专业术语

在三维软件里描述质感的用语与我们的日常语言有所区别，有些专业术语是我们需要提前理解的。

- Base Color表示物体的颜色。
- Diffuse Roughness（粗糙度）表示物体表面的光滑度。
- Specular（高光）表示物体表面灯光的反射效果。
- Transmission（透明）控制物体的透明程度。
- SSS表示次表面散射，也就是透光效果。
- IOR表示反射率，该值同时影响折射率。
- 丰富的颜色需要通过纹理来实现。

- 制作凹凸效果需要使用Bump贴图和置换贴图来实现。

第2节 创建与编辑材质

本节将讲解材质编辑面板、材质创建与编辑等知识，帮助读者掌握材质的使用方法。

知识点 1 材质编辑器

材质编辑器是创建与编辑材质的地方，任何绚丽的材质效果都是在材质编辑器里制作的。打开材质编辑器有两种方法：第一种，单击工具架上的按钮；第二种，在菜单栏中执行“窗口-渲染编辑器-Hypershade”命令。材质编辑器如图8-1所示。

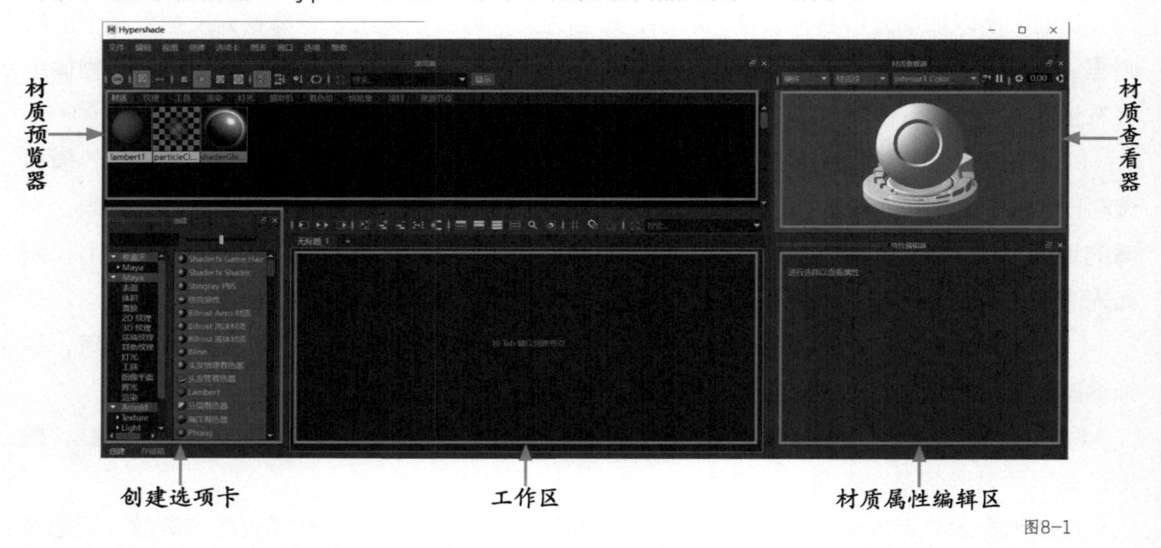

图8-1

- 材质预览器中存储已经创建好的材质，材质是以材质球的形式呈现的。
- 创建选项卡内是Maya 2020提供的各种基础材质节点，任何复杂的材质都是通过这些节点制作出来的。
- 材质查看器可以预览当前编辑的材质效果。
- 材质属性编辑区显示的是当前编辑材质的各个属性。

知识点 2 创建材质

创建材质有以下3种方法。

（1）选择模型，单击工具架上的材质球按钮，为模型添加新的材质，右边属性面板中会显示新材质的名称与各个属性，如图8-2所示。

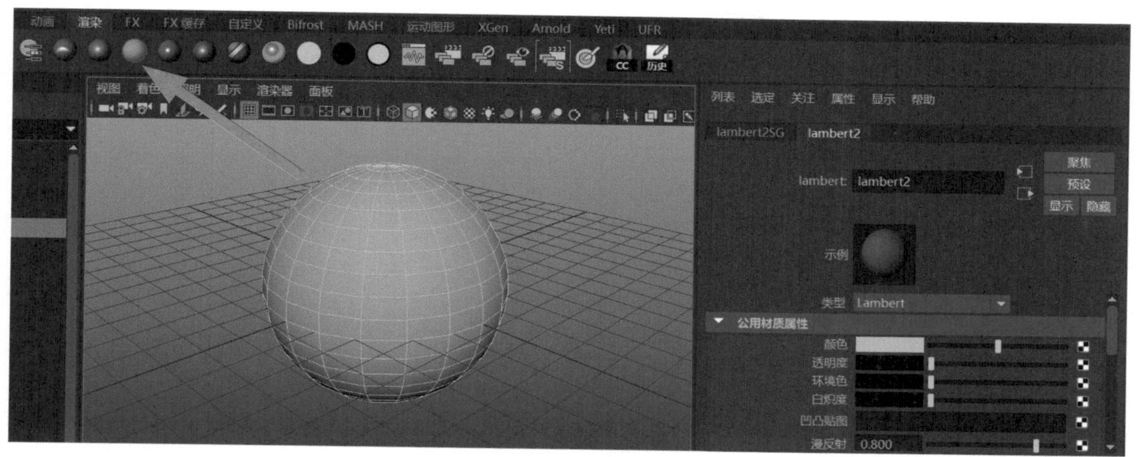

图8-2

（2）在材质编辑器的创建选项卡内单击材质节点，如图8-3所示。

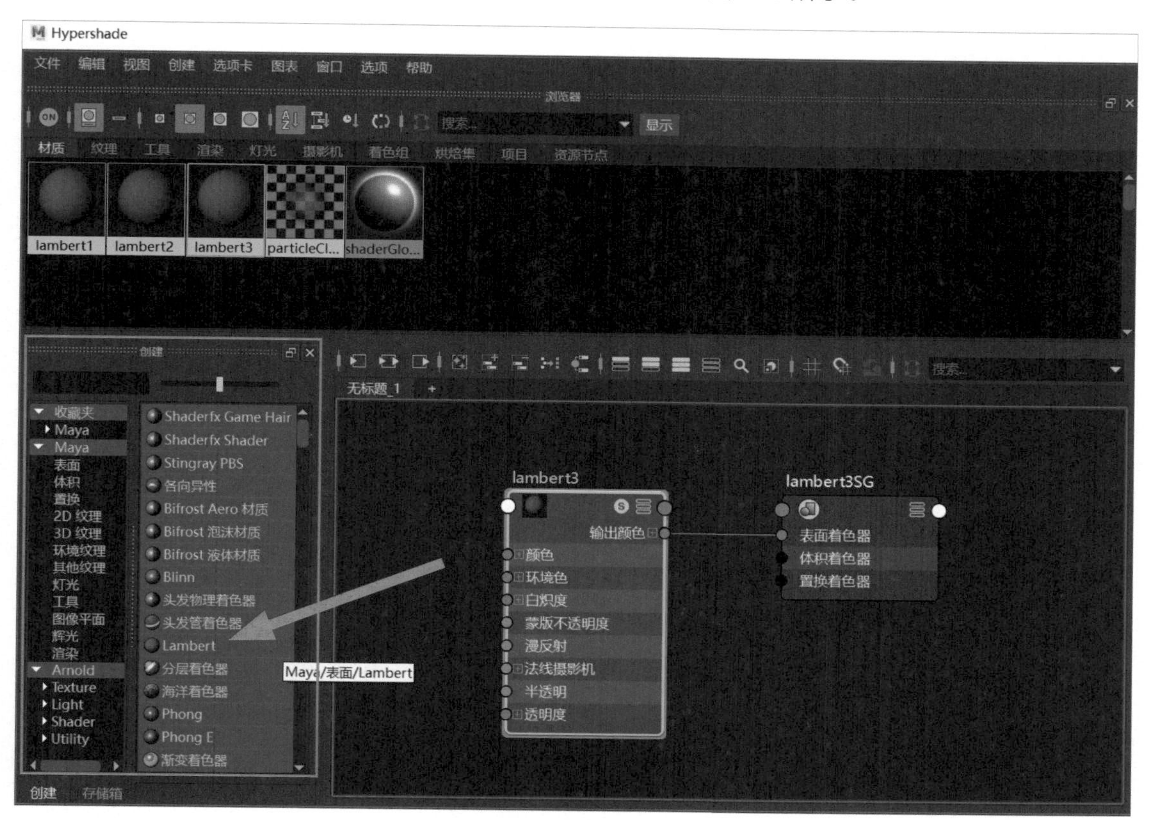

图8-3

（3）选择模型，按住鼠标右键，在弹出的快捷菜单里执行“指定新材质”命令，在弹出的指定新材质面板里选择新的材质，如图8-4所示。

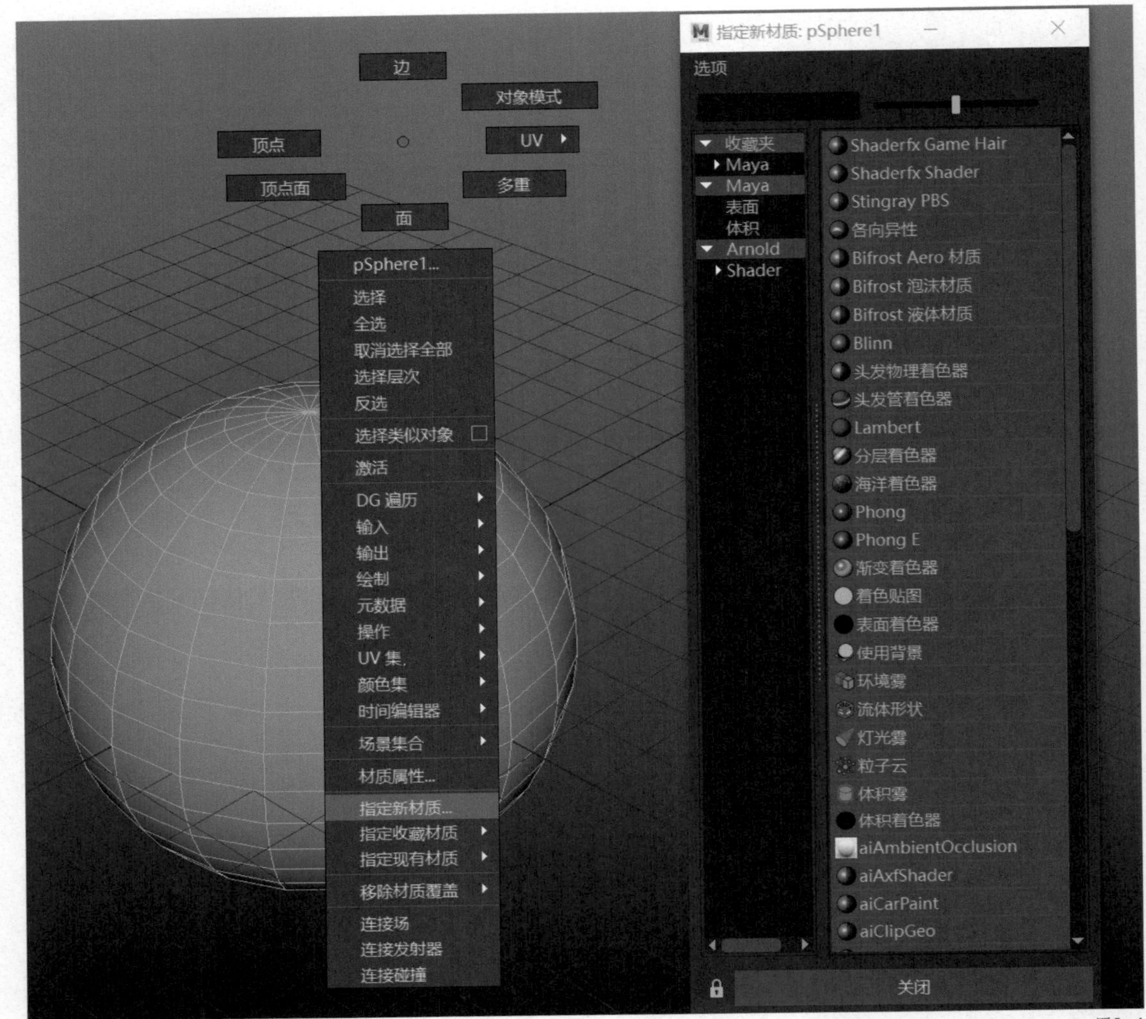

图8-4

知识点 3 指定模型材质

将现有材质赋予模型的方法有以下3种。

（1）首先选择模型，再在材质球上按住鼠标右键，在弹出的快捷菜单中执行“将材质指定给视口选择”命令，如图8-5所示。

图8-5

注意 选择物体可以赋予材质，选择面也可以赋予材质。

（2）选择材质球，按住鼠标中键将其拖曳至模型上，如图8-6所示。

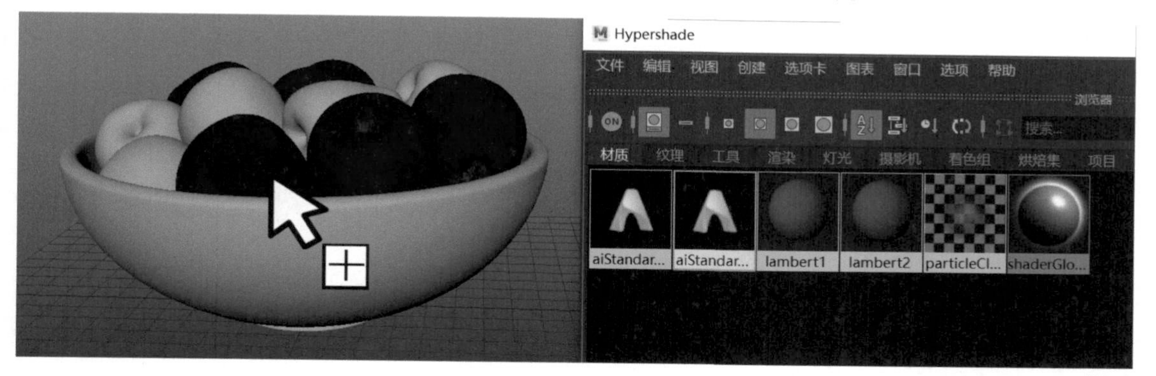

图8-6

（3）选择模型，按住鼠标右键，在弹出的快捷菜单中执行“指定现有材质”命令，在罗列的材质中选择需要的材质即可，如图8-7所示。

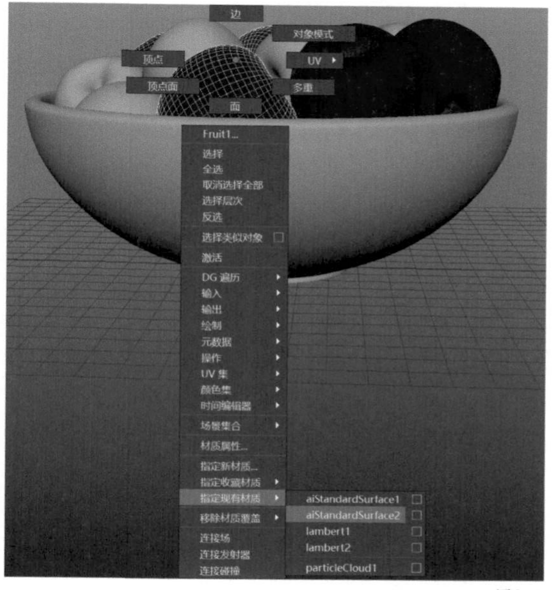

图8-7

知识点 4 将材质导入工作区

编辑材质主要在材质编辑器的工作区进行，将材质导入材质编辑器的工作区有以下3种方法。

（1）选择模型，在材质编辑器工作区上方的工具架上，单击导入按钮，如图8-8所示。

图8-8

注意 清空工作区不可以按Delete键，按Delete键会彻底删除材质。如果只是清空工作区中的节点而需要保留材质，可以单击工具架上的▣按钮来清空工作区。

（2）在材质预览器中选择材质球，按住鼠标中键将材质球拖曳至工作区，如图8-9所示。

图8-9

（3）将材质球拖曳至工作区后还有隐藏的节点，选择材质球，单击工具架上的展开按钮可以打开上下游节点，如图8-10所示。

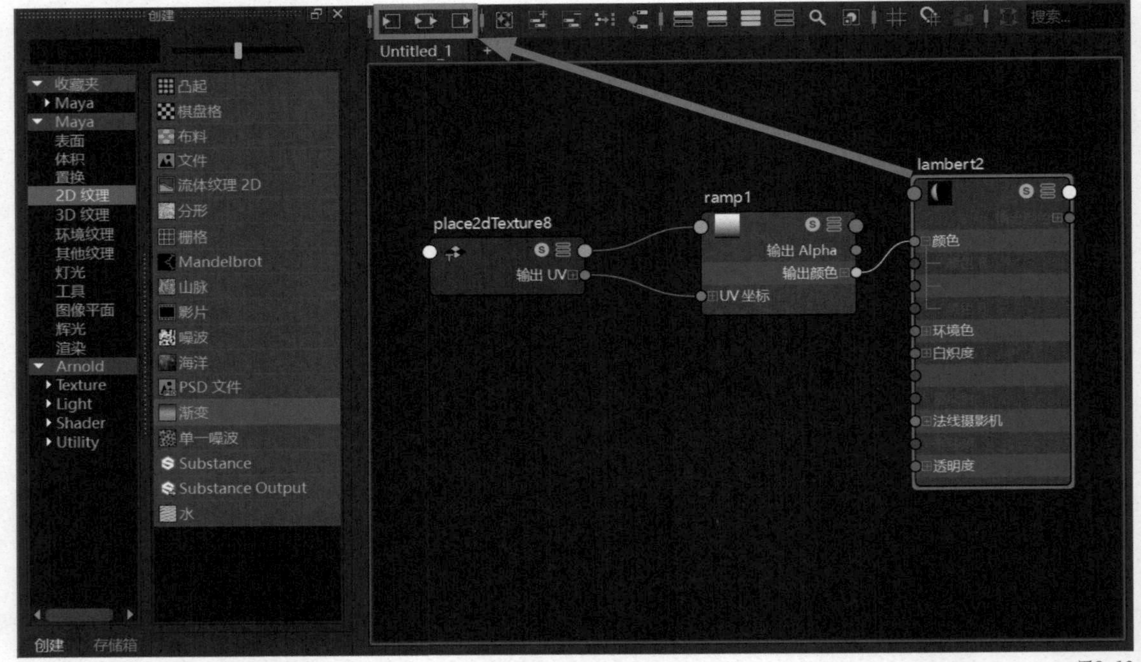

图8-10

知识点 5 材质节点连接方法

选择材质球，在材质属性编辑区里编辑这些属性就可以得到丰富的材质效果，如图8-11所示。复杂的材质效果都是由很多材质节点连接出来的，材质节点之间的连接方法有以下3种。

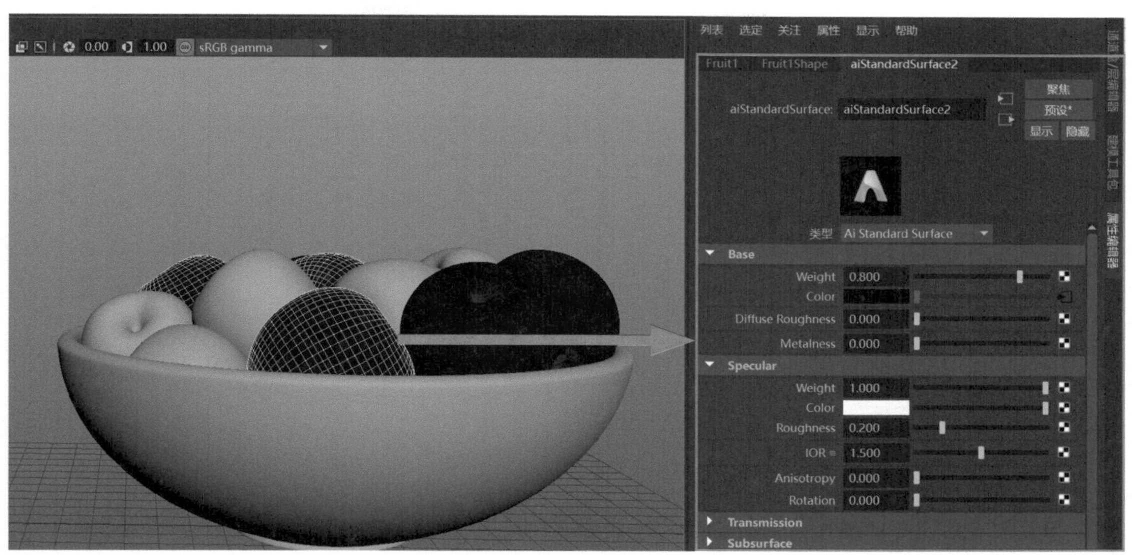

图8-11

（1）在每个材质属性的后面都有一个棋盘格样式的按钮，单击该按钮可以打开创建渲染节点面板，在创建渲染节点面板里选择节点，就可以在该属性上连接新节点，如图8-12所示。

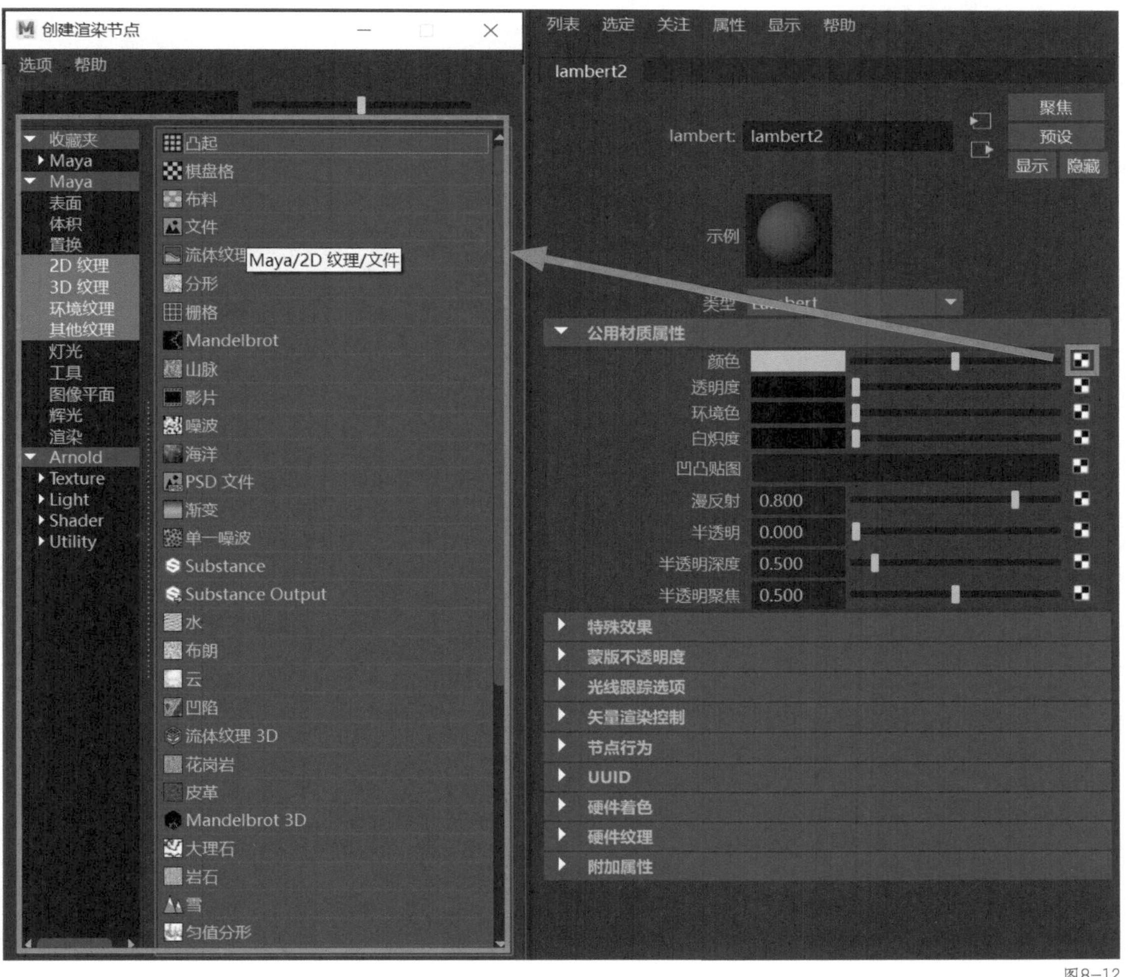

图8-12

（2）在创建渲染节点面板里创建一个新的节点，选择节点的输出端口，将其连接到下游节点的输入端口即可，如图8-13所示。

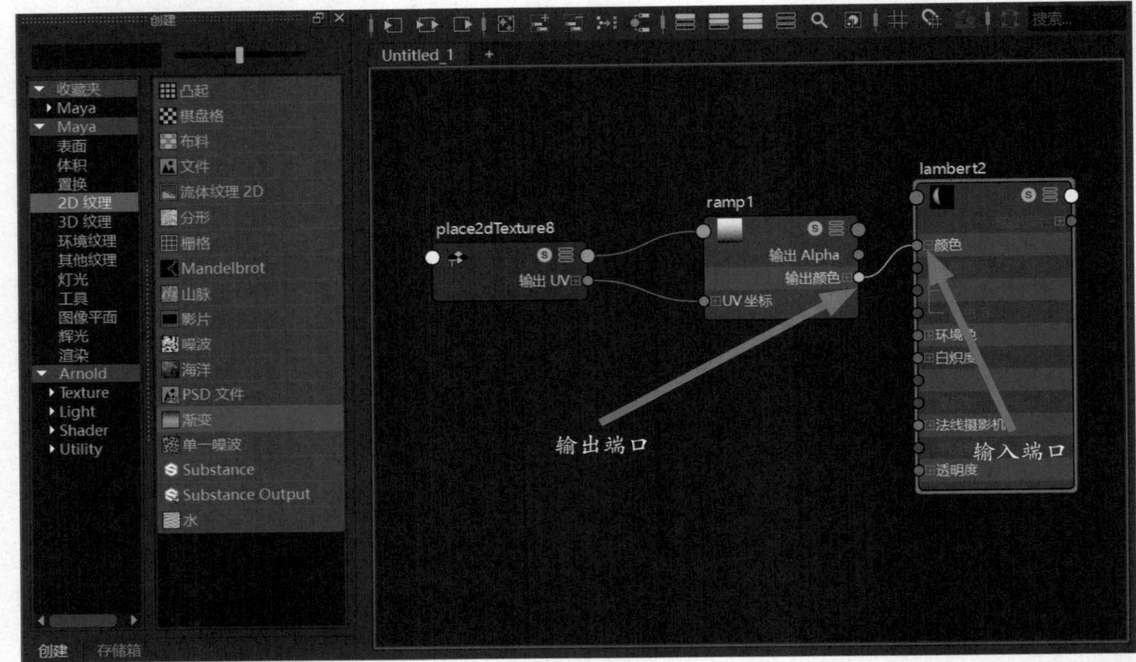

图8-13

（3）选择需要连接的节点，按住鼠标中键，将节点拖曳到材质属性上，如图8-14所示。

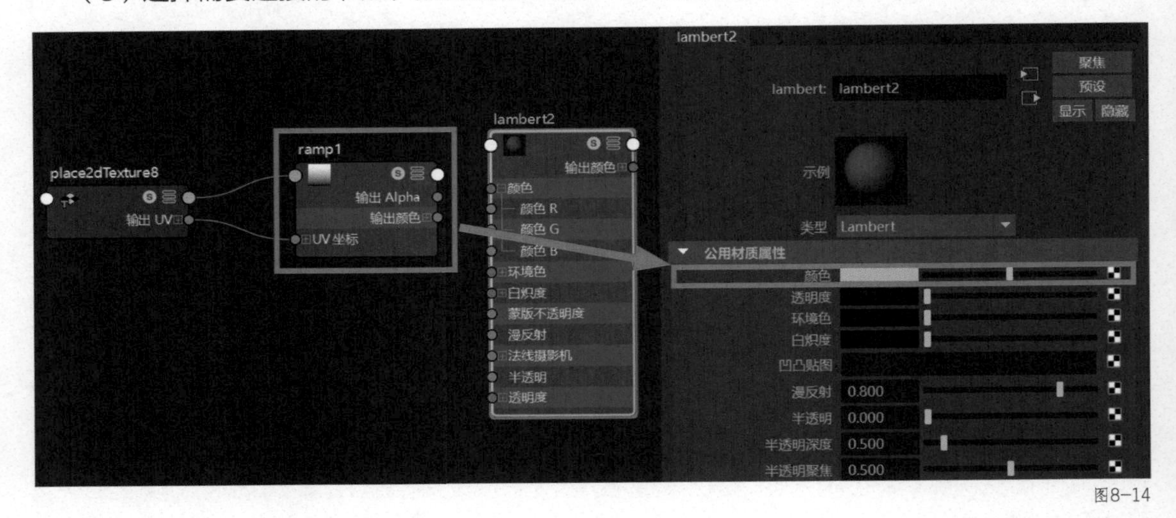

图8-14

要断开材质节点之间的连接有以下两种方法。

（1）选择连接线，按Delete键即可，如图8-15所示。

（2）在材质属性上右击，在弹出的快捷菜单中执行“断开连接”命令，如图8-16所示。

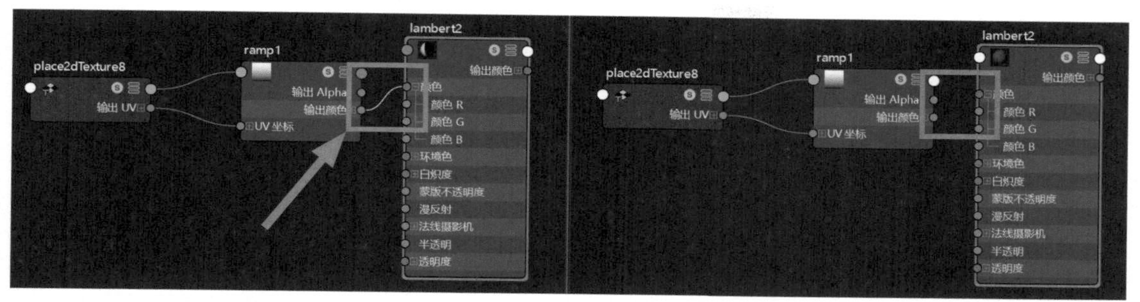

图8-15

知识点 6 编辑材质的原则

在编辑材质时要注意以下4条原则，否则将导致无法渲染或渲染出错。

（1）不可直接按Delete键删除材质，否则被赋予了材质的模型就丢失了材质信息，模型显示为绿色，如图8-17所示。正确删除无效材质节点的方法是在材质编辑器的菜单栏中执行“编辑-删除未使用节点”命令。

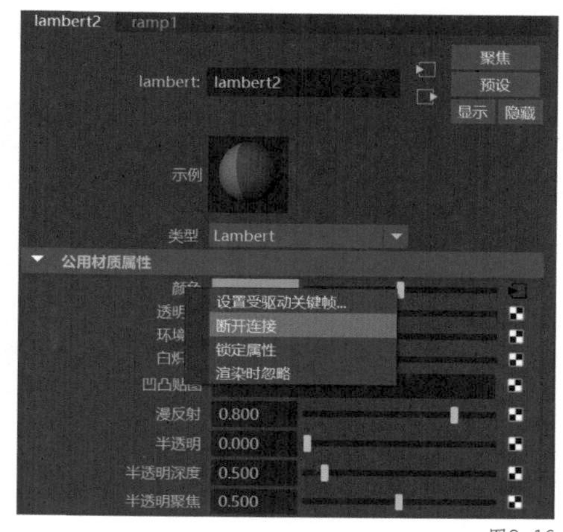

图8-16

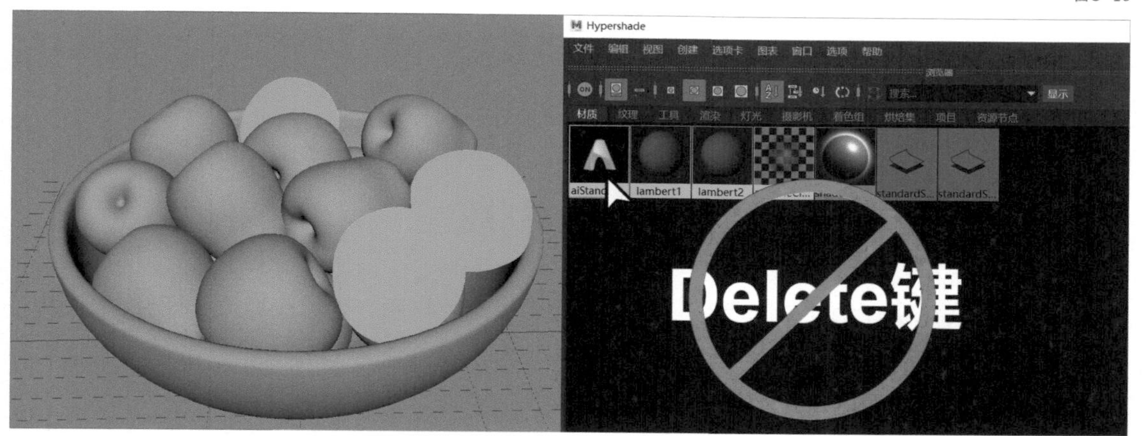

图8-17

（2）渲染时要保持渲染器的版本统一。对于相同的场景，若使用不同的渲染器版本制作文件，会导致某些材质无法识别，如图8-18所示。

（3）材质与渲染器必须保持统一。例如Arnold的材质要使用Arnold渲染器来渲染才能得到正确的渲染效果，如图8-19所示。

图8-18

图8-19

（4）贴图名称与贴图路径不得有中文或者为纯数字。渲染器在渲染时无法识别有中文或为纯数字的文件名称，以及路径中有中文或为纯数字的文件。

第3节 Ai Standard Surface材质

Ai Standard Surface材质是渲染中使用频率最高的材质，它可以模拟大部分材质效果，由于功能丰富，又被称为万能材质。本节将讲解这种材质的各个属性，帮助读者掌握它的各个属性与使用技巧等知识。

知识点 1 Base 属性栏

Base（基础）属性栏主要控制材质的漫反射效果，如图8-20所示。

- Weight：漫反射权重值，控制漫反射的效果占比，漫反射权重值越小，漫反射越弱，物体越暗，如图8-21所示。

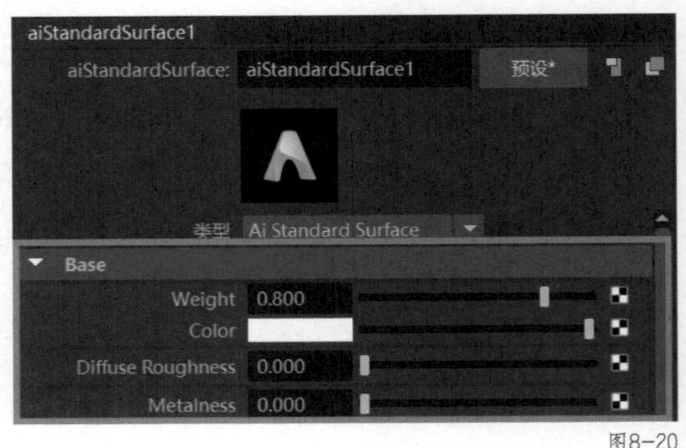

图8-20

- Color：漫反射颜色，可以更改材质的颜色，如图8-22所示。现实中物体的颜色并不全是纯色，可以通过在该属性后面的棋盘格连接纹理来丰富材质的颜色。

图8-21

图8-22

- Diffuse Roughness：漫反射表面粗糙度。粗糙度值越高，光照区的亮度会越暗，光线越平均，比较适合模拟混凝土、沙子等材质，如图8-23所示。
- Metalness：金属性，在模拟金属质感时需要使用该属性。数值为1时，可以模拟镜面反射；数值介于0~1时可以模拟生锈的金属，如图8-24所示。该属性连接纹理还可以模拟不同磨损度的金属。

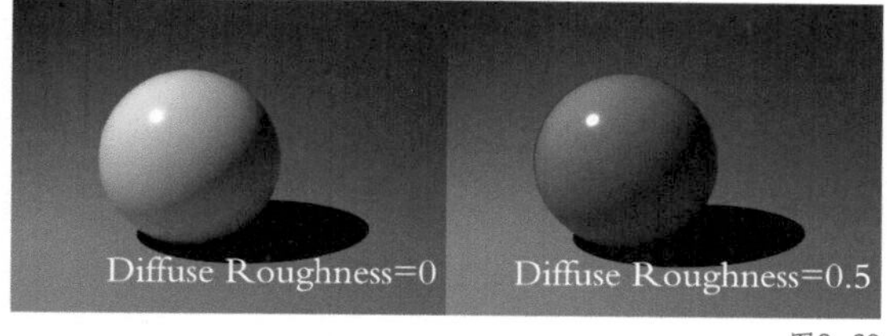

图8-23

图8-24

知识点 2 Specular 属性栏

Specular（高光）属性栏可以模拟高光与反射等效果，如图8-25所示。

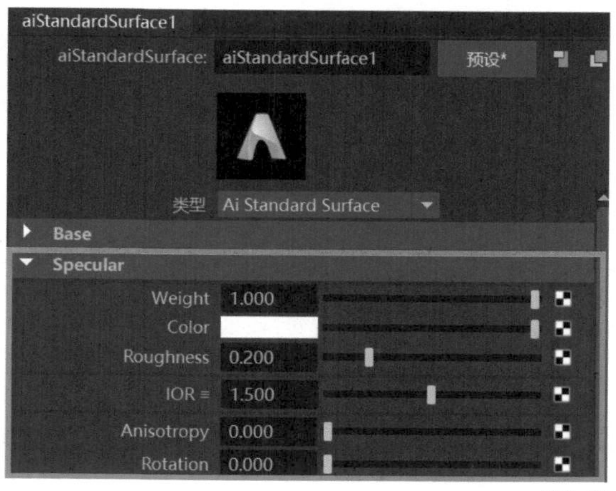

图8-25

- Weight：高光权重值，影响镜面高光的亮度，高光权重值越大高光越明显，高光权重值越小高光越不明显，如图8-26所示。
- Color：高光颜色。高光的本质是光源在物体表面的反射效果，高光颜色属性可以在反射的光源上叠加颜色，从而产生偏色的反射效果，例如将高光颜色分别设置为白色和黄色，渲染效果如图8-27所示。

图8-26

图8-27

- Roughness：反射粗糙度。值越小，高光与反射越清晰，值为0时则为完全清晰的镜面反射；值越大，高光与反射越模糊，值为1时接近漫反射效果，如图8-28所示。
- IOR：折射率，控制材质菲涅耳反射效果。折射率越高，物体中间区域的反射效果越清晰。折射率可以平衡物体中心到边缘的反射效果的强弱，值越大中间反射越强，如图8-29所示。

图8-28

图8-29

折射率同样会影响折射效果，在表现透明物体时某些材质的折射率是固定的，例如水是1.3左右，玻璃是1.5左右，钻石是2.2左右。

- Anisotropy：高光的各向异性。默认情况下高光点为圆形，随着该值的增大，高光会被拉扯成长条状，可用于模拟拉丝金属等效果，如图8-30所示。
- Rotation：高光的旋转方向，如图8-31所示。

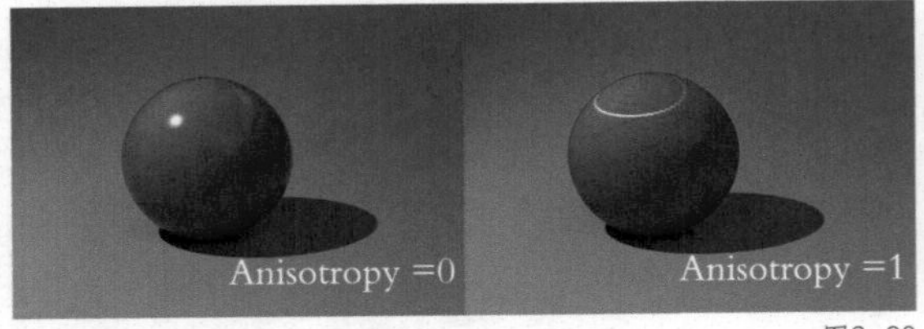

图8-30

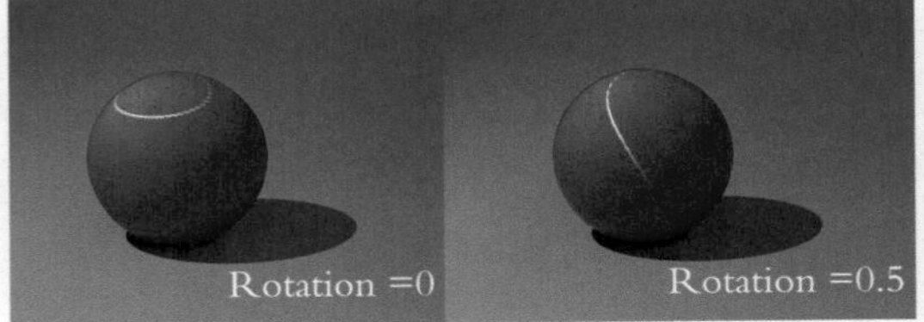

图8-31

知识点 3 Transmission 属性栏

Transmission（折射）属性栏控制透明等材质效果，如图8-32所示。

- Weight：透明权重，控制光散射透过物体的比例，也表示物体的透明度。数值越大物体越透明，如图8-33所示。

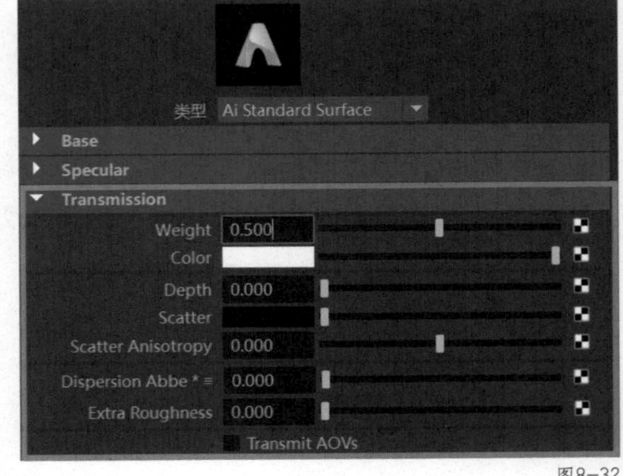

图8-32

注意 计算透明度时，模型还必须禁用“不透明”(Opaque)属性。

- Color：折射颜色。使用该属性可以模拟带有颜色的透明物体，例如有色玻璃、红酒等。折射颜色与光线穿透物体的距离有关系，光线穿透较厚的物体时颜色会变得更深，一般在设置该属性时颜色采样浅色。例如将该颜色分别设置为白色与青色，渲染效果如图 8-34 所示。

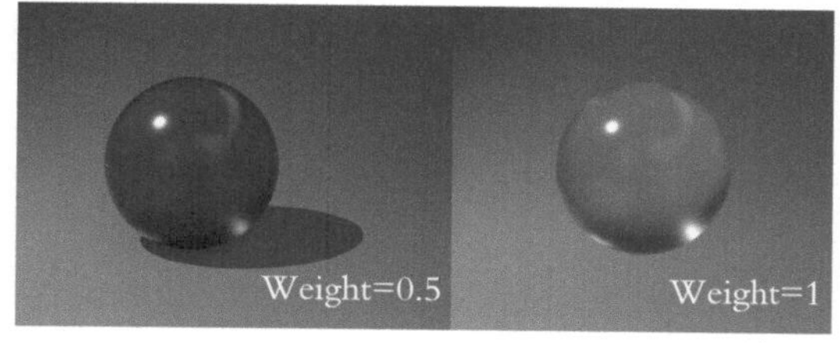

图8-33

图8-34

- Depth：深度，控制光线穿透物体的厚度。数值越大物体质感表现越通透，物体结构较厚的部分相对较薄的部分颜色更深，如图 8-35 所示，常配合折射颜色使用。

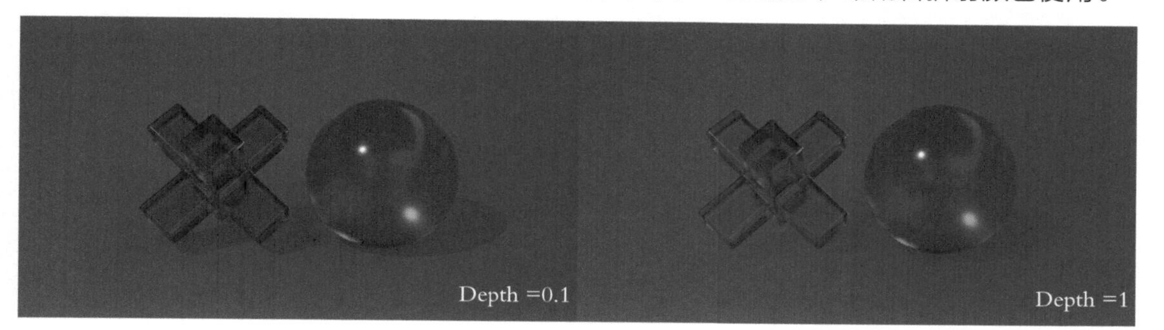

图8-35

注意 深度受场景大小影响非常大，在调节该属性时需要根据场景大小尺寸进行调节。

- Scatter：散射颜色。该属性可以模拟半透明物体呈现的散射效果，使物体内部透明颜色发生扩散效果，变得更加柔和，如蜂蜜、冰块等。将一个绿色半透明材质的散射颜色设置为白色，渲染效果如图 8-36 所示。
- Scatter Anisotropy：散射各向异性，用于模拟透明散射效果。当该值为 0 时，光会在物体上均匀散射；当该值为负数时，散射会向光的反方向偏移；当该值为正数时，散射会顺着光的方向偏移，如图 8-37 所示。

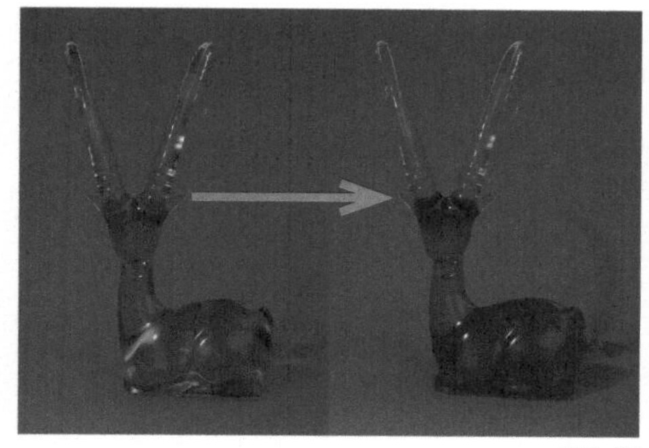

图8-36

图8-37

- Dispersion Abbe：色散，开启该属性可以模拟折射时产生的七彩光线的效果，调整范围通常在10~70。数值越小分散性越高，可以模拟钻石等材质效果，如图8-38所示。

图8-38

- Extra Roughness：透明的粗糙度，该属性控制透明物体内部的粗糙度，可以模拟磨砂玻璃等效果，如图8-39所示。

图8-39

注意 透明的粗糙度只对物体内部的透明产生影响，不会影响物体的高光与反射。

知识点 4 Subsurface 属性栏

Subsurface（次表面散射）属性栏中的属性可以表现光线进入物体并在物体下方呈现散射的效果，模拟皮肤、蜡烛、牛奶等效果非常有用，如图8-40所示。

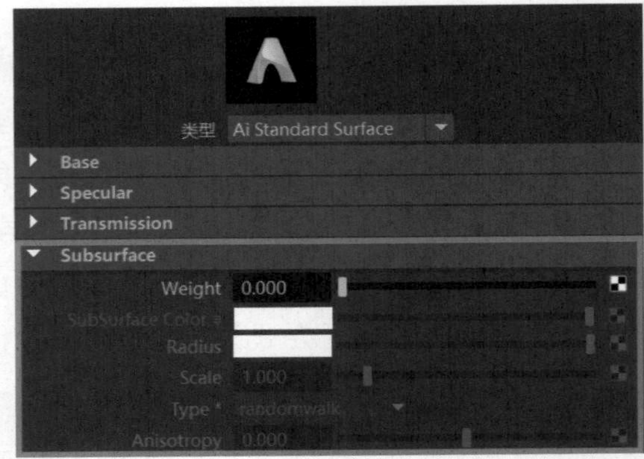

图8-40

- Weight：次表面散射的权重值。该值为0时材质表现为lambert材质效果，该值为1时代表开启散射效果，物体的明暗过渡更加柔和，如图8-41所示。

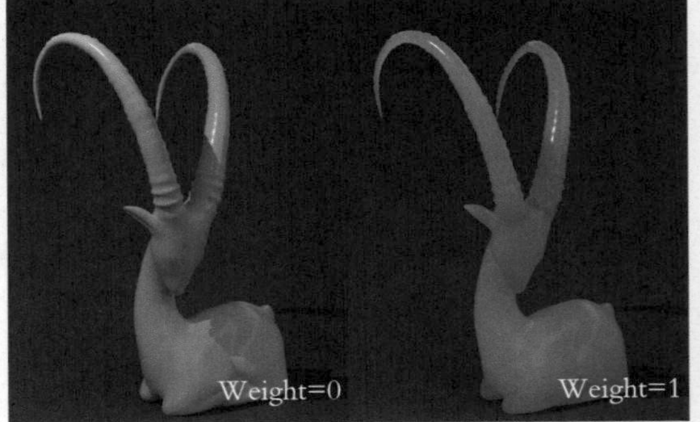

图8-41

- Subsurface Color：颜色。该属性控制散射的颜色，在制作人物的皮肤效果时，可以在该属性上连接皮肤纹理贴图，如图8-42所示。

- Radius：半径，表示光线可以散射到表面以下的距离。半径值越大物体质感越通透，半径值越小物体质感越不透明，如图8-43所示。
- Scale：缩放，该属性可以控制次表面散射的强度。值越大物体越通透，如图8-44所示。

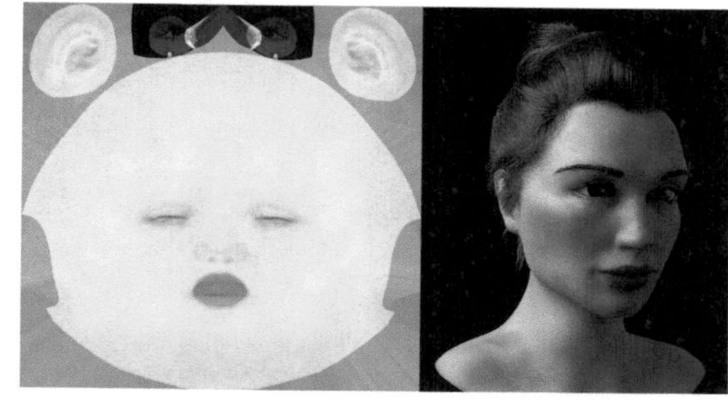

图8-42

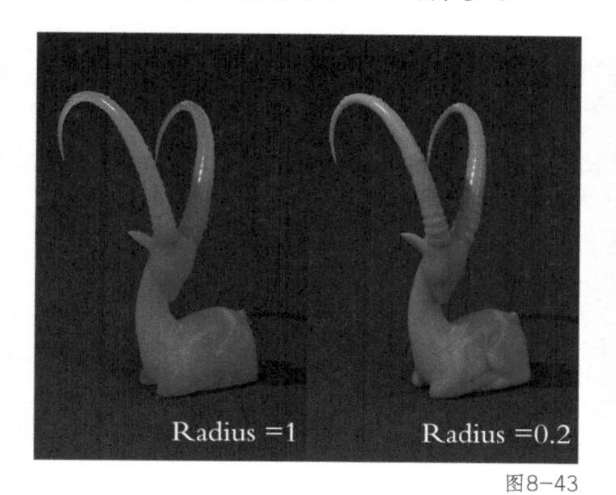

图8-43

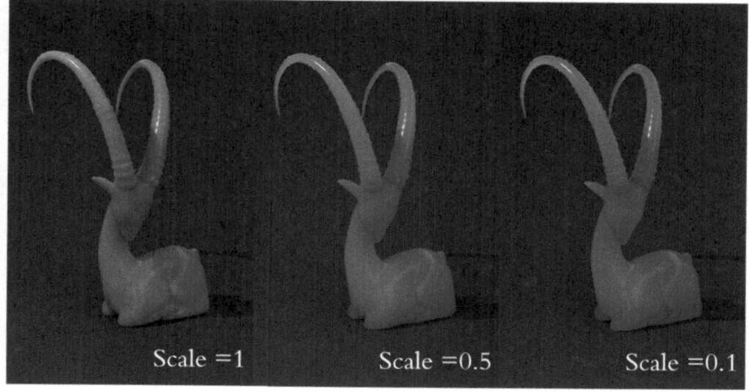

图8-44

- Anisotropy：次表面散射的各向异性，调节范围为-1~1。当该值为0时，光会产生均匀的散射效果；当该值为负数时，散射效果向光的反方向偏移；当该值为正数时，散射效果顺着光的方向偏移，如图8-45所示。

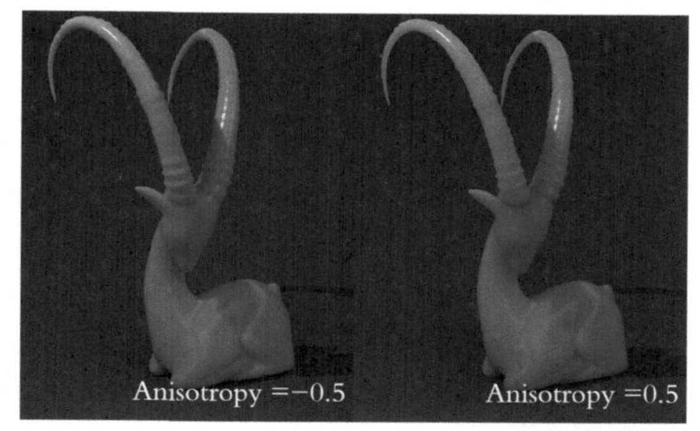

图8-45

知识点 5 Coat 属性栏

Coat（涂层）属性栏可以模拟物体表面的透明涂层，相当于第二层反光层，例如汽车材质、涂有油脂的塑料等效果，如图8-46所示。

- Weight：权重值，控制透明涂层的比例。数值为1时，代表开启透明涂层；数值为0时，代表不显示透明涂层，如图8-47所示。

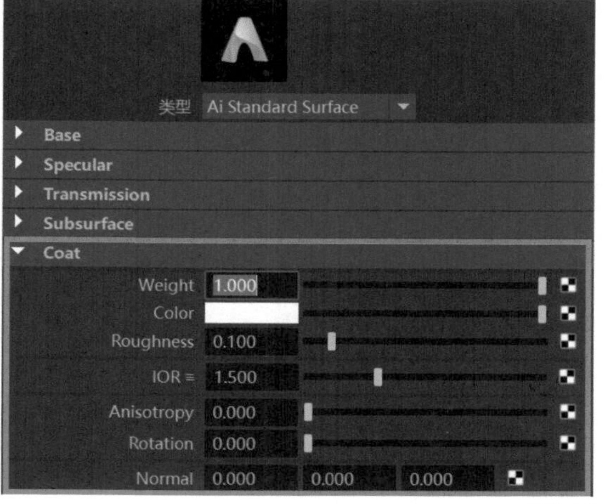

图8-46

通过对比可以看出，涂层属性可以在物体表面叠加一层高光与反射效果。该属性栏里的Color（颜色）、Roughness（反射粗糙度）、IOR（折射率）、Anisotropy（各向异性）、Rotation（旋转）与前面的Specular（高光）属性栏效果是一样的，在这里就不赘述了。

● Normal：法线。在该属性上连接法线贴图可以在较平滑的表面实现凹凸不平的效果，可以模拟雨滴、特殊打磨的金属等。例如将一个黑白纹理连接到法线属性上，渲染效果如图8-48所示。

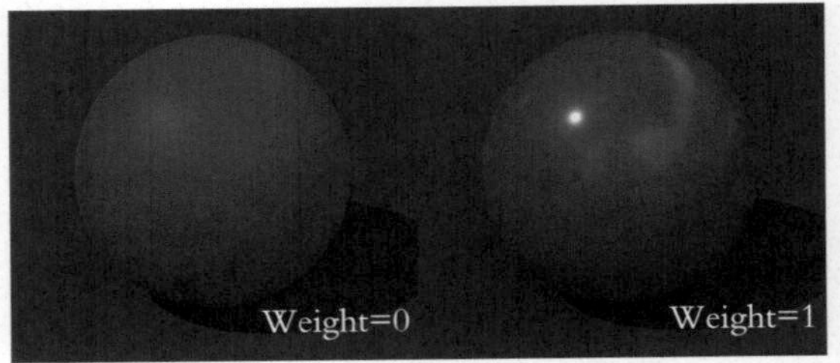

图8-47

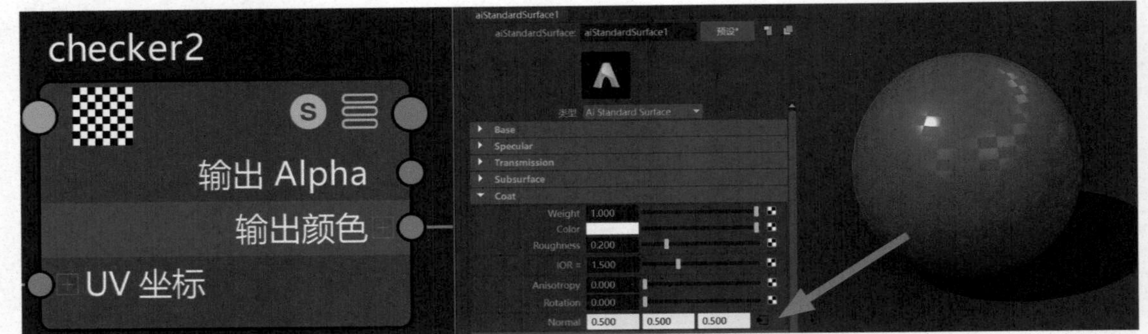

图8-48

知识点 6 Sheen 属性栏

在真实世界里物体自身结构复杂，所受到的环境光照丰富，物体曲面的变化和材质的不同使得物体的光泽呈现不规则变化。例如绸缎的材质会呈现丰富的光泽效果，一定倾斜角度的曲面光泽度更强，如图8-49所示。

这些细腻的光泽效果仅靠高光是模拟不出来的，需要单独的属性栏——Sheen（光泽）属性栏中的属性来模拟，如图8-50所示。

图8-49

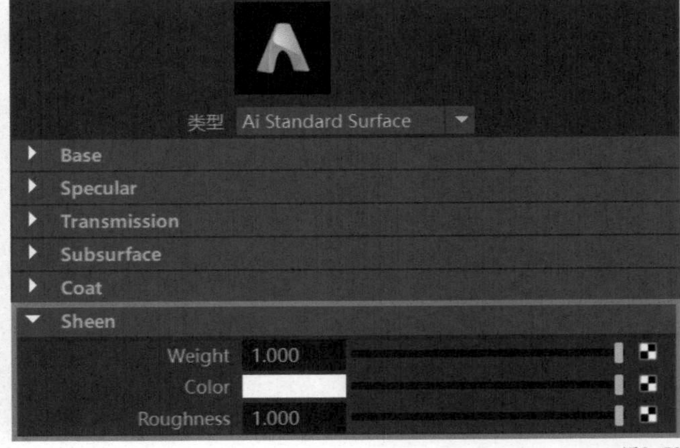

图8-50

● Weight：光泽的权重值。控制光泽的混合度，数值越大光泽度越强。

● Color：光泽颜色。例如将颜色设置为红色，渲染效果如图8-51所示。

● Roughness：粗糙度。粗糙度值越大光泽度颜色分布越广，粗糙度值越小颜色越集中分布在物体边缘，如图8-52所示。

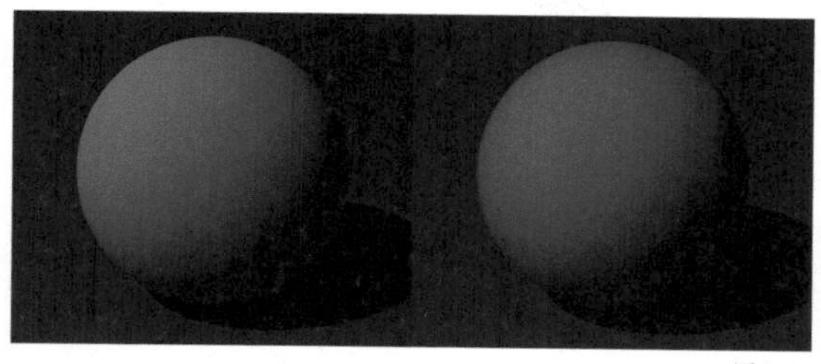

图8-51

图8-52

知识点 7 Emission 属性栏

Emission（自发光）属性栏中的属性可以模拟发光的材质，例如白炽灯、炽热的岩浆等效果，如图8-53所示。自发光属性栏中的属性很少，只有Weight（权重）与Color（颜色）两个，如图8-54所示。

图8-53

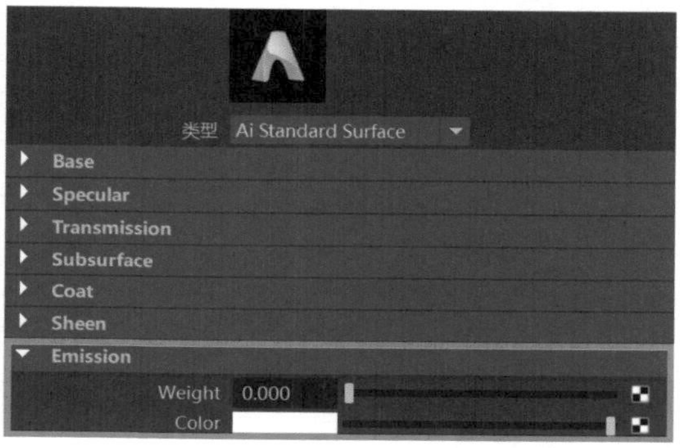

图8-54

颜色属性可以更改发光的颜色。权重控制发光的强度，权重值越大发光的强度越大，亮度辐射范围越大，如图8-55所示。

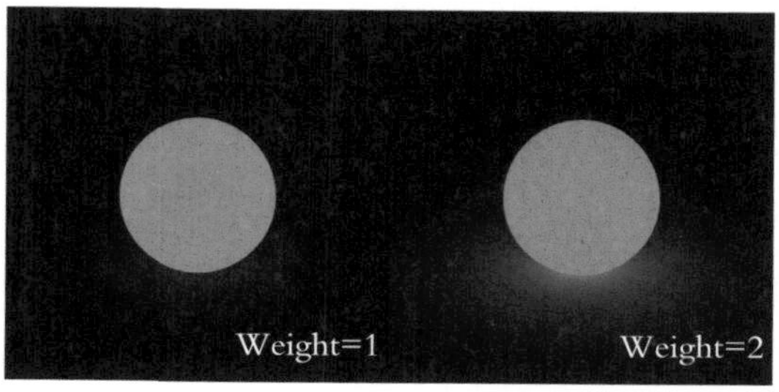

图8-55

知识点 8 Thin Film 属性栏

Thin Film（薄膜）属性栏中的属性可以影响反射效果，并产生七彩效果，例如肥皂泡在空气中呈现彩色效果，如图8-56所示。薄膜属性栏如图8-57所示。

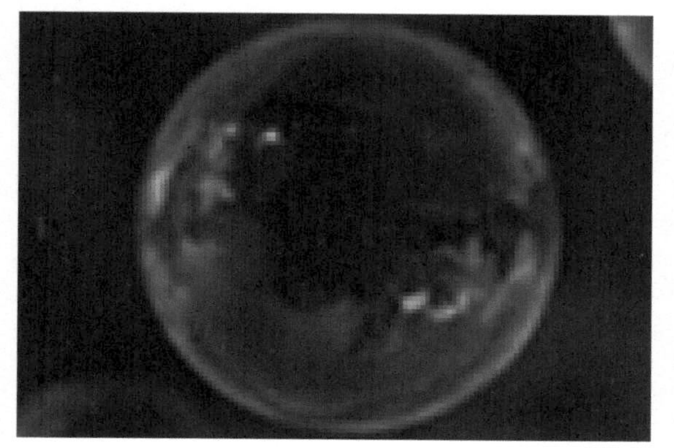

图8-56

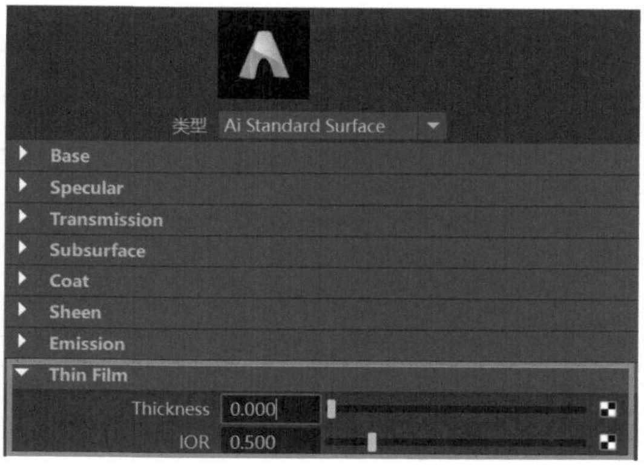

图8-57

- Thickness：厚度，定义薄膜的厚度。
- IOR：折射率，定义薄膜的折射率。1代表空气的折射率，1.33代表水的折射率。
- 将厚度设置为100，IOR分别设置为0、1、2，渲染效果如图8-58所示。

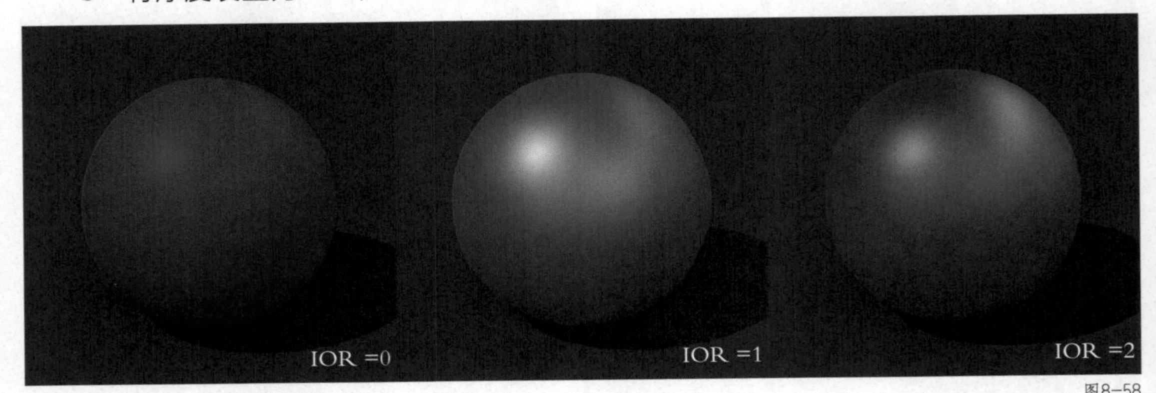

图8-58

通过图像对比可以看出，当折射率为0时没有薄膜效果，折射率为1时表现为镜面反射效果，折射率为2时呈现出彩色效果。

知识点 9 Geometry 属性栏

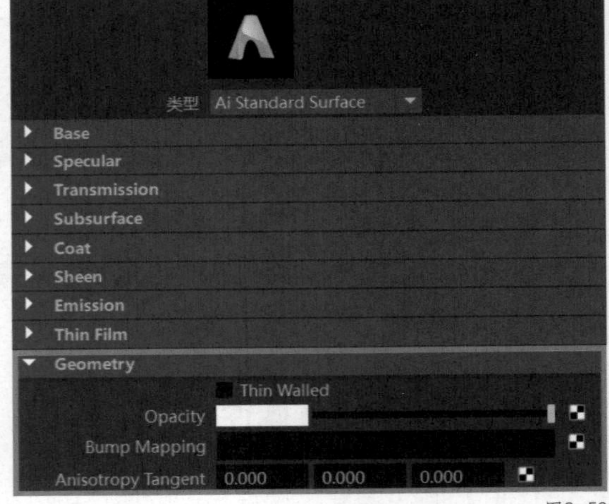

图8-59

渲染时模型的结构会影响到材质的表现，例如单片模型与封闭模型，相同的透明材质却有不同的渲染结构。Geometry（多边形）属性栏可以控制模型厚度、透明、凹凸等属性，如图8-59所示。

- Thin Walled：薄壁。在渲染厚度较小的物体时（单面几何体），将其勾选能够使光线照射到背面，从而产生更多的细节，例如树叶、纸张等材质。
- Opacity：不透明度。其主要控制物体的可见性，可以实现物体镂空的效果。例如在一个平面几何体上连接一张树叶纹理，不开启不透明度属性，几何体的边界会被渲染出来；在不透明度属性上连接黑白纹理图，白色代表不透明，黑色代表透明，如图8-60所示。通过这种方法可以在不提高模型面数的前提下，得到外形复杂的渲染效果。

图8-60

- Bump Mapping：凹凸贴图，通过干扰物体表面法线来得到凹凸的效果。在该属性上连接纹理图时，会自动连接一个控制凹凸强度的Bump节点，如图8-61所示。

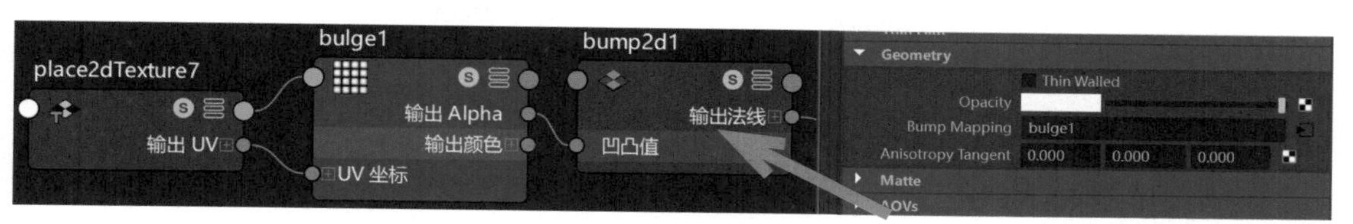

图8-61

在一个光滑的球体上，连接一张黑白图用于制作凹凸效果，渲染效果如图8-62所示。

图8-62

知识点 10 Matte 属性栏

蒙版在后期合成时是一个非常实用的功能，可以快捷地制作出物体的遮罩，Matte（蒙版）属性栏如图8-63所示。

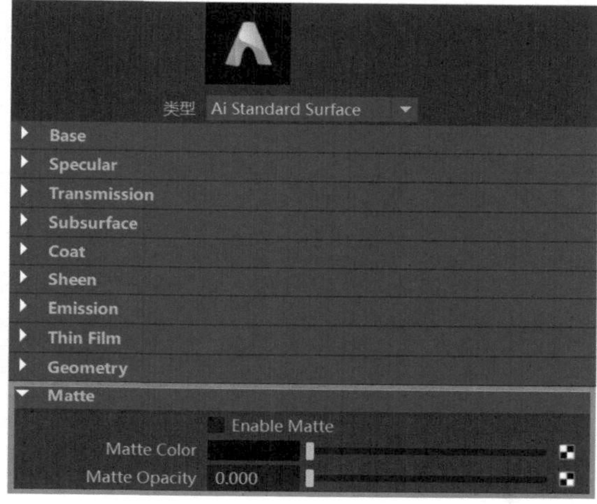

图8-63

- Enable Matte：开启或禁用蒙版。开启该功能时，使用该材质的物体渲染没有光影变化，只是蒙版的纯色效果，如图8-64所示，左图为未开启状态，右图为开启状态。
- Matte Color：蒙版颜色。可以自定义蒙版颜色。
- Matte Opacity：蒙版的不透明度。该值为1时，Alpha通道为白色，即有Alpha通道；该值为0时，Alpha通道为黑色，即没有Alpha通道。

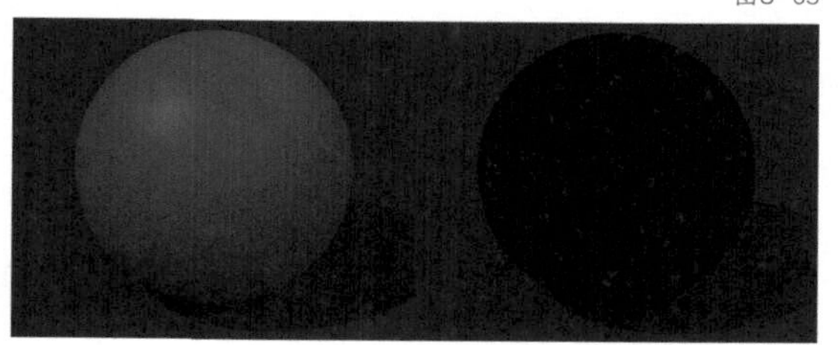

图8-64

第4节 Bump贴图与置换贴图

在现实世界里，大部分物体表面有丰富的凹凸细节，在三维软件中单独靠提高多边形的网格精度来还原这些凹凸细节，既会占用大量计算机资源，也会降低制作效率。而使用材质的Bump贴图和置换贴图技术可以在不提高多边形网格精度的前提下，还原这些凹凸细节，是影视制作中处理高质量画质时常用的技术。

知识点 1 Bump 贴图

Bump贴图的原理是通过纹理上的颜色信息去改变曲面上的法线方向，让光线误以为曲面是凹凸不平的，从而得到凹凸不平的渲染效果。使用此技术，几何体的网格精度并没有提高，所以Bump贴图技术又称为假凹凸。

Bump2d节点可以控制凹凸强度，Bump2d节点如图8-65所示。

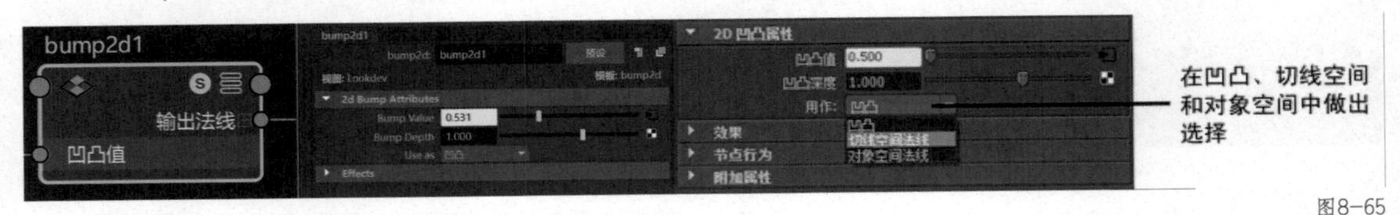

图8-65

- Bump Value：凹凸值，连接贴图。贴图一般分为两类，一类为黑白图，一类为法线贴图。
- Bump Depth：凹凸深度，控制凹凸的强度，如图8-66所示。

图8-66

- Use as：用作。在使用不同的纹理类型图时需要切换不同的计算模式。例如使用黑白图计算凹凸时需要选择“凹凸”模式，使用法线贴图时需要选择“切线空间法线”模式或“对象空间法线”模式，如图8-67所示。

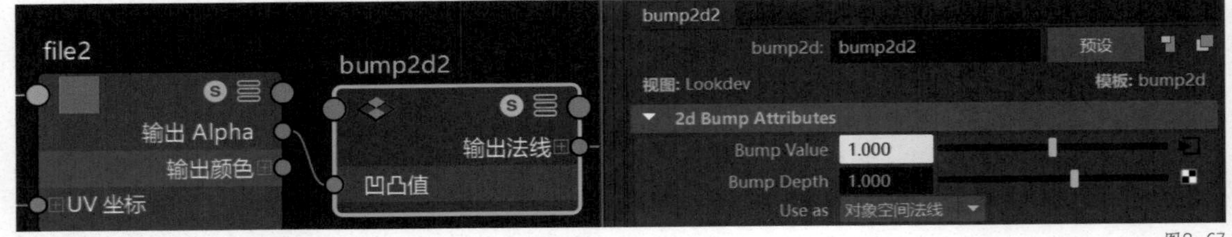

图8-67

图8-68左边为一张法线贴图，它并不是一个纯紫色，而是由红、绿、蓝3种颜色混合而成的蓝紫色画面，红色记录的是x轴方向、绿色代表y轴方向、蓝色代表z轴方向。渲染时法线图可以改变曲面的法线方向，让光线计算出更多凹凸变化，如图8-68右边所示。

法线贴图又包含切线法线贴图和对象法线贴图两种类型：切线法线贴图主要色调为蓝紫色，使用这种法线贴图可以满足模型缩放、移动、旋转和形变动画等需求，可随意平铺、镜像，但是使用低模渲染时会出现不平滑的现象；对象法线贴图的特征是呈现彩虹色，如图8-69所示，其更容易表现高质量的弯曲起伏结构，但不可以做平铺等其他复杂的UV操作。

图8-68

图8-69

知识点 2 置换贴图

置换贴图与法线贴图一样可以制作出凹凸效果，但是置换贴图可以真正改变几何体的结构，使几何体产生更精细的结构变化，能够得到更加真实的凹凸质感，如图8-70所示。

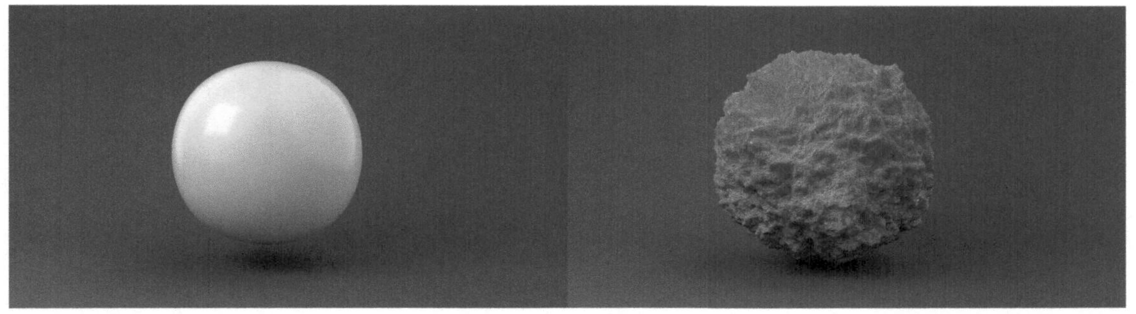

图8-70

置换贴图并不是直接连接在材质球上，而是需要连接在光影着色器节点（SG节点）的置换材质接口上，如图8-71所示。

图8-71

注意 置换贴图在运算时需要计算负像素值，置换贴图的文件格式必须是浮点格式。

在计算置换效果时，几何体的面数要足够多才能得到更加精准的凹凸效果。但是直接在视窗平滑细分几何体，会导致几何体面数过多而降低计算机的处理效率。在几何体的mesh属性的Arnold-Subdivision（细分）属性栏里，可以设置在不提高视窗几何体面数的前提下，渲染时系统自动细分几何体，如图8-72所示。

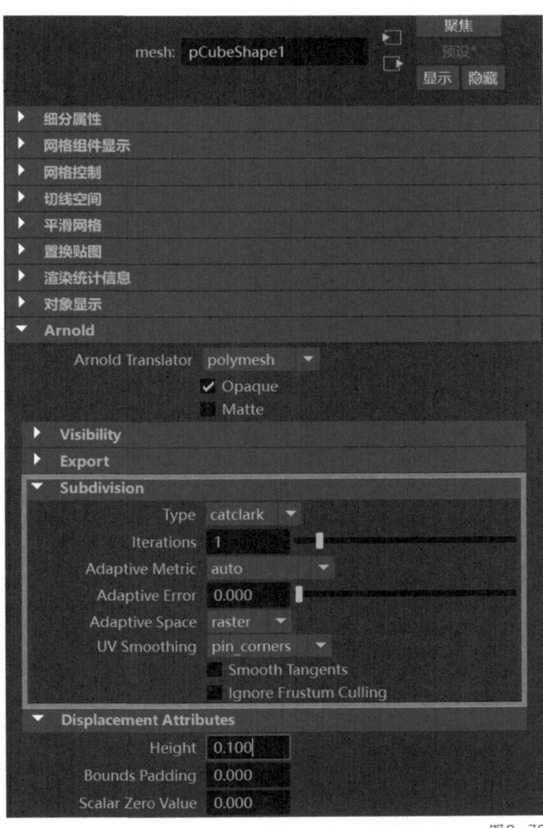

图8-72

- Type(类型)：该功能控制网格细分的方式。“none”表示无细分模式，“catclark”即平滑细分模式，“linear”即线性模式。
- Iterations(迭代次数)：控制网格的最大细分迭代次数，数值越大得到的渲染网格精度越高，置换的细节越丰富，但所需渲染的时间也越长。
- Adaptive Metric(自适应模式)：提供了“auto”（非自适应）、“flatness”

（平坦度）、“edge_length”（边长）3种控制细分网格分布的方式。

- Adaptive Error(自适应误差)：控制细分的差异值，值越小所需网格越多，渲染时间越久。
- Adaptive Space(自适应空间)：“raster”（扫描线）对应扫描线空间中的自适应细分，“object”（对象）对应对象空间中的自适应细分。
- UV Smoothing(UV 平滑)：控制细分时UV的处理方式。提供了“linear”（线性）、“pin borders”（固定边）、“pin corners”（固定角点）、“smooth”（平滑）等模式。

细分在渲染置换效果时非常重要，合适的细分设置可以得到理想的凹凸效果。例如将网格的细分类型（Type）分别设置为无细分模式(none)和平滑细分（catclark）模式，效果如图8-73所示。

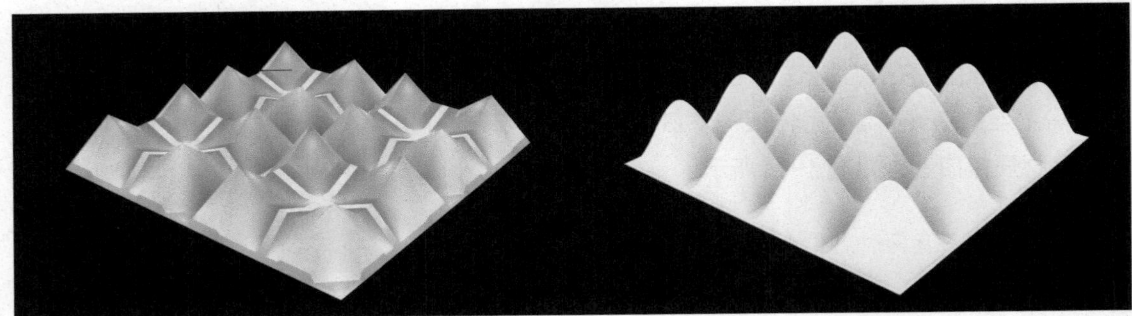

图8-73

在制作置换效果时，置换贴图的信息不准确，会造成凹凸的效果太强或太弱，可以调节Displacement Attributes（置换）属性栏中的参数进行优化，如图8-74所示。

- Height（高度）：控制置换的强度。高度值越大置换出的凹凸越强，高度值越小置换出的凹凸效果越小，如图8-75所示。

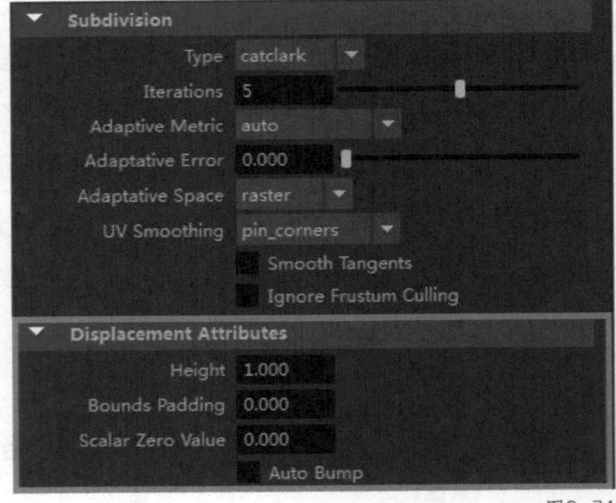

图8-74

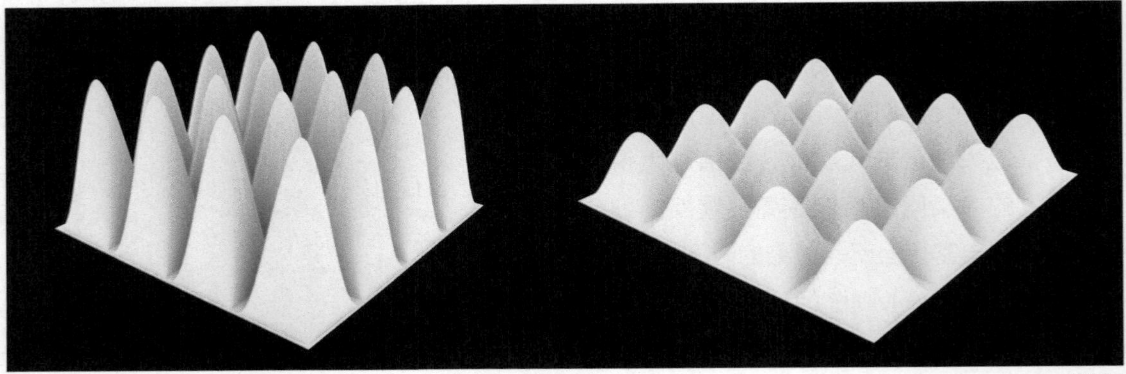

图8-75

- Bounds Padding（边界填充）：可以限定置换的边界，数值越大提供的置换范围越大，但渲染越慢。数值越小置换的范围会被压缩裁剪，但渲染时间越短。如果置换出现错误，如图8-76所示，就需要提高边界填充的值，来修复被裁剪的区域，例如将边界填充属性设置为3，效果如图8-77所示，这时裁剪区域的置换就得到了修复。

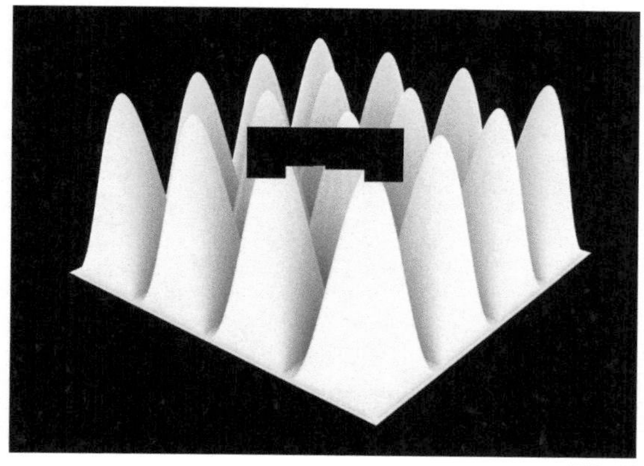
图8-76

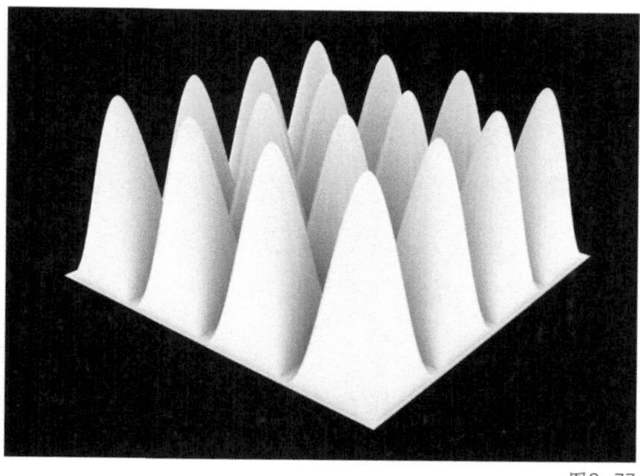
图8-77

在制作细腻的凹凸效果时，往往会将Bump贴图和置换贴图配合使用，先用置换贴图制作出大块的凹凸效果，再使用Bump贴图制作更细腻的凹凸效果，如图8-78所示，左边为置换效果，右边为置换和法线效果。

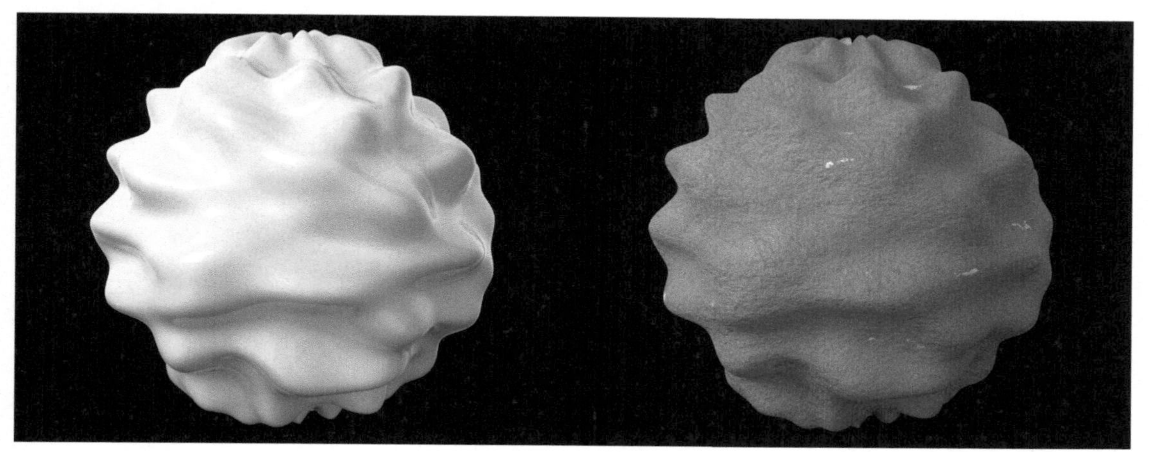
图8-78

第5节 Ai Standard Hair材质

Arnold渲染器拥有一个非常棒的毛发材质——Ai Standard Hair，它是基于物理算法的材质，能够模拟超级真实的毛发效果，是角色毛发渲染的首选材质，其属性面板如图8-79所示。

知识点 1 Color 属性栏

Color（颜色）属性栏控制毛发的基础颜色，如图8-80所示。

- Base：表示头发的亮度，是“Base Color”的倍增值。
- Base Color：控制毛发的颜色，默认为白色，如图8-81所示。该属性可以更改毛发的颜色，例如添加渐变颜色，渲染效果如图8-82所示。也可以连接一张纹理图丰富毛发颜色。
- Melanin：黑色素。该值为1时毛发渲染为黑色，如图8-83所示。该值为0时显示“Base Color”设置的颜色。

注意 “Melanin”（黑色素）值为1时，更改毛发颜色渲染是无效的，需要将“Melanin”（黑色素）值设置为0，才能显示“Base Color”。

- Melanin Redness：红色素。该值越大，红色比例越大，如图8-84所示。
- Melanin Randomize：黑色素随机，该值越大，杂色越多，如图8-85所示。

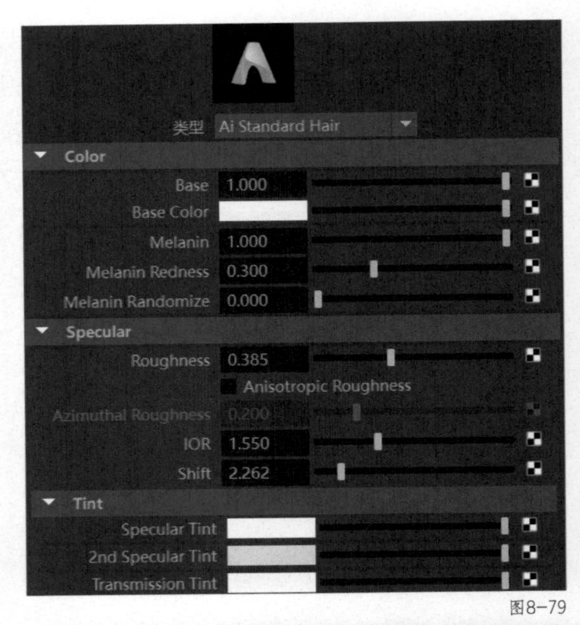

图8-79

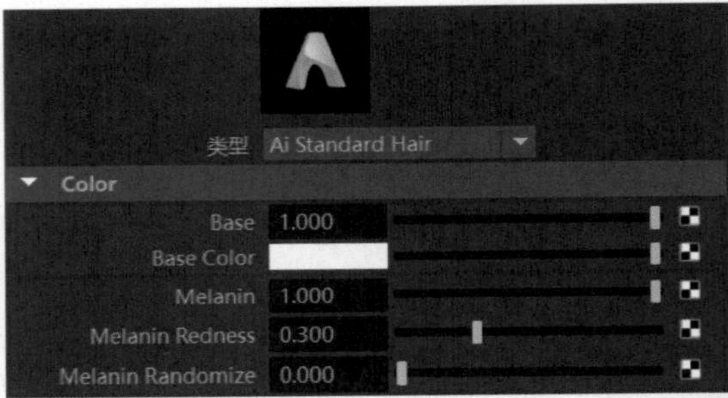

图8-80

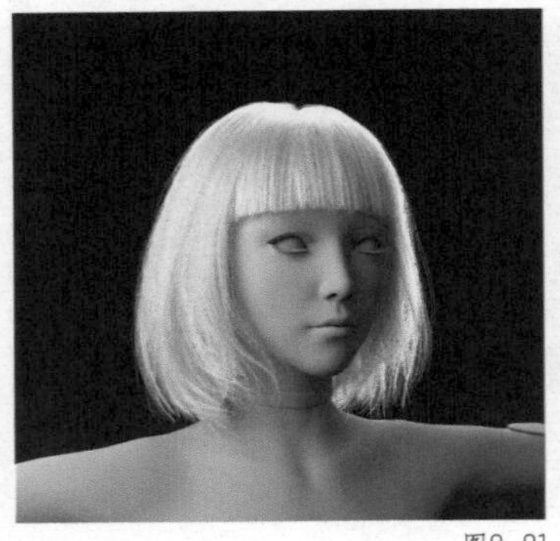
图8-81

图8-82

图8-83

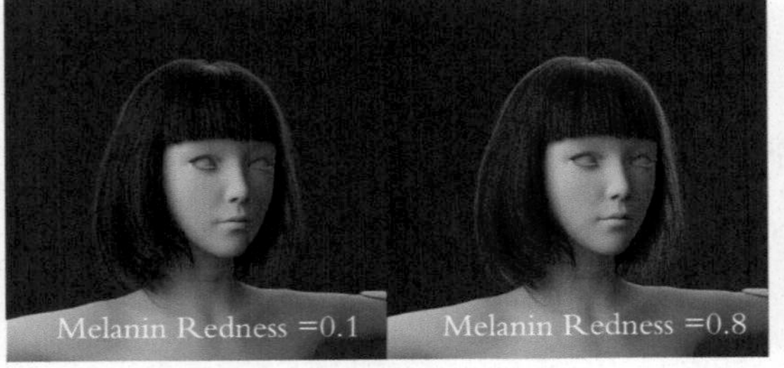

图8-84

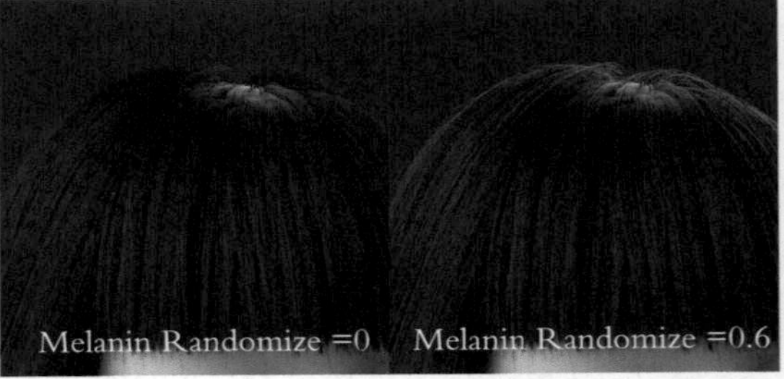

图8-85

知识点 2 Specular 属性栏

Specular（高光）属性栏控制着毛发的光泽度，如图8-86所示。

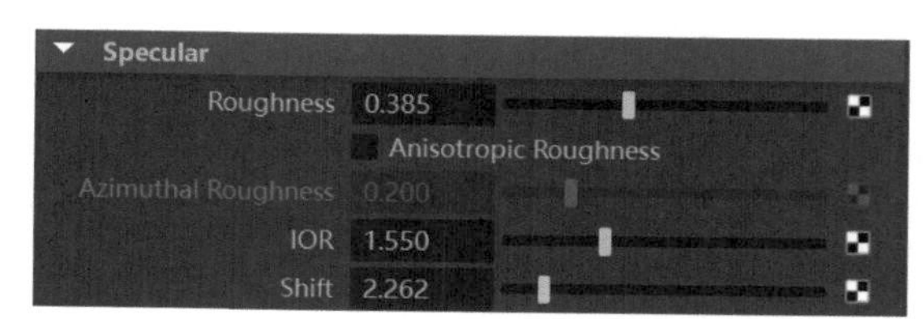

图8-86

- Roughness：粗糙度。该属性值越小高光与反射越强，毛发显得越油腻；值越大高光与反射越弱，毛发显得越没光泽，如图8-87所示。

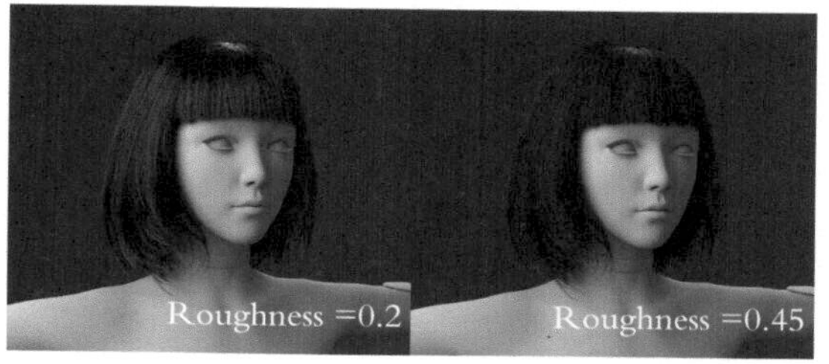

图8-87

- Anisotropic Roughness：各向异性粗糙度，勾选则高光将沿纵向分布。
- Azimuthal Roughness：方位角粗糙度，数值较小时光线直接穿透毛发，数值较大时光线在毛发内部传播。
- IOR：折射率。该属性值越小毛发正向散射越强；值越大反射效果越明显，如图8-88所示。
- Shift：偏移，控制主高光与次级高光之间的偏移距离。主高光与次级高光重叠的毛发效果近似于尼龙线的效果，而毛发纤维是粗糙的，主次高光有偏移更能体现毛发的真实感，如图8-89所示。

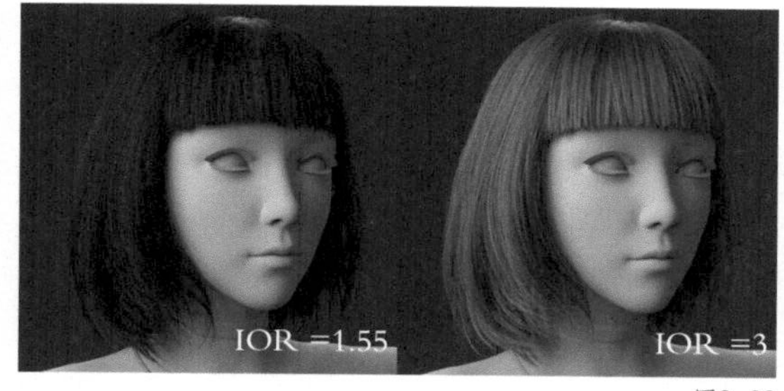

图8-88

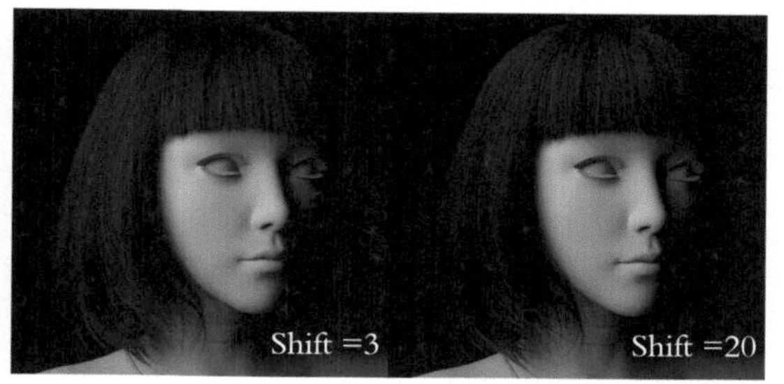

图8-89

知识点 3 Tint 属性栏

Tint（染色）属性栏控制高光的颜色，如图8-90所示。

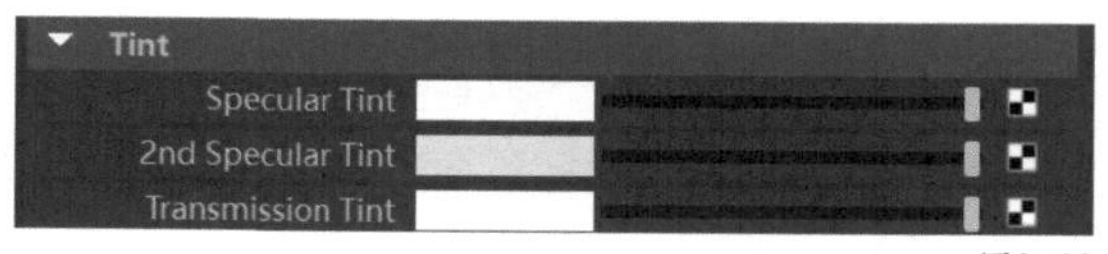

图8-90

- Specular Tint：高光颜色，该属性可以更改高光的颜色，在制作真实毛发效果时一般设置为白色。
- 2nd Specular Tint：次级高光颜色，表现真实毛发材质时，该属性应设置为白色。
- Transmission Tint：透射颜色，表现真实毛发材质时，该属性应设置为白色。

第6节 Ai Ambient Occlusion材质

使用Ai Ambient Occlusion（环境遮蔽）材质可以快速模拟物体之间的漫反射关系，类似于全局光照明。物体之间距离近会得到更深的颜色，物体之间距离远则近似白色，如图8-91所示。环境遮蔽材质经常用来叠加画面阴影，加强物体的明暗对比。环境遮蔽材质也简称为OCC材质。

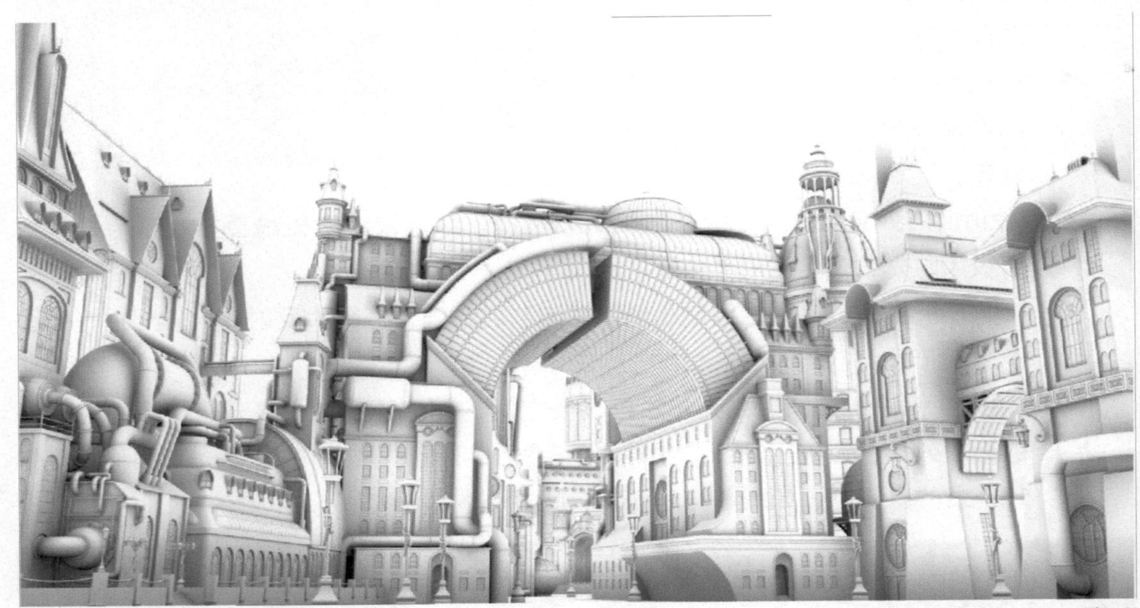

图8-91

本节将讲解环境遮蔽材质的各个属性、环境遮蔽通道的制作等知识，Ambient Occlusion Attributes属性栏如图8-92所示。

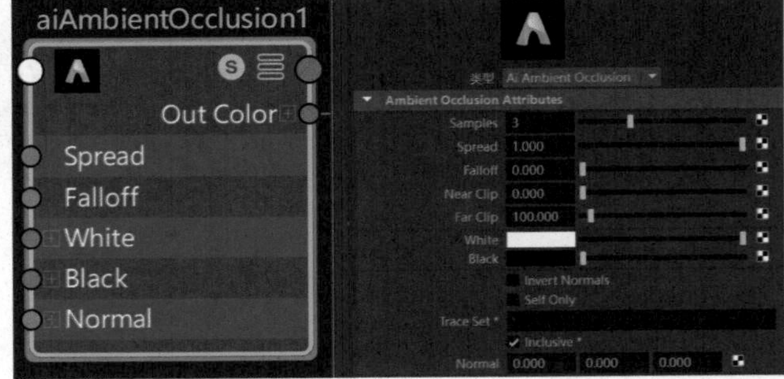

图8-92

知识点 1 Samples

环境遮蔽材质计算原理是根据从曲面上发出的采样光线计算黑白图，采样光线越多得到的画面细节越丰富，画面噪点越少。将“Samples”（采样）属性分别设置为1和4，渲染如图8-93所示。

知识点 2 Spread

“Spread”（扩散）属性控制采样点的扩散角度，取值范围为0~1（即0°~180°），一般设置为1。将扩散值分别设置为0.1和1，渲染效果如图8-94所示。

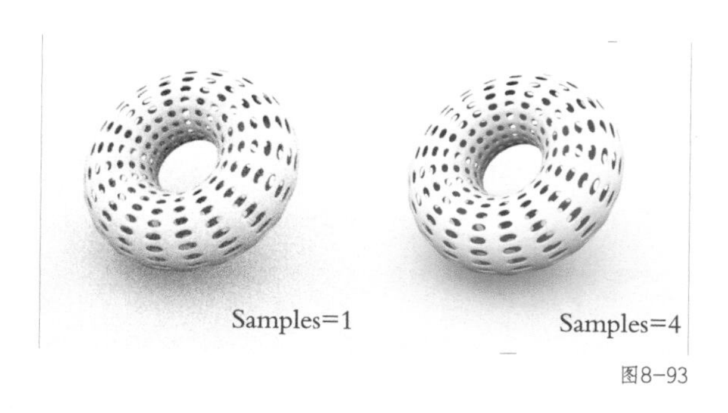

图8-93

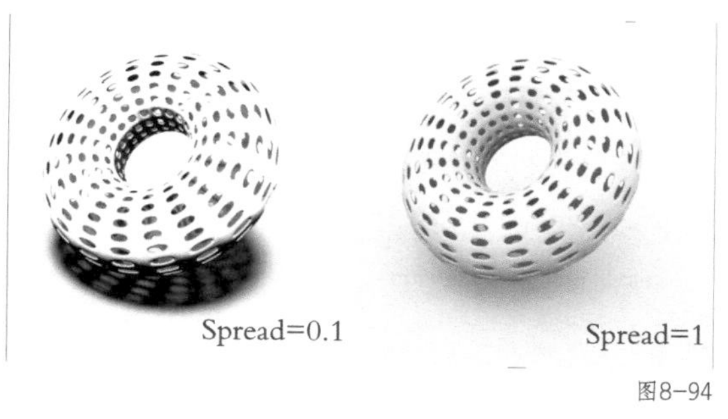

图8-94

知识点 3 Falloff

“Falloff”（衰减）属性控制采样光线的衰减强度，衰减值越大得到的采样数据越少，画面黑色信息越少。将衰减值分别设置为0.01和1，渲染效果如图8-95所示。

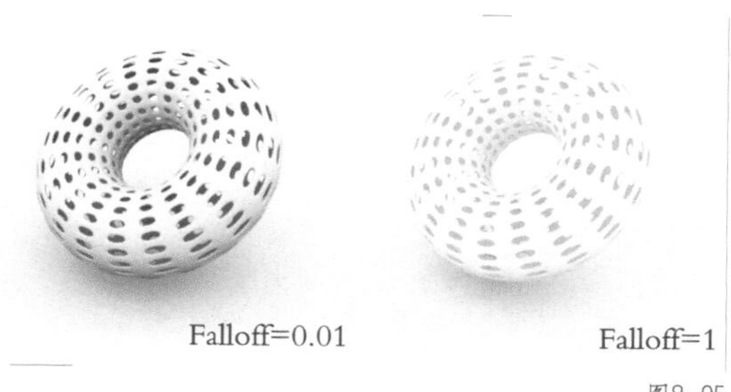

图8-95

通过对比可以看出，衰减值能够控制黑色分布的范围。在渲染某些复杂场景时设置衰减是很有必要的，环境遮蔽材质的作用是加深阴影，需要将黑色信息控制在模型的阴影范围内才是合理的。

知识点 4 NearClip/FarClip

“NearClip”属性控制最近的采样距离。“FarClip”属性控制最远的采样距离。在制作比较复杂的场景时，默认的采样效果可能并不理想，例如画面灰色范围太大可以调小“FarClip”值，阴影范围太小可以调大“FarClip”值，以得到理想的环境遮蔽效果。

知识点 5 White/Black

“White”（白色）属性，无物体遮挡关系的区域显示白色。“Black”（黑色）属性，有物体遮挡关系的区域显示黑色。颜色属性是可以更改的，例如将白色改为红色，黑色改为蓝色，渲染效果如图8-96所示。

注意 在制作中一般保持默认颜色，不做任何更改。

图8-96

第7节 Ai Utility材质

Arnold渲染器还提供了丰富有趣的特殊材质，例如Ai Utility材质。Ai Utility材质不受光照影响，可以实现纯色、线框等特殊效果，Utility Attributes属性栏如图8-97所示。

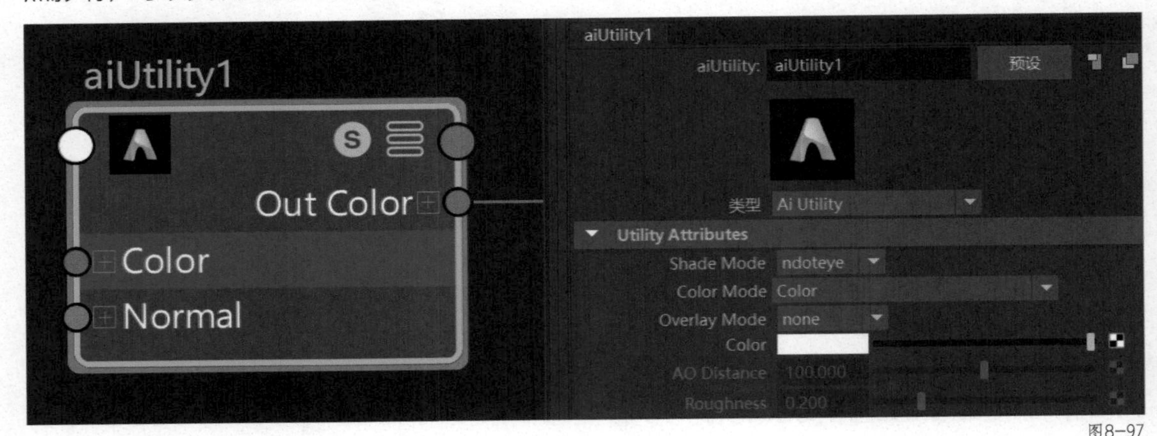

图8-97

知识点 1 Shade Mode

“Shade Mode”（材质模式），在这里可以切换各种材质模式，例如“metal”（金属）、“plastic”（塑料）等默认的“ndoteye”模式可以实现物体中间白、边缘暗的效果，如图8-98所示。

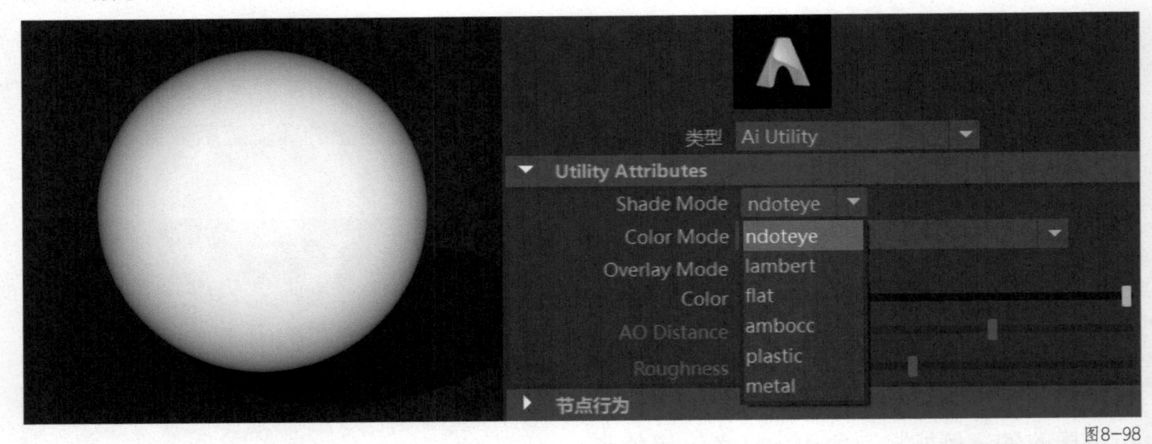

图8-98

将材质模式切换至“flat”（光滑）模式可以实现纯色效果，可以模拟白炽灯等材质效果，如图8-99所示。

图8-99

图8-100

知识点 2 Color Mode

“Color Mode”（颜色模式），在这里可以选择不同的着色模式，如切换至法线模式，则显示物体的空间法线效果，如图8-100所示。

知识点 3 Overlay Mode

“Overlay Mode”（叠加模式），在这个属性里可以开启线框叠加模式，默认是关闭的，例如将叠加模式切换至“polywire”（面线框）模式，渲染效果如图8-101所示。“polywire”是一种比较有趣的模式，在一些科幻作品中，常用来表现模型的拓扑线等效果。

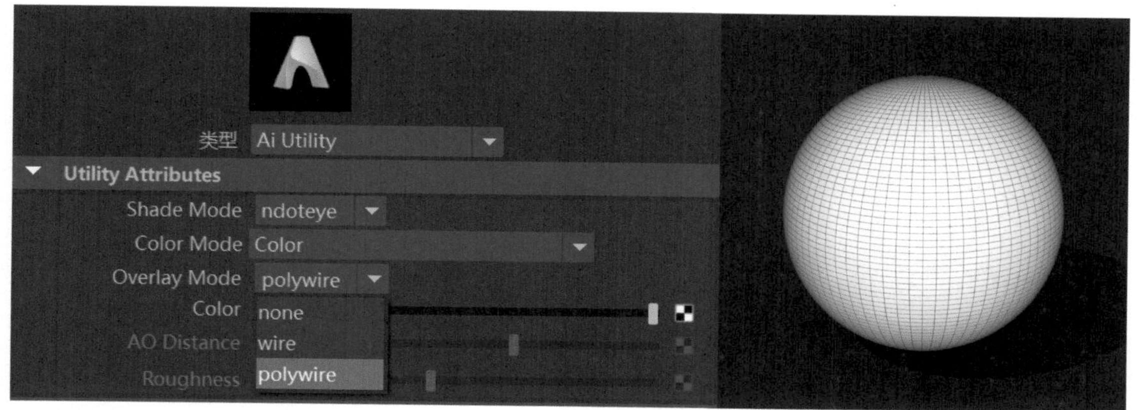

图8-101

第8节 综合案例——静物写生

本节将利用前面讲解的材质相关知识，完成静物材质的制作。本案例的练习将帮助读者掌握金属、木质、水果等材质的表现技巧，复杂材质的制作流程等知识。案例效果如图8-102所示。

图8-102

知识点 1 工程整理

本案例为读者准备好了模型与灯光文件，读者只需专注于材质的制作即可。案例工程文件在本案例素材文件夹的“Shader\scenes”文件夹内。

在开始制作之前，需要将素材复制到没有中文的路径的文件夹内，并且在菜单栏中执行“文件-设置项目”命令指定工程，以保证数据读写在工程文件夹内。打开“shader_A.mb”文件并渲染，效果如图8-103所示。

图8-103

通过渲染图像可以看出，当前场景提供了葡萄、苹果、酒瓶、酒杯等模型，且均为白色lambert材质，需要读者给每个模型制作出丰富的材质效果。

知识点 2 布料材质

布料材质没有丰富的折射与反射等效果，制作相对比较简单。首先观察布料材质的特点，如图8-104所示。当前的布料效果有蓝黄相间的网格纹理，局部还有微弱的高光，并且还有细小的凹凸纹理。这些质感效果使用Ai Standard Surface材质里的属性都可以模拟。

首先创建一个Ai Standard Surface材质，并赋予布料模型。在材质的“Base Color”属性上连接布料纹理图文件“Towel_Diffuse.jpg”，渲染后效果如图8-105所示。

图8-104

图8-105

渲染后可以看出当前布料已拥有纹理效果，但是布料的高光与反射效果太丰富，需要降低高光的粗糙度。为Specular属性栏中的“Roughness”属性连接黑白纹理图文件“Towel_Roughness.jpg”，让布料产生丰富的高光与反射效果。渲染效果如图8-106所示。

完成了布料的颜色与高光，最后完成布料的凹凸效果。将法线图文件“Towel_Normal.jpg”连接在Geomertry属性栏中的“Bump Mapping”属性上，此时布料材质制作完毕，效果如图8-107所示。

图8-106

图8-107

注意 该属性贴图为法线贴图，要将Bump2d节点的“Use as”（用作）属性切换至“切线空间法线”模式。

知识点 3 水果材质

水果的颜色非常丰富，有红、黄、绿等色，并有各类纹理效果，并且不同的水果还有不同的高光效果，如图8-108所示。

图8-108

首先创建一个Ai Standard Surface材质，并赋予水果模型，在该材质的“Base Color”属性上连接水果纹理图文件“FruitAppleGala001_COL_1K.jpg“，如图8-109所示。

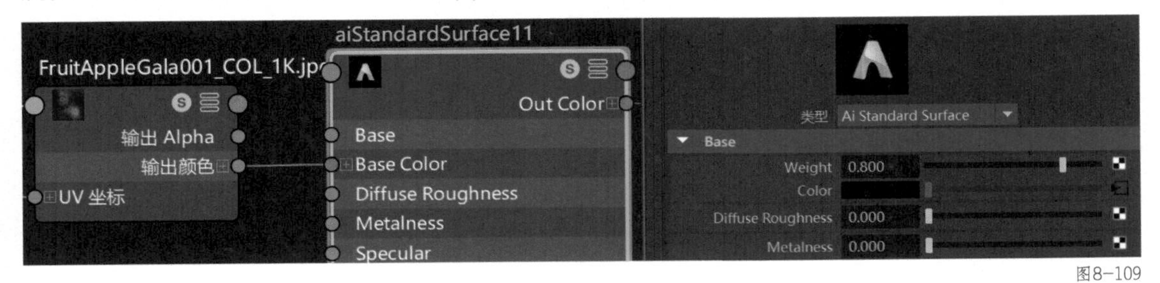

图8-109

用相同的方法再创建新的Ai Standard Surface材质，在“Color”属性上连接不同的水果纹理图文件“FruitAppleGrannySmith001_COL_1K.jpg”和“FruitAppleRedDelicious001_COL_1K.jpg”，并赋予对应的水果模型，渲染效果如图8-110所示。

图8-110

当前水果纹理已经制作完毕，观察可见得到了颜色丰富的水果效果。但是水果的高光与反射太强，质感像玻璃，需要提高材质的粗糙度来减弱高光与反射的强度。

选择水果的Ai Standard Surface材质，在Specular属性栏中的“Roughness”属性上连接黑白纹理图文件“FruitAppleGrannySmith001_R.jpg”，如图8-111所示。

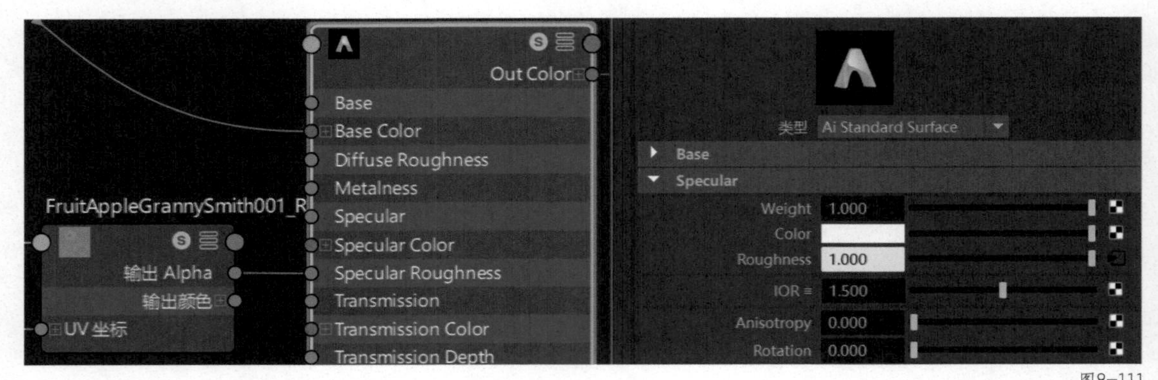

图8-111

给其他水果也连接对应的粗糙度纹理图文件，得到丰富的高光与反射效果，如图8-112所示。

图8-112

知识点 4 金属材质

首先创建一个Ai Standard Surface材质，并赋予水壶模型。金属的颜色主要是反射的周围的环境色，因此这里将Base属性栏中的“Color”属性设置为白色或黑色，将“Metalness”（金属性）值设置为1，如图8-113所示。

为了得到理想的镜面反射效果，可以将Specular属性栏的“Roughness”值设置为0.1或更小，此时单击渲染就得到了一个很棒的金属水壶，如图8-114所示。

图8-113

图8-114

注意 金属材质主要通过反射周围的环境色来表现，在制作灯光时建议使用环境球，并在环境球上连接HDR纹理图，这样可以使金属得到丰富的反射效果。

知识点 5 玻璃材质

首先创建一个Ai Standard Surface材质，并赋予酒杯和酒瓶模型。这是一套透明的酒具，需要将Transmission属性栏的“Weight”（透明权重）属性设置为1；透明的玻璃会显得酒具非常新，为了表现玻璃陈旧的效果，可以将玻璃的颜色设置为微黄色，如图8-115所示。

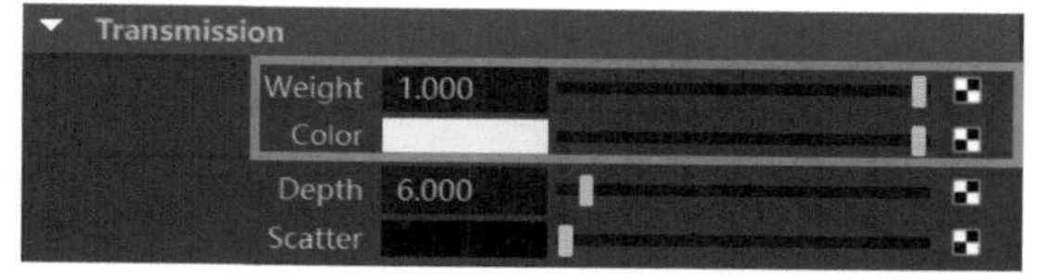

图8-115

酒瓶的模型结构非常丰富，可以设置一个透明深度值，让光线穿透模型的不同厚度时，产生更多深浅变化的颜色；为了更好地表现玻璃的质感，可以让玻璃折射出彩色效果，设置如图8-116所示。

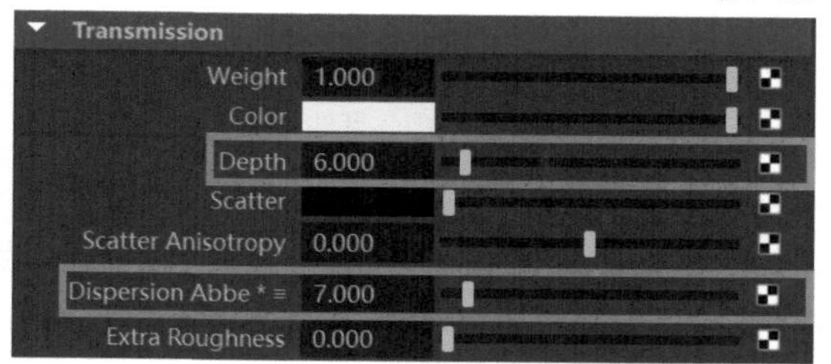

图8-116

理论上玻璃非常光滑，会产生良好的镜面反射效果，但是太强的镜面反射会覆盖折射的细节，因此需要适当调节粗糙度，如图8-117所示。这样既可以得到丰富的高光与反射效果，又能保留折射的细节。

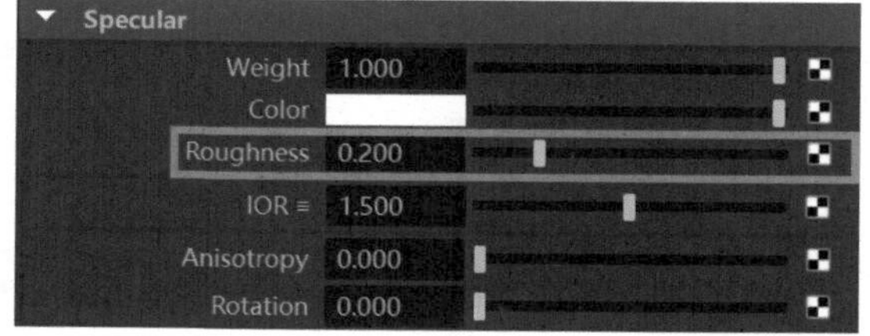

图8-117

通过上述操作就完成了玻璃材质的设置。为了得到正确的透明效果，还需要禁用模型的“不透明”(Opaque)属性，渲染效果如图8-118所示。

酒瓶与酒杯内盛装的是红酒，红酒为深红色透明液体，且由于红酒里包含丰富的物质，随着深度的变化颜色会呈现由浅变深的效果。为了体现红酒的高光与反射，需要调整材质的高光与折射属性。材质的设置如图8-119所示。

渲染透明物体时还需要禁用模型mesh属性里的“不透明”(Opaque)属性，渲染效果如图8-120所示。

图8-118

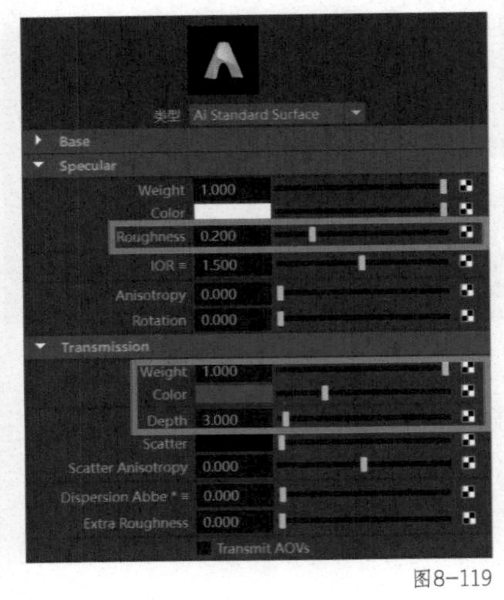

图8-119

图8-120

知识点 6 陶瓷材质

陶瓷拥有光滑的曲面，会呈现明显的高光与反射，纤薄的陶瓷又有透光的特点，能呈现散射的效果，如图8-121所示。

创建一个Ai Standard Surface材质，并赋予瓷杯模型。在“Base Color”颜色属性上连接一张纹理图文件“Jug_Diffuse.jpg”用于表现瓷器上微妙的颜色变化。陶瓷的高光与反射比较明显，但不像金属那样拥有强烈的镜面反射，可以将Specular属性栏的“Roughness”值设置为0.2进行改善，渲染效果如图8-122所示。

可以看到此时的材质缺乏通透感，可开启散射模拟瓷器的透光效果。为了保留瓷器的基础颜色，将散射的权重值设置为0.8。瓷器的透光现象在模型厚度较薄的区域明显，较厚的区域不明显，可将“Scale”值设置在0.1左右。设置完透光就完成了瓷器材质的制作，渲染效果如图8-123所示。

图8-121

图8-122

图8-123

知识点 7 葡萄材质

葡萄的纹理非常复杂，高光与反射的变化也非常丰富，同时葡萄还具有透光的特点，如图8-124所示。

创建一个Ai Standard Surface材质，并赋予葡萄模型。渲染效果如图8-125所示。

图8-124

图8-125

通过渲染可以看出，默认的高光效果非常平均，而实际上葡萄表面是凹凸不平的，会呈现细腻的高光变化。在Specular属性栏的“Roughness”属性上连接黑白纹理图文件“ Grapes_Roughness.jpg”，可以丰富高光细节。添加完粗糙度贴图的渲染效果如图8-126所示。

葡萄果肉鲜嫩、水分丰富，具有良好的透光性，在光线照射下呈现明显的散射效果——光线穿过葡萄在背面散射开呈淡红色。将Subsurface属性栏的“Weight”值设置为1，将“Radius”设置为淡红色。为了丰富葡萄的颜色，可以在散射颜色属性上连接一张葡萄的纹理图，渲染结果如图8-127所示。

通过高光与散射部分参数的调节，就完成了颜色丰富、高光细腻，且带透光效果的葡萄材质。接下来制作葡萄果梗材质，葡萄果梗材质相对比较简单，只有颜色与微弱的高光。

图8-126

图8-127

创建一个Ai Standard Surface材质，并赋予果梗模型，在“Base Color”属性上连接藤蔓的贴图文件“Grapes_Diffuse.jpg”。葡萄果梗质地粗糙，高光并不明显，所以需要将Specular属性栏的“Roughness”值调大，例如设置为0.5。制作完葡萄果梗材质，就完成了整个葡萄的材质制作，渲染效果如图8-128所示。

图8-128

知识点 8 机械材质

场景中有一个半木质半金属的模型，金属部分污渍较多，木质部分表面光滑，如图8-129所示。

表面颜色丰富的材质都需要借助贴图来丰富细节。创建一个Ai Standard Surface材质并赋予模型，并在"Base Color"属性上连接漫反射贴图文件"mill_Diffuse.jpg"。金属的污渍比较多，高光与反射应该很弱；木质纹理表面比较粗糙，高光与反射也不强，可以通过Specular属性栏中的"Roughness"属性调节，如图8-130所示。

图8-129

图8-130

知识点 9 木头材质

创建一个Ai Standard Surface材质并赋予木质模型，默认渲染效果如图8-131所示。

木质部分的表面有丰富的凹凸效果，可以利用法线贴图技术制作凹凸效果。在Geometry属性栏的"Bump Mapping"属性上连接法线贴图文件"Board_Normal.jpg"，且由于制作凹凸效果的是法线贴图，因此需要在bump2d节点将"Use as"属性切换至"切线空间法线"模式才能得到正确的凹凸效果，如图8-132所示。

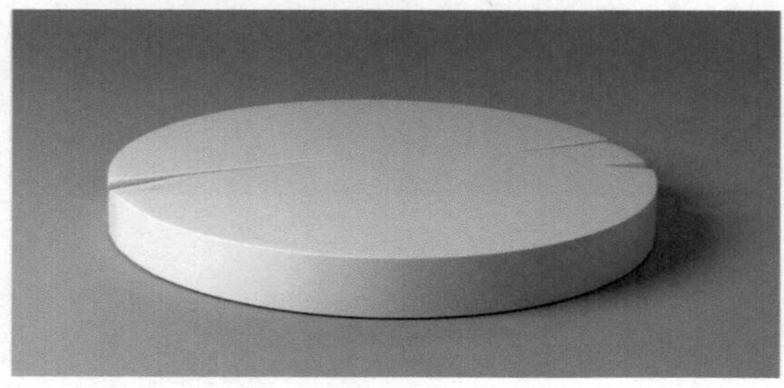

图8-131

图8-132

木质部分的表面有丰富的纹理，也需要贴图来丰富颜色。在“Base Color”属性上连接图片纹理文件“Board_Diffuse.jpg”。木质模型表面粗糙，高光很弱，可以将Specular属性栏的“Roughness”值设置为0.6。制作完凹凸、颜色、粗糙度效果后也就完成了木头材质的制作，渲染效果如图8-133所示。

图8-133

知识点 10 优化整理

通过上述步骤已经完成了场景中全部材质的制作，如图8-134所示。

图8-134

为了凸显模型的立体效果，可以通过一张环境遮蔽层加深阴影。制作环境遮蔽层的方法如下。在材质编辑器创建环境遮蔽材质并赋予场景模型，如图8-135所示。

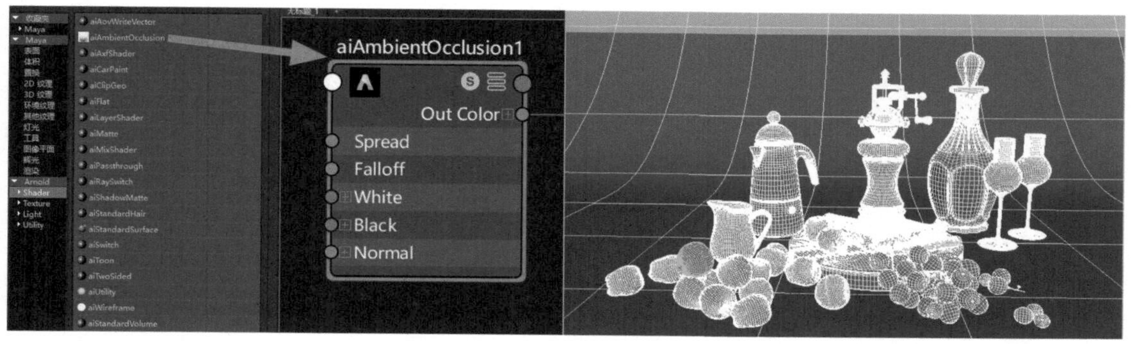

图8-135

玻璃为透明材质，不会产生遮挡的投影关系，为了得到正确的环境遮蔽效果，需要将玻璃材质的酒杯、酒瓶隐藏。隐藏模型的方法有两种：第一种，将模型加入图层，并关闭图层显示；第二种，选择模型，按快捷键Ctrl+H快速隐藏，如图8-136所示。

图8-136

木质模型与布料上面有凹凸效果，需要计算出凹凸后的环境遮蔽效果才是正确的。木质模型的环境遮蔽制作步骤如下。创建环境遮蔽材质并赋予木质模型，在其“Normal”属性上连接木质模型的法线贴图文件“Board_Normal.jpg”。布料的环境遮蔽制作方法也一样，创建新的环境遮蔽材质，并在其“Normal”属性上连接布料模型的法线贴图文件“Towel_Normal.jpg”即可。渲染效果如图8-137所示。

在Photoshop中将渲染好的环境遮蔽层叠加在颜色层上，并将环境遮蔽层的叠加模式设置为“正片叠底”，如图8-138所示。

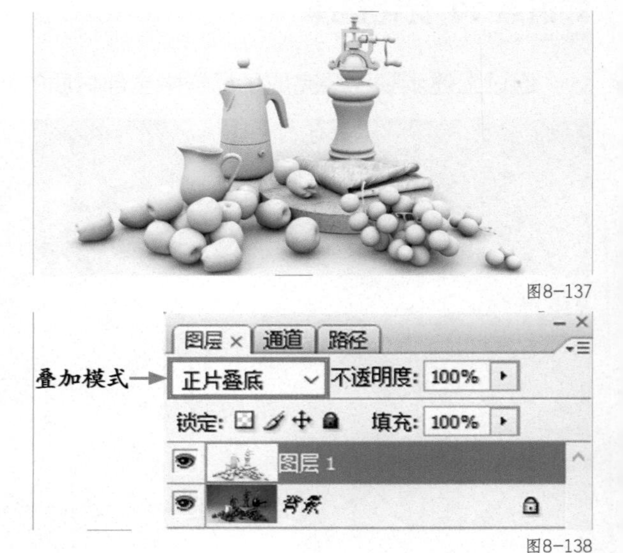

图8-137

图8-138

此时就完成了案例的制作，最终效果如图8-139所示。

图8-139